"十二五"普通高等教育本科
国家级规划教材配套参考书

物理学

（第七版）

学习指导

马文蔚　陈国庆　主编

高等教育出版社·北京

内容简介

本书是马文蔚等改编的《物理学》(第七版)的配套参考书,各章节顺序与主教材一致,每章分基本要求、思路与联系、学习指导、难点讨论和自测题(附答案)五个部分,根据《理工科类大学物理课程教学基本要求》(2010年版)的思想和精神,提出教学要求,揭示思路联系,概括主要内容,分析解决难点,提供自测练习。全书紧扣主教材,联系教学实际,注重实用性。

本书可作为高等学校理工科非物理学类专业大学物理课程的教学辅助用书,也可供其他读者学习物理时使用。

图书在版编目(CIP)数据

物理学(第七版)学习指导／马文蔚,陈国庆主编
. --北京:高等教育出版社,2021.4(2024.3重印)
ISBN 978 - 7 - 04 - 055904 - 0

Ⅰ.①物… Ⅱ.①马… ②陈… Ⅲ.①物理学-高等学校-教学参考资料 Ⅳ.①O4

中国版本图书馆 CIP 数据核字(2021)第 048391 号

WULIXUE (DI-QI BAN) XUEXI ZHIDAO

策划编辑	张海雁	责任编辑 缪可可	封面设计 王凌波	版式设计 王艳红
插图绘制	于 博	责任校对 刘娟娟	责任印制 朱 琦	

出版发行	高等教育出版社	网 址 http://www.hep.edu.cn
社 址	北京市西城区德外大街 4 号	http://www.hep.com.cn
邮政编码	100120	网上订购 http://www.hepmall.com.cn
印 刷	三河市吉祥印务有限公司	http://www.hepmall.com
开 本	787mm×960mm 1/16	http://www.hepmall.cn
印 张	16.25	
字 数	290 千字	版 次 2021 年 4 月第 1 版
购书热线	010-58581118	印 次 2024 年 3 月第 4 次印刷
咨询电话	400-810-0598	定 价 32.00 元

本书如有缺页、倒页、脱页等质量问题,请到所购图书销售部门联系调换
版权所有 侵权必究
物 料 号 55904-00

前　言

　　本书是与马文蔚等改编的"十二五"普通高等教育本科国家级规划教材《物理学》(第七版)相配套的参考书,是在《物理学(第六版)学习指导》的基础上修订而成的。

　　本书保持《物理学(第六版)学习指导》的体系结构,对应主教材的章节顺序,每章有基本要求、思路与联系、学习指导、难点讨论和自测题五个部分。根据教育部高等学校物理学与天文学教学指导委员会编制的《理工科类大学物理课程教学基本要求》(2010 年版)的思想和精神,基本要求部分分了解、理解、掌握和熟练掌握等层次对教学内容提出要求,为教学过程提供参考;思路与联系部分以简明的叙述揭示本章的主体思路,指导教学双方理清思路、抓住主线、把握主题,并指出本章内容与前后有关章节的内在联系,以便于居高临下、融会贯通;学习指导部分紧扣《物理学》(第七版),对本章主要内容作了概括性和综合性阐述,并精选了一些例题进行分析;难点讨论部分根据教学实践经验,从教学实际出发,对教学难点、学习者不易把握之处作了分析讨论,并结合讨论题,提出了具体的解决方法;自测题部分对应本章内容,选编适量典型练习题,包括选择题、填空题和计算题等题型,以便读者进行练习和自我测试。

　　本书在修订时,依据《物理学》(第七版),对每个部分中的一些表述不够妥当或确切之处作了修改,并对每章的自测题进行了适当补充。

　　本书由江南大学陈国庆修订。

　　由于编者水平有限,书中难免会有不妥之处,敬请读者批评指正。

编　者

2020 年 8 月于江南大学

目　　录

第一章

质点运动学

基 本 要 求

1. 熟练掌握描述质点运动的四个物理量——位置矢量、位移、速度和加速度,并会处理质点运动学的两类问题:① 已知运动方程求速度和加速度;② 已知加速度和初始条件求速度和运动方程.

2. 掌握圆周运动的角速度、角加速度、切向加速度和法向加速度.

3. 了解相对运动的位移关系和速度关系.

思 路 与 联 系

物理学是研究物质的基本结构、基本运动形式、相互作用和转化规律的学科.机械运动是最普遍、最基本的物质运动形式.然而,实际物体的运动往往是复杂的,但在一定条件下,可忽略一些次要因素,抓住一些主要因素,化繁为简,建立一个理想模型,作为便于研究的对象.质点就是力学中第一个理想模型.建立理想模型是物理学中一种重要的研究方法.在以后的学习中将会遇到一系列理想模型,如刚体、点电荷、理想气体、绝对黑体等.

本章以理想模型——质点为对象,研究其运动,主要讨论质点运动的描述.

为了描述运动,必须选定参考系,为了定量描述运动,就必须在参考系上建立坐标系,如直角坐标系、平面极坐标系和自然坐标系.在此基础上引入描述质点运动的四个物理量(位置矢量、位移、速度和加速度)和运动方程,并指出它们的相互关系.进而讨论了一种重要而较为简单的曲线运动——圆周运动.最后,对相对运动的基本规律作了阐述.

本章是整个力学的基础,学习本章需要矢量运算和微积分等数学知识.

学 习 指 导

一、描述质点运动的物理量

1. 位置矢量 r(简称位矢)

位矢是描写质点的空间位置的物理量,它是从所选定的坐标原点指向质点所在位置的有向线段,是矢量,具有矢量性.当质点运动时,在不同的时刻,其位矢不同,所以它具有瞬时性.选取不同的坐标系,位矢不仅大小不同,方向也不同,因此,位矢又具有相对性.

如图 1-1 所示,在直角坐标系中,位矢 r 可写成

$$r = xi + yj + zk \qquad (1-1)$$

式中 x、y、z 为质点 P 的坐标.位矢的大小(模)为

$$|r| = \sqrt{x^2 + y^2 + z^2}$$

其方向由方向余弦确定:

$$\cos \alpha = \frac{x}{|r|}, \quad \cos \beta = \frac{y}{|r|}, \quad \cos \gamma = \frac{z}{|r|}$$

式中 α、β、γ 分别是 r 与 Ox 轴、Oy 轴、Oz 轴的夹角.

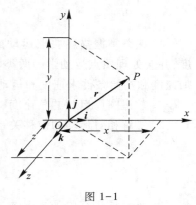

图 1-1

2. 位移 Δr

位移是描写质点位置变化大小和方向的物理量,它是从质点初始时刻位置指向终点时刻位置的有向线段.

如图 1-2 所示,质点在 Δt 时间内,从点 A 运动到点 B,位移为

$$\Delta r = r_B - r_A = (x_B - x_A)i + (y_B - y_A)j \qquad (1-2)$$

若质点在三维空间中运动,则位移为

$$\Delta r = (x_B - x_A)i + (y_B - y_A)j + (z_B - z_A)k$$

注意位移与路程的区别,路程是质点在空间运动轨迹的长度,用 Δs 表示.位移是矢量,路程是标量,且路程恒为正.在一般情况下,位移的大小并不等于路程.在图 1-2 中,质点在 Δt 时间内从点 A 运动到点 B,位置矢量由 r_A 变为 r_B,位移是 Δr,位移的大小 $|\Delta r| = AB$,而路程 $\Delta s = \overset{\frown}{AB}$,显然 $|\Delta r| \neq \Delta s$.只有质点始终沿某一方向作直线运动时,它们才相等.然而当 $\Delta t \rightarrow 0$ 时,从图可见 $|dr| = ds$.

还需注意 $|\Delta \boldsymbol{r}|$ 与 $\Delta|\boldsymbol{r}|$（或 Δr）①的区别,在图 1-3 中的线段 OB 上取 $OA'=OA$, $A'B$ 的大小为 $\Delta r = \Delta|\boldsymbol{r}| = r_B - r_A$,表示质点离开坐标原点的距离之变化,它与位移的大小 $|\Delta \boldsymbol{r}|$ 是两个不同的概念.

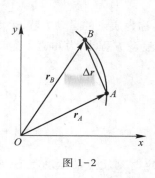

图 1-2

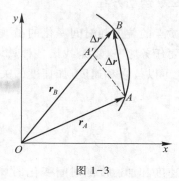

图 1-3

3. 速度 v

速度是描写质点位置变化快慢和方向的物理量,是矢量.

速率是描写质点运动路程随时间变化快慢的物理量,是标量,恒为正.瞬时速度(简称速度)的大小等于瞬时速率(简称速率),但平均速度的大小不等于平均速率,平均速度 $\bar{\boldsymbol{v}} = \dfrac{\Delta \boldsymbol{r}}{\Delta t}$,而平均速率 $\bar{v} = \dfrac{\Delta s}{\Delta t}$,前面我们已经讲过 $|\Delta \boldsymbol{r}| \neq \Delta s$,所以, $|\bar{\boldsymbol{v}}| \neq \bar{v}$.

需注意区分速度与速度分量的不同,在直角坐标系中,有

$$\boldsymbol{v} = \boldsymbol{v}_x + \boldsymbol{v}_y = v_x \boldsymbol{i} + v_y \boldsymbol{j} \tag{1-3}$$

式中 $\boldsymbol{v}_x$、$\boldsymbol{v}_y$ 分别是速度 $\boldsymbol{v}$ 沿 Ox 轴和 Oy 轴上的分速度,是矢量,而 v_x、v_y 则是速度 $\boldsymbol{v}$ 在 Ox 轴和 Oy 轴上的分量,是标量.

速度大小(速率)$v = \sqrt{v_x^2 + v_y^2}$,速度方向为该点曲线的切线方向.

4. 加速度 a

加速度是描写质点速度变化快慢和方向的物理量,是矢量,它的方向与速度增量 $\Delta \boldsymbol{v}$ 的方向一致.

在直线运动中,如果选 Ox 轴沿着质点运动的直线,在确定 Ox 轴的正方向以后,若 $x>0$,表示质点位于 Ox 轴的正方向;$x<0$,质点位于 Ox 轴的负方向.$v>0$,表示质点向 Ox 轴正方向运动;$v<0$,质点向 Ox 轴负方向运动.$a>0$,表示 $\boldsymbol{a}$ 的方向沿 Ox 轴正向;$a<0$,$\boldsymbol{a}$ 沿 Ox 轴负向.a 与 v 同号,表示质点作加速运动;a 与 v 异

---

① 请注意本书中,凡矢量皆印成斜黑体字,如矢量 $\vec{r}$ 印成 $\boldsymbol{r}$,而普通字体则表示标量或矢量的值,因此 $|\boldsymbol{r}| = r$.

号,作减速运动.需注意:在这里经常会发生的错误是认为 $a>0$ 作加速运动; $a<0$ 作减速运动.

二、运动方程

质点的位矢随时间变化的函数关系式 $\boldsymbol{r}=\boldsymbol{r}(t)$,称为质点的运动方程.运动学的重要任务之一,就是找出各种具体运动所遵循的运动方程.因为知道了运动方程,就可以按它和速度、加速度的关系式

$$\boldsymbol{v}=\frac{\mathrm{d}\boldsymbol{r}}{\mathrm{d}t} \tag{1-4}$$

$$\boldsymbol{a}=\frac{\mathrm{d}\boldsymbol{v}}{\mathrm{d}t}=\frac{\mathrm{d}^2\boldsymbol{r}}{\mathrm{d}t^2} \tag{1-5}$$

求出速度和加速度随时间变化的规律以及任意特定时刻质点的运动状态.在平面直角坐标系中,有

$$\boldsymbol{r}(t)=x(t)\boldsymbol{i}+y(t)\boldsymbol{j} \tag{1-6}$$

式中 $x(t)$ 和 $y(t)$ 是运动方程的分量式.

$$\boldsymbol{v}=v_x\boldsymbol{i}+v_y\boldsymbol{j}=\frac{\mathrm{d}x}{\mathrm{d}t}\boldsymbol{i}+\frac{\mathrm{d}y}{\mathrm{d}t}\boldsymbol{j} \tag{1-7}$$

$$\boldsymbol{a}=a_x\boldsymbol{i}+a_y\boldsymbol{j}=\frac{\mathrm{d}v_x}{\mathrm{d}t}\boldsymbol{i}+\frac{\mathrm{d}v_y}{\mathrm{d}t}\boldsymbol{j}=\frac{\mathrm{d}^2x}{\mathrm{d}t^2}\boldsymbol{i}+\frac{\mathrm{d}^2y}{\mathrm{d}t^2}\boldsymbol{j} \tag{1-8}$$

反之,已知质点的 $\boldsymbol{a}(t)$ 和初始条件 $\boldsymbol{r}_0$ 和 $\boldsymbol{v}_0$,可通过积分求得其速度和运动方程.

质点运动时在空间所经历的路径,称为轨迹.轨迹的数学表达式,称为轨迹方程.在平面直角坐标系中,从运动方程分量式 $x(t)$ 和 $y(t)$ 中消去时间 t,即可得到轨迹方程.例如,平抛运动的运动方程分量式为

$$x=v_0t, \qquad y=\frac{1}{2}gt^2$$

可得平抛运动的轨迹方程:

$$y=\frac{1}{2}\frac{g}{v_0^2}x^2$$

例 1 已知质点沿 Ox 轴运动,其速度大小为 $v=6t-6t^2$,式中 v 和 t 的单位分别为 $\mathrm{m\cdot s^{-1}}$ 和 s.当 $t=0$ 时,质点位于坐标原点右方 5 m 处,(1) 求在 $t=2$ s 时的速度、加速度和所在位置;(2) 求在 0~2 s 内平均速度的大小;(3) 作 x-t、v-t 和 a-t 图线,从图线上说明质点在什么时间内向 Ox 轴正方向运动,在什么时间内向 Ox 轴负方向运动,在什么时间内作加速运动,在什么时间内作减速运动.

解 (1) 由题意知

$$v = 6t - 6t^2 \tag{1}$$

将 $t = 2$ s 代入式(1),得

$$v = -12 \ \mathrm{m \cdot s^{-1}}$$

又

$$a = \frac{\mathrm{d}v}{\mathrm{d}t} = 6 - 12t \tag{2}$$

将 $t = 2$ s 代入式(2),得

$$a = -18 \ \mathrm{m \cdot s^{-2}}$$

由于 $v = \dfrac{\mathrm{d}x}{\mathrm{d}t}, \mathrm{d}x = v\mathrm{d}t$,将式(1)代入,并对两边积分得

$$\int_{x_0}^{x} \mathrm{d}x = \int_0^t v\mathrm{d}t = \int_0^t (6t - 6t^2)\, \mathrm{d}t = 3t^2 - 2t^3$$

故

$$x = x_0 + 3t^2 - 2t^3 \tag{3}$$

由题意知 $x_0 = 5$ m,将 $t = 2$ s 代入式(3),得 $x = 1$ m.

（2）平均速度的大小为

$$|\bar{v}| = \left| \frac{\Delta x}{\Delta t} \right| = \left| \frac{x - x_0}{t - t_0} \right|$$

从题意知,$t = 0$ 时,$x_0 = 5$ m,而 $t = 2$ s 时,$x = 1$ m,由此得在 $0 \sim 2$ s 内的平均速度的大小为

$$|\bar{v}| = \frac{|1 - 5|\ \mathrm{m}}{|2 - 0|\ \mathrm{s}} = 2 \ \mathrm{m \cdot s^{-1}}$$

（3）由式(3)、式(1)和式(2)作 x-t、v-t 和 a-t 图线,如图 1-4 所示,从图线可以看出:

在 $t = 0 \sim 1$ s 内,$v > 0$,质点向 Ox 轴正方向运动;

$t > 1$ s,$v < 0$,质点向 Ox 轴负方向运动;

在 $t = 0 \sim 0.5$ s 内,$v > 0$,$a > 0$,质点向 Ox 轴正方向作加速运动;

在 $t = 0.5 \sim 1$ s 内,$v > 0$,$a < 0$,质点向 Ox 轴正方向作减速运动;

$t = 1$ s 时,$v = 0$,质点离开坐标原点的距离最远;

$t > 1$ s 以后,$v < 0$,$a < 0$,质点向 Ox 轴负方向作加速运动.

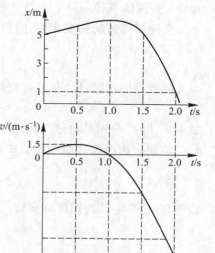

图 1-4

三、圆周运动

质点作圆周运动时,由于它离开圆心的距离始终不变,以圆心为坐标原点,选定 Ox 轴的正方向,用径矢 **r** 与 Ox 轴间的夹角 θ 就能完全确定质点在空间的位置,θ 称为角坐标(见图 1-5),θ 随时间变

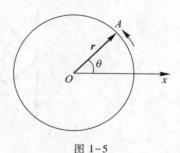

图 1-5

化的函数式 $\theta(t)$，也称为运动方程.需注意 θ 是有正负的,若选定沿逆时针方向转动的 θ 为正,顺时针方向则为负.

角坐标随时间的变化率,叫角速度,用 ω 表示:

$$\omega = \frac{\mathrm{d}\theta(t)}{\mathrm{d}t} \tag{1-9}$$

角速度与线速度的关系是

$$v = r\omega \tag{1-10}$$

式中 r 是圆的半径.

角速度随时间的变化率,叫角加速度,用 α 表示:

$$\alpha = \frac{\mathrm{d}\omega}{\mathrm{d}t} = \frac{\mathrm{d}^2\theta}{\mathrm{d}t^2} \tag{1-11}$$

质点作圆周运动的加速度常用自然坐标系表示:

$$\boldsymbol{a} = \boldsymbol{a}_t + \boldsymbol{a}_n = a_t \boldsymbol{e}_t + a_n \boldsymbol{e}_n \tag{1-12}$$

式中 $\boldsymbol{e}_t$ 和 $\boldsymbol{e}_n$ 分别是自然坐标系中的切向单位矢量和法向单位矢量.切向加速度 $\boldsymbol{a}_t$ 是由速度大小变化而产生的加速度,其值为

$$a_t = \frac{\mathrm{d}v}{\mathrm{d}t} = r\frac{\mathrm{d}\omega}{\mathrm{d}t} = r\alpha \tag{1-13}$$

法向加速度 $\boldsymbol{a}_n$ 是由速度方向变化而产生的加速度,其值为

$$a_n = \frac{v^2}{r} = r\omega^2 \tag{1-14}$$

一般曲线运动的加速度也可用自然坐标表示:

$$\boldsymbol{a} = \boldsymbol{a}_t + \boldsymbol{a}_n = \frac{\mathrm{d}v}{\mathrm{d}t}\boldsymbol{e}_t + \frac{v^2}{\rho}\boldsymbol{e}_n \tag{1-15}$$

式中 ρ 是质点运动轨迹上对应点的曲率半径.$\boldsymbol{a}_n$ 的方向总是指向轨迹曲线的凹侧.例如作斜抛运动时质点的加速度是重力加速度 $\boldsymbol{g}$,如图 1-6 所示,它可以分解为切向加速度 $\boldsymbol{a}_t$ 和法向加速度 $\boldsymbol{a}_n$.在上升过程中 $\boldsymbol{a}_t$ 与速度 $\boldsymbol{v}$ 方向相反,质点作减速运动;在抛物线的最高点,切向加速度为零,$\boldsymbol{a}_t = 0$,$\boldsymbol{g} = \boldsymbol{a}_n$;在下落过程中 $\boldsymbol{a}_t$

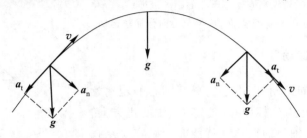

图 1-6

与 v 方向相同,质点作加速运动.

例2　圆盘形飞轮作转动时,轮边缘上一点的运动方程为 $s=0.1t^3$(SI 单位).飞轮半径为 2 m,当此点的速率 $v=30$ m·s^{-1}时,其切向加速度为多大?法向加速度为多大?

解　飞轮边缘一点作圆周运动,其速率为

$$v=\frac{\mathrm{d}s}{\mathrm{d}t}=0.3t^2$$

当 $v=30$ m·s^{-1}时,求得 $t=10$ s.

故切向加速度大小为

$$a_{\mathrm{t}}=\frac{\mathrm{d}v}{\mathrm{d}t}=6 \text{ m·s}^{-2}$$

法向加速度大小为

$$a_{\mathrm{n}}=\frac{v^2}{R}=450 \text{ m·s}^{-2}$$

四、相对运动

不同参考系对同一个物体运动的描述是不同的.图 1-7 中,S′系(即 $O'x'y'$ 坐标系)相对于 S 系(即 Oxy 坐标系)沿 Ox 轴正向以速度 u 运动,在 Δt 时间内,质点跟随 S′系从空间点 A 移到点 A',$\overrightarrow{AA'}=\Delta r_0$ 是 S′系相对于 S 系的位移,在 S′系内,该质点又从点 A' 移到点 B,那么,此质点相对 S′系的位移是 $\Delta r'$,相对 S 系的位移是 Δr,它们之间的关系是

$$\Delta r=\Delta r'+\Delta r_0 \tag{1-16}$$

显然 $\Delta r\neq\Delta r'$.

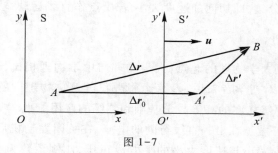

图 1-7

在不同的坐标系中,速度也有类似的关系,即

$$v=v'+u \tag{1-17}$$

上式称为伽利略速度变换式,式中 v 是质点相对于静止坐标系 S 的速度,称为绝对速度;v' 是质点相对于运动坐标系 S′的速度,称为相对速度;u 是 S′系相对 S 系的速度,称为牵连速度.

难 点 讨 论

本章的难点之一是描述质点运动的四个物理量:位矢、位移、速度、加速度的矢量性,及其相互关系的矢量运算.解决这个问题的关键是要时刻牢记这四个物理量的矢量性,同时也要熟练矢量运算.

讨论题 1　一运动质点,在某一时刻其位矢为 $\boldsymbol{r}$,下列各式中,哪个表示其速度? 哪个表示其速率?

（A） $\dfrac{\mathrm{d}r}{\mathrm{d}t}$　　（B） $\dfrac{\mathrm{d}|\boldsymbol{r}|}{\mathrm{d}t}$　　（C） $\dfrac{\mathrm{d}\boldsymbol{r}}{\mathrm{d}t}$　　（D） $\left|\dfrac{\mathrm{d}\boldsymbol{r}}{\mathrm{d}t}\right|$

分析讨论

速度是矢量,它等于位置矢量对时间的一阶导数,而速率是速度矢量的大小即速度矢量的模.所以,速度是（C）,而速率是（D）.（A）和（B）在此无物理意义.

讨论题 2　一作曲线运动的质点,某一时刻速度为 $\boldsymbol{v}$,下列各式各表示什么?

（A） $\dfrac{\mathrm{d}\boldsymbol{v}}{\mathrm{d}t}$　　（B） $\left|\dfrac{\mathrm{d}\boldsymbol{v}}{\mathrm{d}t}\right|$　　（C） $\dfrac{\mathrm{d}v}{\mathrm{d}t}$

分析讨论

加速度是矢量,它等于速度矢量对时间的一阶导数.所以（A）是该质点在这一时刻的加速度,（B）是加速度的大小.

曲线运动的加速度也可用自然坐标表示,$\boldsymbol{a}=\dfrac{\mathrm{d}v}{\mathrm{d}t}\boldsymbol{e}_\mathrm{t}+\dfrac{v^2}{\rho}\boldsymbol{e}_\mathrm{n}$,所以,（C）是这一时刻加速度的切向分量,即切向加速度大小.若质点作直线运动,法向加速度为零,$\dfrac{\mathrm{d}v}{\mathrm{d}t}$就是加速度大小.

另外,本章是大学物理的起点,大学物理与中学物理相比,一个显著的特点是微积分的运用.对初学者来说,熟练运用微积分解决物理问题也是一个难点,克服这个困难,要靠扎实的高等数学基础和熟练的应用能力.

讨论题 3　一艘正在沿一直线行驶的电艇,在关闭发动机后,其加速度方向与速度方向相反,大小与速度大小的平方成正比,比例系数为 k,求电艇关闭发动机后又行驶 x 距离时的速率 v.(已知电艇关闭发动机时的速率为 v_0.)

分析讨论

这是已知加速度与速度的关系求速度与位移关系的问题,需根据加速度、速度、位移的相互关系,运用微积分运算进行求解,并要抓住直线运动的特点.

以关闭发动机时电艇的位置为原点,行驶方向为 x 轴正方向,建立坐标系.

根据题意

$$a = -kv^2$$

由直线运动有

$$a = \frac{\mathrm{d}v}{\mathrm{d}t}$$

所以

$$\frac{\mathrm{d}v}{\mathrm{d}t} = -kv^2 \tag{1}$$

要求的是 v 与 x 的关系，所以，需对上式进行变换，

$$\frac{\mathrm{d}v}{\mathrm{d}t} = \frac{\mathrm{d}v}{\mathrm{d}x} \cdot \frac{\mathrm{d}x}{\mathrm{d}t} = v\frac{\mathrm{d}v}{\mathrm{d}x} \tag{2}$$

其中用到直线运动 $v = \dfrac{\mathrm{d}x}{\mathrm{d}t}$ 的关系式，将式（2）代入式（1）得

$$\frac{\mathrm{d}v}{v} = -k\mathrm{d}x$$

对上式两边积分，且已知 $x = 0$ 时，$v = v_0$，即

$$\int_{v_0}^{v} \frac{\mathrm{d}v}{v} = \int_{0}^{x} -k\mathrm{d}x$$

得

$$v = v_0 \mathrm{e}^{-kx}$$

自　测　题

1-1　一质点沿 x 轴运动，其运动方程为 $x = 5t^2 - 3t^3$，式中时间 t 以 s 为单位.当 $t = 2$ s时，该质点正在（　　）.

（A）加速　　　　　（B）减速　　　　　（C）匀速　　　　　（D）静止

1-2　某人骑自行车以速率 v 向西行驶.今有风以相同的速率从北偏东 30°方向吹来，如图 1-8 所示.试问人感到风从哪个方向吹来？（　　）.

（A）北偏东 30°　　　　　　　　（B）北偏西 30°

（C）西偏南 30°　　　　　　　　（D）南偏东 30°

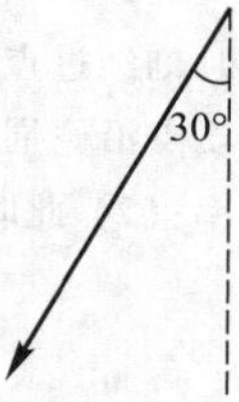

1-3　质点作半径为 R 的变速圆周运动，某一时刻该质点的速率为 v，则其加速度大小为（　　）.

（A）$\dfrac{\mathrm{d}v}{\mathrm{d}t}$　　　　　　　　　　（B）$\dfrac{v^2}{R}$

（C）$\dfrac{\mathrm{d}v}{\mathrm{d}t} + \dfrac{v^2}{R}$　　　　　　（D）$\left[\left(\dfrac{\mathrm{d}v}{\mathrm{d}t} \right)^2 + \left(\dfrac{v^2}{R} \right)^2 \right]^{\frac{1}{2}}$

图 1-8

1—4 一质点沿 x 轴正方向运动,其加速度大小 $a=kt$,式中 k 为常量.当 $t=0$ 时,$v=v_0$,$x=x_0$,则质点的速率 $v=$ _____,质点的运动方程 $x=$ _____.

1—5 质点的运动方程是 $\boldsymbol{r}(t)=R\cos\omega t\boldsymbol{i}+R\sin\omega t\boldsymbol{j}$,式中 R 和 ω 是正的常量.从 $t=\pi/\omega$ 到 $t=2\pi/\omega$ 时间内,该质点的位移是 _____;该质点所经过的路程是 _____.

1—6 灯距地面高度为 h_1,一个人身高为 h_2,在灯下以匀速率 v 沿水平直线行走,如图 1—9 所示.他的头顶在地上的影子 M 点沿地面移动的速率为 $v_M=$ _____.

1—7 如图 1—10 所示,一质点以初速度 v_0 与水平方向成 θ_0 角抛出,不计空气阻力,在 _____ 点的曲率半径最小,其值为 _____.在 _____ 点曲率半径最大,其值为 _____.

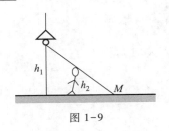

图 1—9

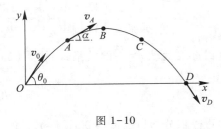

图 1—10

1—8 一匀质圆盘,半径 $R=1$ m,绕通过圆心垂直盘面的固定竖直轴转动.$t=0$ 时,$\omega_0=0$,其角加速度按 $\alpha=t/2$(以 rad·s^{-2} 为单位)的规律变化.问何时($t=0$ 除外)圆盘边缘某点的线加速度 $\boldsymbol{a}$ 与半径成 45°角?

1—9 一质点在 Oxy 平面上运动.已知 $t=0$ 时,$x_0=5$ m,$v_x=3$ m·s^{-1},$y=\left(\dfrac{1}{2}t^2+3t-4\right)$($y$ 以 m 为单位,t 以 s 为单位).(1) 写出该质点运动方程的矢量表达式;(2) 描绘质点的运动轨迹;(3) 求质点在 $t=1$ s 和 $t=2$ s 时的位置矢量和这 1 s 内的位移;(4) 求 $t=4$ s 时的速度和加速度的大小和方向.

1—10 如图 1—11 所示,一质点作半径为 R 的圆周运动,在 $t=0$ 时刻经过点 P,此后它的速率 v 按 $v=Bt$(B 为正的已知常量)变化.当质点沿圆周运动一周再经过点 P 时,求:(1) 所需的时间及此时速率;(2) 此时的加速度.

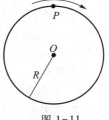

图 1—11

自测题答案

第二章

牛顿运动定律

基 本 要 求

1. 理解牛顿运动定律的基本内容,了解其适用范围.

2. 熟练掌握运用牛顿运动定律分析问题的思路和解决问题的方法.能以微积分为工具,求解变力作用下的质点动力学基本问题.

思 路 与 联 系

上一章我们讨论了如何描述物体(质点)的运动状态和运动状态的变化,但没有讨论维持物体恒定运动和物体运动状态变化的原因.本章讨论质点动力学,研究物体间的相互作用引起物体运动状态变化的规律.以牛顿运动定律为主体,阐述了力对物体的瞬时作用规律.

牛顿运动定律是整个经典力学的基础.下一章将在此基础上进一步研究力的时间积累作用和空间积累作用,接下来的两章还将运用牛顿运动定律导出质点系和刚体的运动规律,从而建立起整个经典力学体系.在以后学习热力学、电磁学等物理学的其他内容时,也常需用到牛顿运动定律的知识.可见,牛顿运动定律在整个物理学中占有重要地位.

学 习 指 导

一、牛顿运动定律

1. 牛顿第一定律

牛顿第一定律的内容是:任何物体都要保持静止或匀速直线运动状态,直到外力迫使它改变运动状态为止.它包含了两个重要概念:① 指出了任何物体都具有一种保持其运动状态不变的特性——惯性.② 指出力是物体之间的一种相互作用,它是改变物体运动状态的原因.

需注意,牛顿第一定律并不是对任何参考系都适用,我们把牛顿第一定律成立的参考系称为惯性系.相反,牛顿第一定律不成立的参考系称为非惯性系,例如加速前进的火车,就是非惯性系.确定一个参考系是否是惯性系,只能根据观察和实验.太阳可看作是惯性系.由于地球绕太阳公转和绕地轴自转,所以它不是精确的惯性系,但在运动经历时间较短和精确度要求不太高的情况下,地球仍可近似看作惯性系.

牛顿第一定律不能用实验直接验证,因为自然界中不存在完全不受其他物体作用的绝对孤立的物体.因此,牛顿第一定律是在大量观察与经验的基础上,经过抽象思维和逻辑推理而得到的结果.这种由伽利略首先采用的思想实验的方法,对物理学的发展起了巨大的作用.爱因斯坦即运用思想实验方法建立了相对论.

2. 牛顿第二定律

牛顿第二定律的数学表达式为

$$F = \frac{\mathrm{d}p}{\mathrm{d}t} = \frac{\mathrm{d}(mv)}{\mathrm{d}t} \tag{2-1a}$$

式中 p 为质点的动量,在质点的速度 v 远小于光速 c 的情况下,质量 m 可视为常量,上式可写成

$$F = m\frac{\mathrm{d}v}{\mathrm{d}t} = ma \tag{2-1b}$$

式中 F 为作用在物体上的合力,a 为物体的加速度.牛顿第二定律定量地确定了受力物体的加速度与其质量及合力之间的关系.

学习牛顿第二定律时需注意以下几点:

(1) 牛顿第二定律只适用于质点(或可理想化为质点的物体).如果忽略了这一点,就会导致以下错误.例如:有一质量可略去不计的定滑轮,两侧各用轻绳悬挂质量分别为 m_1 和 m_2 的重物(见图2-1),已知 $m_1 > m_2$,求重物的加速度.有人这样求:根据牛顿第二定律,物体所受合外力为 $(m_1g - m_2g)$,因此有

$$m_1g - m_2g = (m_1 + m_2)a$$

你能说出它错在什么地方吗? 想一想正确的解法应如何?

(2) 牛顿第二定律表述的是力的瞬时作用规律,加速度 a 和所受合力 F 必须是同一时刻的瞬时量.

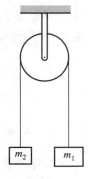

图 2-1

（3）牛顿第二定律的数学表达式（2-1b）是矢量式.实际应用此定律解题时,往往需要把它投影到坐标轴上,用其分量式,如在平面直角坐标系中,有

$$\begin{cases} F_x = ma_x \\ F_y = ma_y \end{cases} \tag{2-2}$$

在自然坐标系中,有

$$\begin{cases} F_t = ma_t = m\dfrac{\mathrm{d}v}{\mathrm{d}t} \\ F_n = ma_n = m\dfrac{v^2}{\rho} \end{cases} \tag{2-3}$$

（4）牛顿第二定律与牛顿第一定律一样,仅适用于惯性系,在非惯性系中,不能直接运用 $F=ma$（见教材上册第 2-5 节）.此外,牛顿第二定律还要求被研究的对象是作低速运动（即 $v \ll c$）的宏观物体.

3. 牛顿第三定律

牛顿第三定律的数学表达式为

$$F = -F' \tag{2-4}$$

它指出了物体之间的作用力具有相互作用的特性,受力的物体同时也是施力的物体,反之亦然.作用力和反作用力总是成对出现,没有主从之分,它们同时产生,同时存在,同时消失.此外,作用力与反作用力总是属于同种性质的力,如作用力是摩擦力,反作用力必定也是摩擦力.

由于作用力和反作用力分别作用在两个物体上,所以它们永远也不会相互抵消.有人认为既然拔河比赛中甲队拉乙队的力与乙队拉甲队的力是一对作用力和反作用力,它们大小相等,方向相反,两队何以有胜负？这种想法错就错在他不明确这两个力是分别作用在甲队和乙队上的,是不能抵消或平衡的.胜负要看甲队或乙队所受的合力如何.

二、常见的三种力

1. 万有引力

所有物体之间都存在一种相互吸引的力,这称为万有引力,其表达式为

$$F = G\frac{m_1 m_2}{r^2} \tag{2-5}$$

式中, m_1、m_2 分别为两物体的质量, r 是它们之间的距离, G 是引力常量.

由于地球绕地轴自转,地球对地面附近物体的万有引力中,一部分提供了物体随地球一起绕地轴作圆周运动的向心力,另一部分即为物体所受的重力.在地球南北极的地轴上,物体所受重力即为万有引力;而在赤道处,物体所受的重力

等于万有引力与向心力之差.由于重力与万有引力的差异很小,在一般情况下,可认为重力即为物体所受的万有引力,方向垂直地面指向地心.作用在物体上的重力,在量值上为 $P=mg$.式中 m 为物体的质量,g 为重力加速度.

物体对支持它的物体的作用力,用 P' 表示.当支持物静止或沿竖直方向作匀速直线运动时,$P'=P$.当支持物以加速度 a 上升时,$P'=m(g+a)>P$,即视重大于重力,这种情况称为超重.宇航员起飞时加速上升,其视重往往等于重力的几倍.当支持物以加速度 a 向下运动时,$P'=m(g-a)<P$,即视重小于重力.如果支持物作自由落体运动($a=g$),则 $P'=0$,称为失重.跳伞运动员没有张开伞在高空中自由下落时和宇航员在宇宙飞船中,都处于失重状态.

2. 弹性力

弹性力来源于相互作用的物体之间产生的弹性形变.发生弹性形变的物体产生的欲恢复其原来形状的力,称为弹性力.

由于物体间相互作用时形变的形式多种多样,所以弹性力在不同的情况下往往有不同的称呼.弹簧形变(被拉伸或压缩)时产生的力,叫做弹簧弹性力.物体放在桌面上,物体和桌面都会产生形变,桌面作用在物体上的力称为支持力,物体作用在桌面上的力称为正压力,它们是一对作用力和反作用力,方向垂直于接触面,正压力的"正"字即源于此.当绳子在外力作用下发生形变时,绳子中各部分之间也存在弹性力,这种弹性力称为张力,方向沿着绳子.一般情况下,绳子上各点的张力并不相等,但当绳子质量很小(如把绳子称为"细绳"的情况)时,绳子的质量可以忽略不计,绳子中各点的张力才可视为处处相等;另外,如果绳子的加速度 $a=0$,绳子处于静止或匀速直线运动时,绳中各点的张力也可视为相等来处理.

3. 摩擦力

摩擦力是相互接触的物体之间,有相对滑动或相对滑动趋势而产生的一种阻碍相对滑动的力,它们分别是滑动摩擦力和静摩擦力,其方向总是与相对滑动或相对滑动趋势的方向相反.

滑动摩擦力 F_f 的大小等于

$$F_f=\mu F_N \qquad\qquad (2-6a)$$

式中 μ 为动摩擦因数,F_N 为正压力.静摩擦力 F_{f0} 的大小,在一般情况下为

$$F_{f0}\leqslant F_{f0m} \qquad\qquad (2-6b)$$

F_{f0m} 是最大静摩擦力,其值为

$$F_{f0m}=\mu_0 F_N \qquad\qquad (2-6c)$$

式中 μ_0 是静摩擦因数,它略大于 μ.一般在计算时仍取 μ 值.

例1 如图 2-2 所示,一个质量 $m_1=20$ kg 的小车放在光滑的平面上,其上放有一个质量

$m_2 = 2.0$ kg 的木块,木块与小车之间的静摩擦因数 $\mu_0 = 0.30$,滑动摩擦因数 $\mu = 0.25$,用 $F = 2.0$ N 的力在水平方向上拉木块,问木块与小车之间的摩擦力 F_f 多大? 能用 $F_f = \mu F_N$ 来求吗?

解 让我们分析一下 m_2 与 m_1 之间的摩擦是滑动摩擦还是静摩擦.如果 m_2 与 m_1 之间发生相对滑动的话,则滑动摩擦力 F_f 的大小为

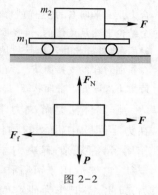

$$F_f = \mu F_N = \mu m_2 g = 0.25 \times (2.0 \text{ kg}) \times (9.8 \text{ m} \cdot \text{s}^{-2}) = 4.90 \text{ N} > F$$

这是不可能的事.因此说明 m_2 与 m_1 之间无相对滑动.它们之间的摩擦是静摩擦.那么,静摩擦力能否用 $F_{f0} = \mu_0 F_N$ 来计算呢? 如用此式计算,有

$$F_{f0} = \mu_0 F_N = \mu_0 m_2 g = 0.30 \times (2.0 \text{ kg}) \times (9.8 \text{ m} \cdot \text{s}^{-2}) = 5.88 \text{ N} > F$$

这也是不可能的.因此表明 m_2 与 m_1 间虽有静摩擦力,但还没有达到最大静摩擦力.由此可知,本题中的静摩擦力只能根据物体的受力情况,用牛顿第二定律求得.

图 2-2

第一步,把 m_2 与 m_1 作为一个整体来考虑,小车与地面间无摩擦,它们在水平方向上只受到外力 F 作用,它们之间的静摩擦力是内力,对整体运动状态无影响.因此,根据牛顿第二定律,沿水平方向有

$$F = (m_2 + m_1) a$$

$$a = \frac{F}{m_2 + m_1} = \frac{2.0 \text{ N}}{(2+20) \text{ kg}} = 0.090\ 9 \text{ m} \cdot \text{s}^{-2}$$

第二步,对木块来说有

$$F - F_f = m_2 a$$

得
$$F_f = F - m_2 a = 2.0 \text{ N} - (2.0 \text{ kg}) \times (0.090\ 9 \text{ m} \cdot \text{s}^{-2}) = 1.82 \text{ N}$$

可见,对静摩擦力的计算不能不加分析地运用 $F_f = \mu_0 F_N$ 这一公式,而是要根据物体的受力情况和运动状态,用牛顿第二定律求得.

三、物体的受力分析、隔离体法和解题步骤

对物体进行受力分析是处理力学问题的基本功.正确地对物体进行受力分析,是解决力学问题的基础,只有把物体的受力情况分析得清楚、准确,才有可能获得正确的结果.力学中遇到的一切力,可以分为两种基本类型:一类是接触力,仅当物体直接接触并相互作用时才会产生,前面提到的弹性力和摩擦力就属此类;另一类是非接触力,物体不需直接接触就能产生,如万有引力、电磁力就属此类.非接触力是通过一种特殊形态的物质——场来传递的,与万有引力相联系的是引力场,与电磁力相联系的是电磁场.由于力是物体间的相互作用,在分析物体受力时,必须明确谁是施力者,谁是受力者.

例 2 如图 2-3(a)所示,一光滑的圆球,放在光滑的斜面与平面的交接处,问球受几个

力作用?

有人会作出如图 2-3(b)所示的受力图,认为球受三个力:重力 P,斜面对球的支持力 F_{N1},平面对球的支持力 F_{N2},这三个力的合力是水平向右的.这样就得出球产生向右的加速度,悖于常识,这个结论显然是荒谬的,错在哪里呢? 错在 F_{N1},球与斜面虽然是接触的,但是彼此并无相互作用,球没有使斜面产生形变,也就不存在斜面对球的支持力 F_{N1},所以球只受两个力:重力 P 和平面的支持力 F_N,球处于平衡状态,如图 2-3(c)所示.

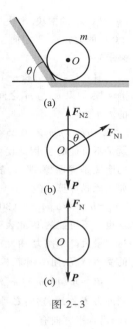

图 2-3

隔离体法是解决力学问题的重要方法,要熟练掌握.在力学问题中涉及的物体往往不止一个,彼此之间相互作用,错综复杂.解决力学问题的有力武器——牛顿运动定律,它仅适用于可看作质点的物体,且它所涉及的是外力.为此,需把作为研究对象的物体,从整体中隔离出来,把其他物体对它的作用力一一正确无误地画出来(注意:不要把它对其他物体的作用力也画上),再运用牛顿运动定律求解.其他物体对被隔离出来的物体作用的力都是外力.

运用牛顿运动定律解题的步骤是:① 明确已知条件和要求的物理量,确定研究对象.② 把研究对象从周围物体中隔离出来,进行受力分析,并画出示力图.③ 选定坐标系,将研究对象所受的力及其加速度都分解到坐标轴的方向,列出牛顿第二定律的分量式.要注意:力和加速度的方向与坐标轴正方向一致为正,反之为负.若加速度的方向不能确定,可以先假定一个方向,若求出的加速度为正值,则该假定方向即加速度方向;若加速度为负值,则加速度方向与假定方向相反.④ 对运动方程求解.求解时先用字母符号得出结果,而后再代入已知数据进行运算.

例 3 水平面上有一质量 $m=51$ kg 的小车 D,其上有一定滑轮 C.通过绳在滑轮两侧分别连有质量为 $m_1=5$ kg 和 $m_2=4$ kg 的物体 A 和 B,其中物体 A 在小车的水平台面上,物体 B 被绳悬挂.各接触面和滑轮轴均光滑.系统处于静止时,各物体关系如图 2-4(a)所示.现在让系统运动,求以多大的水平力 F 作用于小车上,才能使物体 A 与小车 D 之间无相对滑动.(滑轮和绳的质量均不计,绳与滑轮间无相对滑动.)

解 根据题意,要使 A 与 D 无相对滑动,A、D 和 B 必须具有相同的水平向右的加速度 a.而 B 要获得水平向右的加速度,悬挂 B 的绳必须与竖直方向偏离一个角度,即 B 向左偏离,如图2-4(b)所示.

分别分析 A、B 受力情况如图 2-4(b)所示,A 受绳子拉力 F_T,重力 P_A 和小车台面支持力 F_N 作用,F_N 和 P_A 平衡.对 A 应用牛顿第二定律,得

$$F_T = m_1 a \tag{1}$$

B 受绳子拉力 $F'_T (F_T = F'_T)$，重力 P_B 作用，设绳偏离竖直方向 θ 角，对 B 分别在水平方向和竖直方向应用牛顿第二定律，得

$$F_T \sin\theta = m_2 a \tag{2}$$

$$F_T \cos\theta = m_2 g \tag{3}$$

将式（2）平方加上式（3）的平方，得

$$F_T^2 = m_2^2 (a^2 + g^2)$$

以式（1）代入上式，解得

$$a = \frac{m_2 g}{\sqrt{m_1^2 - m_2^2}} = \frac{4}{3} g$$

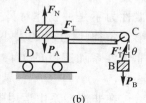

图 2-4

以 A、B、C、D 组成的系统为对象，其竖直方向所受外力平衡，水平方向仅受 F 作用，应用牛顿第二定律，得

$$F = (m_1 + m_2 + m) a = 784 \text{ N}$$

例 4　飞机降落时的着地速度大小 $v_0 = 90$ km/h，方向与地面平行，飞机与地面间的摩擦因数 $\mu = 0.10$，迎面空气阻力为 $C_x v^2$，升力为 $C_y v^2$（v 是飞机在跑道上的滑行速度，C_x 和 C_y 均为常量），已知飞机的升阻比 $k = \dfrac{C_y}{C_x} = 5$，求飞机从着地到停止这段时间所滑行的距离（设飞机刚着地时对地面无压力）.

解　飞机从着地到停止这段时间在水平方向共受两个力：空气阻力及摩擦力. 根据牛顿第二定律，有

$$-C_x v^2 - \mu(mg - C_y v^2) = m\frac{dv}{dt}$$

式中，$mg = C_y v_0^2$.

将 $\dfrac{dx}{dt} = v$ 代入上式并分离变量，有

$$\frac{v \, dv}{(\mu C_y - C_x) v^2 - \mu C_y v_0^2} = \frac{dx}{m}$$

两边积分，得

$$\int_{v_0}^0 \frac{dv^2}{v^2 - \dfrac{\mu C_y v_0^2}{\mu C_y - C_x}} = \int_0^x \frac{2(\mu C_y - C_x)}{m} dx$$

即

$$\ln\left(v^2 - \frac{\mu C_y v_0^2}{\mu C_y - C_x}\right) \bigg|_{v_0}^0 = \frac{2(\mu C_y - C_x)}{m} x$$

$$x = \frac{m}{2(\mu C_y - C_x)} \ln\frac{\mu C_y}{C_x} = \frac{C_y v_0^2}{2(\mu C_y - C_x) g} \ln\mu k = \frac{k v_0^2}{2(\mu k - 1) g} \ln\mu k$$

以 $k = 5$，$\mu = 0.10$，$v_0 = 90$ km/h $= 25$ m/s，$g = 9.8$ m/s² 代入，得 $x = 221$ m.

*四、非惯性系中牛顿运动定律的运用和惯性力

牛顿运动定律仅适用于惯性系,在非惯性系中不适用.而在实际的问题中,常常碰到相对于惯性系有加速度的非惯性系,如加速前进的车厢,旋转的圆盘等.为了在非惯性系中也能运用牛顿运动定律,我们引入惯性力的概念,惯性力不是一物体对另一物体的作用,因此它不存在反作用力,即不满足牛顿第三定律.惯性力的大小等于物体质量与非惯性系加速度的乘积,它的方向与非惯性系加速度的方向相反.在匀速转动参考系中的惯性力,常称为惯性离心力.

在非惯性系中运用牛顿运动定律时,只要在分析物体受力情况时,把惯性力也计入即可,这时牛顿第二定律的数学表达式为

$$F + F_i = ma \tag{2-7}$$

式中 F 为物体所受的外力,F_i 为惯性力.$F_i = -ma_0$,a_0 是非惯性系相对于惯性系的加速度,a 是物体相对于非惯性系的加速度,m 是物体质量.

难 点 讨 论

本章的难点是在用隔离体法解决质点动力学问题时如何进行清楚、正确的受力分析,这是处理一切动力学问题的必要步骤.正确地进行受力分析,关键是正确理解力的概念,把握其相互作用的特性,并认识到这种作用既有接触式的,存在于相互接触的物体之间,也有非接触式的,存在于非接触的物体之间.对几种常见的力的性质和规律要熟练掌握.还要注意,受力分析是分析被隔离出的对象所受的力,而不是施的力,以免混乱.做到了这几点,要正确无误地进行受力分析也是不难的.另外,大学物理与中学物理的一个重要区别,是要解决变力作用下的动力学问题,这就需要学会用微积分的思想去思考和处理物理问题,熟练运用分离变量、变量代换等方法.具体的在学习指导部分和教材中已有多个例题进行了详细讨论,可仔细体会加以掌握.

自 测 题

2-1 如图 2-5 所示,一轻绳跨过一个定滑轮,两端各系一质量分别为 m_1 和 m_2 的重物,且 $m_1 > m_2$.滑轮质量及一切摩擦均不计,此时重物的加速度的大小为 a.今用一竖直向下的恒力 $F = m_1 g$ 代替质量为 m_1 的重物,质量为 m_2 的重物的加速度为 a',则(　　).

(A) $a' = a$　　　　(B) $a' > a$　　　　(C) $a' < a$　　　　(D) 不能确定

2-2　跨过两个质量忽略不计的定滑轮的轻绳,一端挂重物 m_2 和 m_3,另一端挂重物 m_1,
而 $m_1 = m_2 + m_3$,如图 2-6 所示.当 m_2 和 m_3 绕着竖直轴旋转时(　　).

（A）m_1 上升　　　　　（B）m_1 下降　　　　　（C）m_1 与 m_2 和 m_3 保持平衡

（D）当 m_2 和 m_3 不旋转,而 m_1 在水平面上作圆周运动时,两边保持平衡

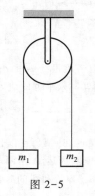
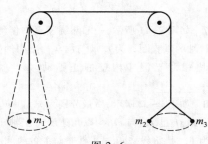

图 2-5　　　　　　　　　　　　　　　　　图 2-6

2-3　如图 2-7 所示,用水平力 **F** 把木块压在竖直的墙面上并保持静止.当 **F** 逐渐增大
时,木块所受的摩擦力(　　).

（A）恒为零　　　　（B）不为零,但保持不变　　　　（C）随 **F** 成正比地增大

（D）开始随 **F** 增大,达到某一最大值后,就保持不变

2-4　两个质量相等的小球由一轻弹簧相连接,再用一细绳悬挂于天花板上,处于静止
状态,如图 2-8 所示.将绳子剪断的瞬间,球 1 和球 2 的加速度大小分别为(　　).

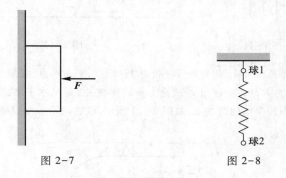

图 2-7　　　　　　　　　　　　　　　　　图 2-8

（A）$a_1 = g, a_2 = g$　　（B）$a_1 = 0, a_2 = g$　　（C）$a_1 = g, a_2 = 0$　　（D）$a_1 = 2g, a_2 = 0$

2-5　质量为 m 的小球,用轻绳 AB、BC 连接,如图 2-9 所示,其中 AB 水平.剪断绳 AB 前
后的瞬间,绳 BC 中的张力比 $F_T : F_T' = $ _____.

2-6　如图 2-10 所示,一物体质量为 m',置于光滑水平地板上.今用一水平力 **F** 通过一
质量为 m 的绳拉动物体前进,则物体的加速度 $a = $ _____,绳作用于物体上的力
$F_T = $ _____.

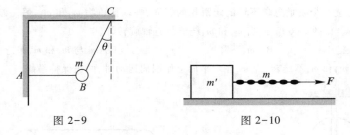

图 2-9　　　　　　　　　　　　图 2-10

2-7 如图 2-11 所示,一漏斗绕竖直轴作匀角速转动,其内壁有一质量为 m 的小木块,木块到转轴的垂直距离为 r. m 与漏斗内壁间的静摩擦因数为 μ_0,漏斗与水平方向成 θ 角.若要使木块相对于漏斗内壁静止不动,漏斗的最大角速度 ω_{max} = _____,最小角速度 ω_{min} = _____.

2-8 如图 2-12 所示,质量分别为 m_1 和 m_2 的两只小球,用弹簧连在一起,且以长为 L_1 的线拴在轴 O 上,m_1 与 m_2 均以角速度 ω 绕轴在光滑水平面上作匀速圆周运动.当两球之间的距离为 L_2 时,将线烧断.试求线被烧断的瞬间两球的加速度 a_1 和 a_2(弹簧和线的质量忽略不计).

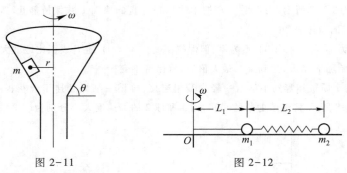

图 2-11　　　　　　　　　　　　图 2-12

2-9 在光滑水平桌面上,固定放置一板壁.板壁与水平面垂直,它的 AB 和 CD 部分是平板,BC 部分是半径为 R 的半圆柱面.一质量为 m 的物块在光滑的水平桌面上以初速率 v_0 沿壁滑动,物块与壁之间的摩擦因数为 μ,如图 2-13 所示.求物块沿板壁从点 D 滑出时的速度大小.

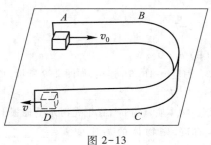

图 2-13

2-10　请设计 10 m 高台跳水的水池的深度，并将你的结果与国际跳水规则规定的水深 4.50～5.00 m 进行比较．

假定运动员质量为 50 kg，在水中受的阻力与速度的平方成正比，比例系数为 20 kg·m^{-1}；当运动员的速率减小到 2.0 m·s^{-1}时翻身，并用脚蹬池上浮．(在水中可近似认为重力与水的浮力相等．)

自测题答案

第三章

动量守恒定律和能量守恒定律

基 本 要 求

1. 理解动量和冲量的概念,掌握动量定理和动量守恒定律,并能熟练应用.

2. 掌握功的概念,能计算变力的功.理解保守力做功的特点及势能的概念. 会计算万有引力、重力和弹性力的势能.

3. 掌握动能定理、功能原理和机械能守恒定律,并能熟练应用.

4. 了解完全弹性碰撞和完全非弹性碰撞的特点.

5. 了解质心概念和质心运动定律.

思 路 与 联 系

上一章讨论的牛顿第二定律阐明了力的瞬时作用规律,即有外力作用,物体就会产生加速度,这说明物体的运动状态将要改变.至于如何改变,改变的量度为多少,则要取决于力作用在物体上的时间或在力的作用下物体的位移.换句话说,就要研究力对时间的累积作用和力对空间的累积作用.本章就是讨论这两个问题.

力对时间的累积作用用冲量来描述.从牛顿第二定律可得,质点受到外力的冲量后,其动量要发生变化,这就是质点动量定理.将质点动量定理用于质点系可得质点系动量定理.在一定条件下,质点系的总动量保持为一常量,这就是动量守恒定律.

力对空间的累积作用用功来描述.再次用牛顿第二定律推导出,合外力对物体做功会使物体的动能发生变化,从而得到质点动能定理.进一步分析力做功的特点会发现,有些力做功与所经历的路径无关,从而引入保守力及势能的概念.将质点的动能定理推广到质点系,考虑到质点系内各质点之间相互作用的力可分为保守力与非保守力,就得到质点系功能原理.在一定条件下,质点系的机械能为一常量,这就是机械能守恒定律.在此基础上,介绍了能量守恒定律.

　　最后,介绍了对质点系和对下一章将讨论的刚体都十分有用的质心概念和质心运动定律.

　　质点的任何运动,从原则上说,都可以应用牛顿运动定律来研究.然而,当问题比较复杂,特别是有些相互作用不是十分清楚时,直接应用牛顿运动定律,就会遇到困难,例如打击、碰撞和爆炸等一类问题,在这类问题中,应用动量定理和动量守恒定律就甚为方便.而当物体在力的作用下发生位移从而使运动状态发生变化时,利用功与能的关系来研究,往往会使对问题的分析和研究变得十分清晰和明了.

　　此外,动量守恒定律和能量守恒定律比牛顿运动定律具有更大的普遍性,在牛顿运动定律不适用的领域,例如微观粒子及高能物理等领域,它们仍然成立,这两个守恒定律是自然界的普遍规律.特别是功和能的概念,虽然是在力学中引入的,但却贯穿在整个物理学中,能量是各种形式运动的普遍量度.

学 习 指 导

一、动量定理和动量守恒定律

1. 冲量 I

冲量是描述力对时间累积作用的物理量.按定义 $I = \int_{t_1}^{t_2} F \mathrm{d}t$ 是一个矢量,其方向和力的方向一致.上述积分需要知道力随时间变化的关系 $F(t)$ 方能求出,而力随时间变化的关系,往往比较复杂,因而无法确切知道 $F(t)$ 的函数关系.在力作用时间很短的情况下,为了计算方便,通常用平均冲力 $\bar{F}$ 代替 $F(t)$ 来计算冲量,其关系是

$$I = \int_{t_1}^{t_2} F(t) \, \mathrm{d}t = \bar{F}(t_2 - t_1)$$

2. 动量 p

动量与速度一样也是描述物体运动状态的物理量.动量 $p = mv$ 是矢量,其方向与速度方向一致.用 (r, p) 来表示质点的运动状态,较之用 (r, v) 来表示要恰当得多.

3. 质点动量定理

质点动量定理的数学表达式是

$$I = p_2 - p_1 \tag{3-1a}$$

或

$$\int_{t_1}^{t_2} \boldsymbol{F} \mathrm{d}t = m\boldsymbol{v}_2 - m\boldsymbol{v}_1 \tag{3-1b}$$

上式的物理意义是:质点所受外力的冲量等于在同样时间间隔内该质点动量的增量.

在运用质点动量定理时需注意以下几点:

(1) 式(3-1b)是矢量式,在实际计算时,往往需要选择合适的坐标系,用其分量式进行计算.在平面直角坐标系中,式(3-1b)的分量式为

$$\int_{t_1}^{t_2} F_x \mathrm{d}t = mv_{2x} - mv_{1x}$$
$$\int_{t_1}^{t_2} F_y \mathrm{d}t = mv_{2y} - mv_{1y} \tag{3-1c}$$

(2) 式(3-1b)中的力 $\boldsymbol{F}$ 是质点所受的合外力,在处理竖直方向的碰撞一类问题时应考虑重力,只有当物体间的相互作用力远大于重力时,重力才能忽略不计,请看下面的例 1.

(3) 动量定理不仅适用于碰撞或打击过程,也适用于其他力学过程,不要误认为只有在碰撞或打击现象中才能运用,请看下面的例 2.

(4) 动量定理由牛顿第二定律导出,而牛顿第二定律仅适用于惯性系,所以动量定理也只适用于惯性系.

利用质点动量定理解题的步骤是:① 明确物理过程,确定研究对象.② 进行受力分析.③ 搞清楚质点受力作用前后的动量.④ 建立坐标系,根据质点动量定理列方程,列方程时特别要注意,无论是力或动量,如果其方向与坐标轴正方向一致,取正值,反之取负值.⑤ 求解.

例 1 1980 年一架美国战斗机飞行时与一只秃鹰相撞.战斗机质量为 m_0,飞行速度大小为 $v = 500 \text{ m} \cdot \text{s}^{-1}$,秃鹰质量 $m = 1 \text{ kg}$,身长 $l = 20 \text{ cm}$,试估算秃鹰对飞机的冲击力.

解 以秃鹰为研究对象,相撞前其飞行速度远小于战斗机的速度,可取为 0,相撞后秃鹰的尸体与战斗机同速 v.以战斗机飞行方向为正方向,设秃鹰受到的平均冲击力为 F,根据动量定理,有

$$\Delta p = mv - 0 = F\Delta t$$

式中作用时间 Δt 可取为飞机飞过秃鹰身长的这段距离所需时间,即

$$\Delta t = \frac{l}{v}$$

所以

$$F = \frac{mv}{l/v} = \frac{mv^2}{l} = 1.25 \times 10^6 \text{ N}$$

秃鹰对飞机的冲击力为以上所求 F 的反作用力,大小等于 1.25×10^6 N,此力非常大,足以使机毁鹰亡.

例 2　人造地球卫星绕地球作匀速圆周运动,卫星的质量为 m.试求:(1)卫星绕行半周的过程中,地球对卫星的冲量多大?(2)绕行 $\frac{1}{4}$ 周的过程中,冲量又为多大?

解　(1)卫星作圆周运动的向心力是地球对卫星的万有引力,在卫星离地面的高度与地球半径相比小得多的情况下,卫星作圆周运动的半径与地球的半径可近似认为相等,其引力可以看作等于 P,故有

$$P = mg = ma_n = m\frac{v^2}{R}$$

$$v = \sqrt{gR}$$

式中 v 代表卫星绕地球的速率,R 为地球的半径.

卫星绕地球运行的周期为

$$T = \frac{2\pi R}{v} = \frac{2\pi R}{\sqrt{gR}} = 2\pi\sqrt{\frac{R}{g}}$$

如何计算引力 P 的冲量呢?

P 的大小虽不变,但其方向却时刻在变[图 3-1(a)],为此,我们把 $0\sim\frac{T}{2}$ 这段时间间隔分成 n 个相等的等份,每一等份 $\Delta t = \frac{T}{2n}$.根据冲量表达式,有

$$\boldsymbol{I} = \int_0^{\frac{T}{2}} \boldsymbol{P}\mathrm{d}t = \lim\sum_{i=1}^{n}\boldsymbol{P}_i\Delta t$$

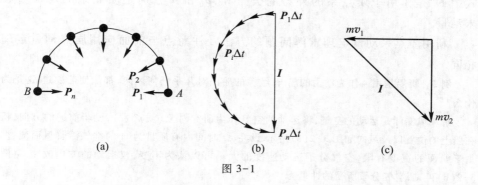

图 3-1

把矢量积分化为 n 个 $\boldsymbol{P}_1\Delta t, \boldsymbol{P}_n\Delta t, \cdots$ 矢量之和的极限.$\boldsymbol{P}_1\Delta t$ 与 $\boldsymbol{P}_n\Delta t$ 等值反向,且任意两相邻矢量的夹角都相等.(因为对应于 $0\sim\frac{T}{2}$ 这段时间,卫星所通过的半圆周也被分成 n 等份,$\boldsymbol{P}_i\Delta t$ 沿轨道半径指向圆心,所以任意相邻两矢量间夹角都相等,为 $\frac{\pi}{n}$.)根据矢量相加法则,这 n 个矢量组成首尾相接的半圆[图 3-1(b)],每一矢量的大小为 $mg\dfrac{T}{2n}$,n 个 $mg\dfrac{T}{2n}$ 矢量组成半

圆,圆的直径为 I 的值,即

$$nmg\frac{T}{2n} = \pi\frac{I}{2}$$

所以

$$I = mg\frac{T}{\pi} = mg\frac{1}{\pi}2\pi\sqrt{\frac{R}{g}} = 2m\sqrt{gR}$$

实际上,如果用动量定理来计算引力的冲量就非常简单.卫星由 A 到 B 的过程中,根据动量定理,有

$$I = mv - (-mv) = 2mv = 2m\sqrt{gR}$$

与前面的结果完全一致.

(2) 如图 3-1(c)所示,由质点动量定理,有

$$\boldsymbol{I} = m\boldsymbol{v}_2 - m\boldsymbol{v}_1$$

得

$$I = \sqrt{2}mv = \sqrt{2}m\sqrt{gR}$$

4. 质点系动量定理

质点系动量定理的数学表达式为

$$\int_{t_1}^{t_2}\boldsymbol{F}^{ex}\mathrm{d}t = \boldsymbol{p} - \boldsymbol{p}_0 \tag{3-2}$$

式中 $\boldsymbol{F}^{ex}$ 是作用于质点系的外力的矢量和,$\boldsymbol{p}_0$ 和 $\boldsymbol{p}$ 分别是质点系的初动量和末动量.

利用质点系动量定理求解问题的方法及注意点与前面应用质点动量定理相同.

例3　帆船是用风作为动力的船.有经验的船民对几乎任何风向,都能使船前进.这是为什么?

解　风实际是运动的空气,将运动的空气作为研究对象(质点系),设船前进的方向、帆在船上的位置以及风向如图 3-2(a)所示.设在 Δt 时间内有质量为 m 的空气沿着帆面流过,由于帆面的宽度有限,空气分子运动速度的大小可以认为不变,仅运动的方向改变.由图 3-2(b)可见,空气分子所受的冲量为

$$\boldsymbol{F}\Delta t = m\boldsymbol{v}_2 - m\boldsymbol{v}_1$$

帆所受的力为 $\boldsymbol{F}$,其反作用力为 $\boldsymbol{F}'$,将 $\boldsymbol{F}'$ 分解为沿航向的分力 $\boldsymbol{F}_{/\!/}$ 和垂直于航向的分力 $\boldsymbol{F}_\perp$ [图 3-2(c)].由于船底龙骨和舵的作用,船在横向受到巨大阻力,$\boldsymbol{F}_\perp$ 不能使船作横向运动,$\boldsymbol{F}_{/\!/}$ 就是推动船前进的动力.

如果风迎着船前进的方向吹来,可以采用锯齿形的路线[图 3-2(d)],使船"顶风前进".

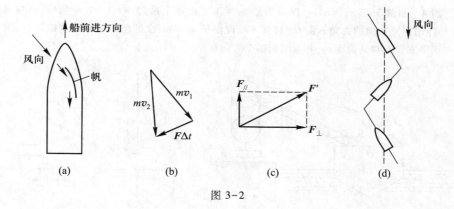

图 3-2

5. 动量守恒定律

从质点系动量定理可以看出,如果作用于质点系的外力的矢量和为零,即 $\boldsymbol{F}^{ex} = 0$ 时,系统的总动量保持不变,即

$$\boldsymbol{p} = \sum_{i=1}^{n} m_i \boldsymbol{v}_i = 常矢量 \tag{3-3a}$$

这就是动量守恒定律,它是自然界的普遍规律之一,也是处理力学问题的重要定律之一.

在应用动量守恒定律时应注意以下几点:

(1) 动量守恒的条件是系统不受外力作用或所受外力的矢量和为零.然而,像碰撞、打击、爆炸等一类问题,往往相互作用的内力比一般外力(如摩擦力、重力)要大得多,即 $\sum_{i=1}^{n} F_i^{in} \gg \sum_{i=1}^{n} F_i^{ex}$,这时外力可以忽略不计,可以认为系统的动量是守恒的.

(2) 式(3-3a)是矢量式,在实际运用时,常写成分量式,在平面直角坐标系中,其分量式为

若 $F_x^{ex} = 0$,则 $\qquad p_x = \sum_{i=1}^{n} m_i v_{ix} = 常量$

$$\tag{3-3b}$$

若 $F_y^{ex} = 0$,则 $\qquad p_y = \sum_{i=1}^{n} m_i v_{iy} = 常量$

即如果在某一方向不受外力作用,则动量在该方向的分量为一常量.

(3) 式(3-3)中的速度需要相对同一惯性系.

运用动量守恒定律解题的步骤是:① 确定研究对象.② 进行受力分析,看看是否满足动量守恒的条件.③ 选定参考系,建立坐标系或规定坐标轴的正方向.④ 明确过程前、后所研究对象的动量,列出动量守恒的关系式.⑤ 求解.

例 4 如图 3-3(a)所示,一浮吊质量 $m'=20$ t,由岸上吊起 $m=2$ t 的重物后,再将吊杆 AO 与浮吊竖直方向的夹角 θ 由 60° 转到 30°.设杆长 $l=8$ m,水的阻力与杆重忽略不计,求浮吊在水平方向上移动的距离,并指明朝哪个方向移动.

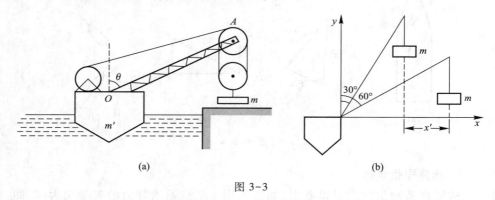

图 3-3

解 以岸边为参考系,选取坐标系如图 3-3(b)所示.因水的阻力不计,故浮吊和重物系统在水平方向动量守恒.设吊杆以 v 向岸边靠拢,重物相对吊杆以 u 向左运动,则重物相对岸边的速率为 $v-u$,转动过程中,系统在水平方向动量守恒,则

$$m'v+m(v-u)=0$$

解得

$$v=\frac{mu}{m'+m}$$

上式在转动过程中始终成立.对上式两边积分,得

$$\int_0^t v\mathrm{d}t=\frac{m}{m'+m}\int_0^t u\mathrm{d}t$$

上式中 $\int_0^t v\mathrm{d}t$ 即为所要求的浮吊在水平方向上移动的距离 x,而 $\int_0^t u\mathrm{d}t$ 为物体相对浮吊水平移动的距离,设为 x',则有 $x'=l\sin 60°-l\sin 30°=2.93$ m,所以

$$x=\frac{mx'}{m'+m}=0.266 \text{ m}$$

$x>0$,故吊杆朝岸方向移动.

二、功 保守力的功 势能

1. 功

功是描述力对空间累积作用的物理量.按照功的定义,若作用在物体上的力是 $\boldsymbol{F}$,物体从点 A 运动到点 B,该力所做的功为

$$W=\int_A^B \boldsymbol{F}\cdot\mathrm{d}\boldsymbol{r}=\int_A^B F\cos\theta\mathrm{d}s \tag{3-4}$$

式中 θ 是 $\boldsymbol{F}$ 与位移 $\mathrm{d}\boldsymbol{r}$ 之间的夹角,$\mathrm{d}s$ 是位移 $\mathrm{d}\boldsymbol{r}$ 的大小.

功是标量,但它有正、负之分.讲到功时,必须明确指出是哪一个力对哪个物体做功,不能笼统地谈功.

功随时间的变化率称为功率,以 P 表示,有

$$P = \frac{\mathrm{d}W}{\mathrm{d}t} = \boldsymbol{F} \cdot \boldsymbol{v} \tag{3-5}$$

2. 保守力的功

按力做功的特点分类,可将力分为保守力与非保守力.凡做功只与物体的始、末位置有关,而与路径无关的力叫保守力,如重力、万有引力和弹性力等.而不具备以上性质的力叫非保守力,如摩擦力.

反映保守力做功特点的数学表达式为

$$\oint_L \boldsymbol{F}_\mathrm{c} \cdot \mathrm{d}\boldsymbol{r} = 0 \tag{3-6}$$

上式的物理意义是:保守力 $\boldsymbol{F}_\mathrm{c}$ 沿任意闭合路径一周所做的功为零,它与保守力做功与路径无关的特点是一致的,也是等效的.

3. 势能

(1)保守力的功 W_c 与势能 E_p 的关系是

$$W_\mathrm{c} = -\Delta E_\mathrm{p} = -(E_\mathrm{p} - E_\mathrm{p0}) \tag{3-7}$$

即系统内保守力所做的功等于系统势能增量的负值.式中 E_p0 为始态势能,E_p 为末态势能.

(2)势能的性质

① 势能是与系统内物体间相对位置有关的能量,简言之,势能是坐标的函数,亦即是状态函数.

② 势能具有相对性.式(3-7)仅定义了势能的增量或势能的差值.如要求得某点势能的值,就必须选择势能的零点.在式(3-7)中如果令 $E_\mathrm{p0} = 0$,则任一点 a 的势能等于把物体从点 a 移到势能零点的过程中,保守力所做的功,即

$$E_{pa} = \int_a^0 \boldsymbol{F}_\mathrm{c} \cdot \mathrm{d}\boldsymbol{r} \tag{3-8}$$

通常取地面为重力势能的零点;取无穷远处为引力势能的零点;取平衡位置处为弹性势能的零点.这样,这三种势能分别为

重力势能: $\qquad E_\mathrm{p} = mgy \tag{3-9a}$

引力势能: $\qquad E_\mathrm{p} = -G\dfrac{mm'}{r} \tag{3-9b}$

弹性势能: $\qquad E_\mathrm{p} = \dfrac{1}{2}kx^2 \tag{3-9c}$

必须注意,如果另选势能零点,则势能的值与式(3-9)就不相同了.

③ 势能属于系统.重力势能属于地球和物体所组成的系统,通常为叙述上的简便,说成某物体的重力势能.引力势能属于相互作用的质量为 m 和 m' 的系统.弹性势能也如此.

三、动能定理 功能原理 机械能守恒定律

1. 质点动能定理

质点动能定理的数学表达式为

$$W = E_{k2} - E_{k1} = \frac{1}{2}mv_2^2 - \frac{1}{2}mv_1^2 \tag{3-10}$$

它表明,合外力对质点所做的功 W 等于质点动能 E_k 的增量.

式(3-10)是从牛顿第二定律推导出来的,所以它和牛顿第二定律一样仅适用于惯性系.

应用质点动能定理解题的步骤是:① 根据问题的要求和计算的方便,选定研究对象.② 进行受力分析,计算合外力做的功.③ 确定始态和末态的动能.④ 根据动能定理列方程,求解.

例 5 一质量为 m_1 的机车,牵引着质量为 m_2 的车厢在平直的轨道上匀速前进.忽然车厢与机车脱钩,等司机发觉立即关闭油门时,机车已行驶了一段距离 l.求机车与车厢停止时相距多远? 设阻力与车重成正比,脱钩前后机车的牵引力不变.

解 这是一个过程比较复杂的力学问题,如果用牛顿运动定律求解的话,运算过程很繁,用动能定理求解则简单得多.读者可以试用牛顿运动定律求解,再与下面用动能定理求解的过程作一对比.

依题意作示意图,如图 3-4 所示.将机车和车厢均看作质点.设机车和车厢与轨道的摩擦因数均为 μ,由题意知道脱钩前机车和车厢所受水平方向的合外力为零,以向右为正,则有

$$F - (F_{f1} + F_{f2}) = F - \mu(m_1 + m_2)g = 0$$

得机车的牵引力 F 为

$$F = \mu(m_1 + m_2)g \tag{1}$$

以机车为研究对象,在司机发觉脱钩前,机车所受合外力为 $F - F_{f1}$,发觉后所受外力为 $-F_{f1}$,故全过程中合外力对机车所做的功为

$$W_1 = (F - F_{f1})l - F_{f1}(s_2 - l) = Fl - F_{f1}s_2$$

把式(1)代入,得

$$W_1 = \mu(m_1 + m_2)gl - \mu m_1 gs_2 \tag{2}$$

设脱钩前机车和车厢的行驶速度为 v_0,机车停止时的速度为 $v_1 = 0$.根据动能定理,有

$$W_1 = \frac{1}{2}m_1v_1^2 - \frac{1}{2}m_1v_0^2 = -\frac{1}{2}m_1v_0^2 \tag{3}$$

由式(2)和式(3),得

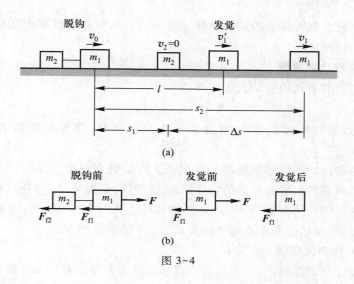

图 3-4

$$s_2 = \frac{m_1+m_2}{m_1}l + \frac{v_0^2}{2\mu g} \tag{4}$$

再以车厢为研究对象,脱钩后,车厢仅受摩擦力 F_{f2} 作用,外力的功为

$$W_2 = -F_{f2}s_1 = -\mu m_2 g s_1 \tag{5}$$

车厢脱钩时的速度为 v_0,停止时速度 $v_2 = 0$,根据动能定理,有

$$W_2 = \frac{1}{2}m_2 v_2^2 - \frac{1}{2}m_2 v_0^2 = -\frac{1}{2}m_2 v_0^2 \tag{6}$$

由式(5)和式(6),得

$$s_1 = \frac{v_0^2}{2\mu g} \tag{7}$$

机车和车厢停止时相距为 $\Delta s = s_2 - s_1$,把式(4)和式(7)代入,得

$$\Delta s = s_2 - s_1 = \frac{m_1+m_2}{m_1}l + \frac{v_0^2}{2\mu g} - \frac{v_0^2}{2\mu g} = \frac{m_1+m_2}{m_1}l$$

2. 功与能的关系

动能与速度有关,是速度的函数;前面已讲过势能是相对位置的函数,所以,无论是动能或势能都是物体运动状态的函数.一般来说,无论何种形式的能量,都是物体状态或系统状态的函数.动能和势能统称为机械能.

功是与物体在外力作用下位置移动的过程相联系的,所以,功是一个过程量.

质点动能定理指出外力对物体做的功等于物体动能的增量,前面讲了保守力对物体做功等于相应势能增量的负值,所以,一般说,功是能量变化的一种量度.在某些情况下,能量的绝对值无法知道,但能量的变化可用功来量度,或者说能量是物体或系统所具有的做功本领.由此可知,功和能是既有密切联系,又有区别的两个物理量.

3. 质点系功能原理

质点系功能原理的数学表达式为

$$W^{ex} + W_{nc}^{in} = E - E_0 \tag{3-11}$$

它指出,质点系的机械能 E 的增量等于外力的功 W^{ex} 与非保守内力的功 W_{nc}^{in} 之和.

应用质点系功能原理解题的步骤是:① 确定研究对象,这时的研究对象必须是质点系或是可以看成质点的物体系统.② 进行受力分析,将外力和内力、保守内力和非保守内力区别开来,并分别计算外力的功和非保守内力的功.③ 选取势能零点,确定始态和末态的势能及动能.④ 列方程、求解.

4. 机械能守恒定律

机械能守恒定律指出,当作用于质点系的外力和非保守内力不做功时,质点系的总机械能是一常量.其数学表达式为

$$\sum_{i=1}^{n} E_{ki} + \sum_{i=1}^{n} E_{pi} = \sum_{i=1}^{n} E_{ki0} + \sum_{i=1}^{n} E_{pi0} \tag{3-12a}$$

或

$$\Delta E_k = -\Delta E_p \tag{3-12b}$$

应用机械能守恒定律解题的步骤与应用质点系功能原理解题的步骤相类似,只是在第②步中,要看看是否满足机械能守恒定律的条件.

例6 质量为 m' 的很短的试管,用长度为 L、质量可忽略的硬直杆悬挂,如图3-5所示.试管内盛有乙醚液滴,管口用质量为 m 的软木塞封闭.当加热试管时软木塞在乙醚蒸气的压力下飞出.要使试管绕悬点 O 在竖直平面内作一完整的圆运动,那么软木塞飞出的最小速度为多少?若将硬直杆换成细绳,结果如何?

解 设 v_1 为软木塞飞出速度的大小,软木塞和试管系统水平方向动量守恒,该试管速度的大小为 v_2,则

$$m'v_2 - mv_1 = 0, \quad v_1 = m'v_2/m$$

(1)当用硬直杆悬挂时,m' 到达最高点时速度需略大于零,由机械能守恒定律得

$$\frac{1}{2}m'v_2^2 \geqslant m'g2L, \quad v_2 \geqslant \sqrt{4gL}$$

即

$$v_1 \geqslant 2m'\sqrt{gL}/m$$

(2)绳与杆不同,只能提供拉力.故若将硬直杆换成细绳,要使试管在竖直平面内作一完整的圆运动,则试管到达最高点的速度 v 须满足

$$m'v^2/L \geqslant m'g, \quad 即 \ v \geqslant \sqrt{gL}$$

由机械能守恒定律得

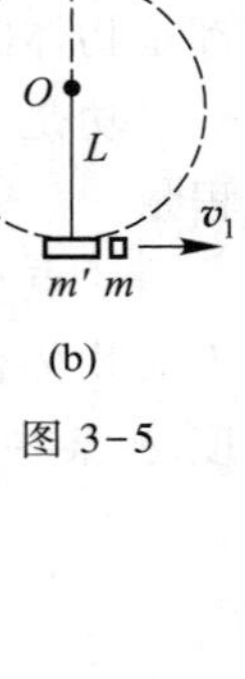

图3-5

$$\frac{1}{2}m'v_2^2 = m'g2L + \frac{1}{2}m'v^2 \geqslant \frac{5}{2}m'gL$$

应有
$$v_2 \geqslant \sqrt{5gL}$$

故这时
$$v_1 \geqslant m'\sqrt{5gL}/m$$

四、质心　质心运动定理

1. 质心

在研究质点系或刚体的运动时,质心是一个非常有用的概念.教材在第3–9节中给出了质心的位置,但没有证明,现在我们从牛顿第二定律出发,对其加以推导.

设有 N 个质点组成的质点系,其中第 i 个质点的质量为 m_i,位矢为 r_i,所受外力为 F_i;在 F_i 中包含了系统内其他质点对它的作用力 F_i^{in} 和系统外的质点对它的作用力 F_i^{ex},即 $F_i = F_i^{in} + F_i^{ex}$,根据牛顿第二定律,有

$$F_i = F_i^{in} + F_i^{ex} = m_i\frac{\mathrm{d}^2 r_i}{\mathrm{d}t^2}$$

对每一个质点都能列出一个类似的关系式,将所有的关系式相加 $\left(\text{以下}\displaystyle\sum_{i=1}^{n}\text{简}\right.$ 写为 $\left.\sum\right)$,得

$$\sum F_i = \sum F_i^{in} + \sum F_i^{ex} = \sum m_i\frac{\mathrm{d}^2 r_i}{\mathrm{d}t^2} \tag{3-13}$$

由于质点系内各质点之间的相互作用力满足牛顿第三定律,因此系统内各质点之间相互作用力的矢量和为零,即 $\sum F_i^{in} = 0$.所以 $\sum F_i$ 仅为质点系所受的外力的矢量和 F^{ex},即 $\sum F_i = \sum F_i^{ex} = F^{ex}$.此外,$\sum m_i\dfrac{\mathrm{d}^2 r_i}{\mathrm{d}t^2}$ 可以改写为

$$\sum m_i\frac{\mathrm{d}^2 r_i}{\mathrm{d}t^2} = \frac{\mathrm{d}^2}{\mathrm{d}t^2}\left(\sum m_i r_i\right) = \left(\sum m_i\right)\frac{\mathrm{d}^2}{\mathrm{d}t^2}\left(\frac{\sum m_i r_i}{\sum m_i}\right)$$

鉴于以上考虑,式(3–13)可写成

$$F^{ex} = \left(\sum m_i\right)\frac{\mathrm{d}^2}{\mathrm{d}t^2}\left(\frac{\sum m_i r_i}{\sum m_i}\right) \tag{3-14}$$

若质点系的总质量为 m',则 $\sum m_i = m'$,这样,可以把式(3–14)看成是一个外力 F^{ex} 作用于质量为 m' 的等效质点的动力学方程,这个等效质点的位矢为

$$r_C = \frac{\sum m_i r_i}{\sum m_i} = \frac{\sum m_i r_i}{m'} \tag{3-15}$$

这样,可以把式(3-14)写成

$$F^{ex} = m' \frac{d^2 r_c}{dt^2} = m' a_c \qquad (3-16)$$

这个等效质点是 N 个质点的质量中心,简称质心.式(3-15)就是质心定义的数学表达式.在直角坐标系中,质心的坐标为

$$x_c = \frac{\sum m_i x_i}{m'}, \quad y_c = \frac{\sum m_i y_i}{m'}, \quad z_c = \frac{\sum m_i z_i}{m'} \qquad (3-17a)$$

对于质量连续分布的物体,其质心位置可用积分求得,即

$$r_c = \frac{\int r dm}{m'} \qquad (3-17b)$$

积分范围遍及整个物体,在直角坐标系内为

$$x_c = \frac{\int x dm}{m'}, \quad y_c = \frac{\int y dm}{m'}, \quad z_c = \frac{\int z dm}{m'} \qquad (3-17c)$$

从式(3-15)中可以看出,质心的位置是质点系全体质点位置的平均位置.但不是各质点位置的算术平均值,因为每个质点的位置在平均值中的地位不是等同的,而是与其所具有的质量有关.质量越大,其在平均值中所占的地位越重要.

质心与重心是两个既有联系而又不同的概念.质心的位置取决于质点系中质量的分布,与质点是否受重力的作用无关.在质点系的范围或物体的形状不太大,可以认为质点系或物体处于均匀的重力场中,g 可看作常量时,质心与重心是重合的.但是当质点系的范围或物体的形状很大时,质心与重心则是不重合的.如果离开地球的引力范围,重心的概念就失去了意义,而质心的概念却仍然有效.可见,质心比重心有更广泛的意义.

2. 质心运动定理

式(3-16)表明,作用在系统上的合外力等于系统的总质量乘以系统质心的加速度,称为质心运动定理.它表示了一个质点系在外力 F^{ex} 作用下,其质心的运动规律.

质心运动定理在形式上与牛顿第二定律相同,但前者适用于质点系(或刚体),后者仅适用于质点.应当注意,质点受合外力为零时的运动状态和质点系受合外力为零时的运动状态有可能不同.若质点所受合外力为零,其运动状态将保持不变,而质点系所受合外力为零时,其运动状态未必一定保持不变.例如,如图 3-6 所

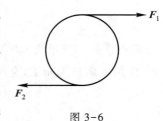

图 3-6

示,一个圆柱体若受大小相等、方向相反、但不在一直线上的两个力 $\boldsymbol{F}_1$ 和 $\boldsymbol{F}_2$ 作用.该圆柱体质心运动状态不变,但因受到一对力偶的作用,它的转动状态将发生变化.

例 7 质量为 m_1 的平板车上站立一质量为 m_2 的人,原来平板车静止在光滑的水平面上,车长为 L,如果人从车头走到车尾,平板车移动多远?

解 将人与平板车看成一个系统,在水平方向不受外力作用,满足动量守恒条件,请读者用动量守恒定律求解此题.

现在我们用质心运动定理来解.在水平方向不受外力作用,根据质心运动定理,质心的加速度为零,原来人未走时平板车是静止的,所以质心亦是静止的,而质心的加速度为零,意味着质心的位置应该保持不变.

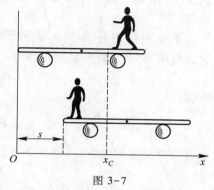

假如车的质量均匀分布,车的质心应在对称位置,根据式(3-17a),人走之前,系统质心的位置(图3-7)为

$$x_c = \frac{m_1 \dfrac{L}{2} + m_2 L}{m_1 + m_2} \qquad (1)$$

图 3-7

若人从车头走到车尾,车移动距离为 s,则人走后系统质心的位置为

$$x_c = \frac{m_1 \left(\dfrac{L}{2} + s \right) + m_2 s}{m_1 + m_2} \qquad (2)$$

解式(1)和式(2),可得

$$s = \frac{m_2 L}{m_1 + m_2}$$

难 点 讨 论

本章的难点是变质量问题的处理.如传送带、柔软的链条(或绳子)等问题,难以确定研究对象,不会列式.解决此类问题,首先要分析物理过程,明确谁的动量发生变化,为什么变化,从而确定研究对象.研究对象可能是整体,也可以是部分(或微元),关键是要可以应用动量定理对其列式,从而可求解.举例讨论如下.

讨论题 有一水平运动的传送带将砂子从一处运到另一处,砂子经一竖直的静止漏斗落到传送带上,传送带以恒定的速率 v 水平地运动,忽略机件各部位的摩擦及传送带另一端的其他影响.问:若每秒有质量 $k = \dfrac{\mathrm{d}m}{\mathrm{d}t}$ 的砂子落到传送带上,要维持皮带以恒定速率 v 运动,需多大的水平牵引力？需要多大的功率？

分析讨论

砂子落到传送带上之前,水平方向速度为零,落上去以后,以速率 v 水平运动,其水平方向动量发生了变化.可知传送带对落上去的砂子作用了一个水平方向的冲量,即传送带对砂子有一个水平作用力,砂子同样对传送带有一个反作用力,这个力等于传送带所需的牵引力,求出这个力即可得到传送带所需功率.

设 dt 时间内有质量 dm 的砂子落到传送带上,以其为研究对象,设传送带对它的作用力为 F,根据动量定理有

$$F\,dt = \Delta p = dm\,v - 0$$

所以

$$F = v\frac{dm}{dt} = vk$$

这就是所要求的牵引力,根据功率计算公式,传送带所需的功率为

$$P = Fv = v^2 k$$

当然此题也可以以传送带上的砂子为研究对象,设 t 时刻传送带上砂子质量 m,$t+dt$ 时刻传送带上砂子为 $m+dm$(不考虑另一端的影响),这些砂子速率 v 不变,质量增加了,动量就有了增量,可知其受到传送带的作用力.设此作用力为 F,根据动量定理,有

$$F\,dt = (m+dm)v - mv = v\,dm$$

所以

$$F = v\frac{dm}{dt} = vk$$

$$P = Fv = v^2 k$$

当然结果相同.

此类问题的解题过程并不复杂,关键在于分析.链条(或绳子)的问题,教材已有例题作了讨论,习题中也有类似题目,这里不再重复.

大学物理要处理"变化"的问题,"微元法"是有效的方法,其实质上是微积分的应用.解题时涉及微元的选取、积分变量及积分上下限的确定等,需理解透彻并熟练掌握.

自 测 题

3-1 质量为 m 的质点,以不变速率 v 沿图 3-8 中正三角形 ABC 的水平光滑轨道运动.

质点越过 A 角时,轨道作用于质点的冲量的大小为( ).

(A) mv (B) $\sqrt{2}mv$ (C) $\sqrt{3}mv$ (D) $2mv$

3-2 一质点受力为 $F = F_0 e^{-kx}$,若质点在 $x = 0$ 处的速度为零,此质点所能达到的最大动能为( ).

(A) F_0/k (B) F_0/e^k (C) $F_0 k$ (D) $F_0 k e^k$

3-3 质量为 m 的物体,从距地球中心距离为 R 处自由下落,且 R 比地球半径 R_0 大得多. 若不计空气阻力,则其落到地球表面时的速度为( ).

(A) $\sqrt{2g(R-R_0)}$

(B) $\sqrt{2gR_0^2\left(\dfrac{1}{R}-\dfrac{1}{R_0}\right)}$

(C) $\sqrt{2gR_0^2\left(\dfrac{1}{R_0}-\dfrac{1}{R}\right)}$

(D) $\sqrt{2gR_0^2\dfrac{1}{R^2}}$ (式中 g 是重力加速度)

3-4 如图 3-9 所示,弹性系数为 k 的弹簧,一端固定在墙上,另一端连接一质量为 m' 的容器. 容器可在光滑的水平面上运动,当弹簧未变形时,容器位于 O 点处,今使容器自 O 点左边 x_0 处从静止开始运动,每经过 O 点一次,就从上方滴管中滴入一质量为 m 的油滴. 则在容器第一次到达 O 点油滴滴入前的瞬间,容器的速率 $v =$ ＿＿＿＿＿＿；当容器中刚滴入了 n 滴油后的瞬间,容器的速率 $u =$ ＿＿＿＿＿＿.

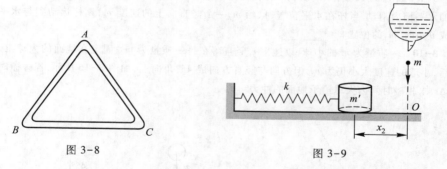

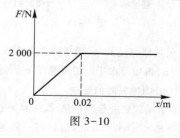

图 3-8

图 3-9

3-5 质量为 0.02 kg 的子弹,以 $200\ \mathrm{m\cdot s^{-1}}$ 的速率打入一固定的墙壁内. 设子弹所受阻力与其进入墙壁的深度 x 的关系如图 3-10 所示,则该子弹能进入墙壁的深度为 ＿＿＿＿＿.

3-6 一弹簧原长为 0.1 m,弹性系数 $k = 50\ \mathrm{N\cdot m^{-1}}$,其一端固定在半径为 0.1 m 的半圆环的端点 A,另一端与一套在半圆环上的小环相连. 在把小环由图 3-11 中的点 B 移到点 C 的过程中,弹簧的拉力对小环所做的功为 ＿＿＿＿＿.

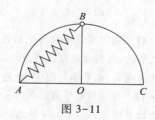

图 3-10

图 3-11

3-7 有一质量为 m 的小球,系在一细绳的下端,作如图 3-12 所示的圆周运动.圆的半径为 R,运动的速率为 v,当小球在轨道上运动一周时,小球所受重力冲量的大小为_____.

3-8 一个原来静止在光滑水平面上的物体,突然分裂成三块,以相同的速率沿三个方向在水平面上运动,各方向之间的夹角如图 3-13 所示.则三块物体的质量比 $m_1 : m_2 : m_3 =$ _____.

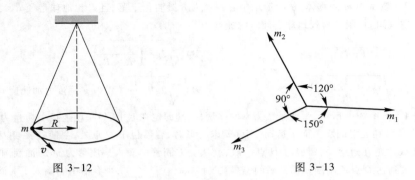

图 3-12   图 3-13

3-9 如图 3-14 所示,一长为 l 的轻杆两端连接质量各为 m_1 和 m_2 的小球,m_1 只能在光滑的水平槽内滑动.当杆在水平位置时,给 m_2 一个竖直向上的速度 v_0,则杆运动到与水平位置成 θ 角时,m_1 的位置 $x =$ _____.

3-10 一质量为 m 的小球,以速率 v_0 竖直落在另一质量为 m'、固定在地面的大球上,相碰后,小球的速度大小仍为 v_0,但方向与竖直方向成 $45°$ 角向上,如图 3-15 所示.若碰撞时间为 Δt,求相碰时间内大球给予地面的冲力.

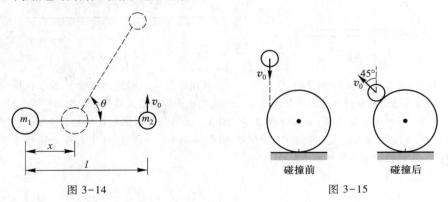

图 3-14   图 3-15

3-11 均匀柔软不会伸长的粗绳 AB,其长为 l,质量线密度为 λ,置于梯形台上.水平台面是光滑的,而斜面是粗糙的,斜面与绳的摩擦因数为 μ,斜面与水平面的夹角为 α.开始时使绳有初速度 v_0,求当绳从图 3-16 的(a)图位置下滑到(b)图位置时的速度.

3-12 在一与水平面成夹角 $\alpha = 30°$ 的光滑斜面的上端固定一轻质弹簧.若在弹簧的下端轻轻地挂上质量 $m_1 = 1.0$ kg 的木块,当木块沿斜面向下滑动 $x = 0.3$ m 时,恰好有一质量 m_2

0.01 kg 的子弹,沿水平方向以速度 $v = 200$ m·s^{-1} 射中木块并陷在其中,如图 3-17 所示.求子弹打入木块后它们的速度.(弹簧的弹性系数 $k = 25$ N·m^{-1}.)

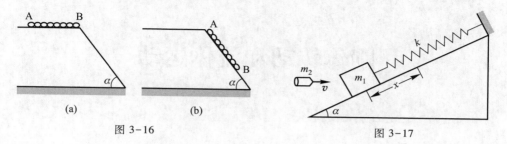

图 3-16

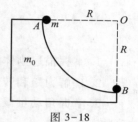

图 3-17

3-13 质量为 m_0、半径为 R 的 $\frac{1}{4}$ 圆周的光滑弧形滑块静止在光滑桌面上,如图 3-18 所示,今有质量为 m 的物体由弧的上端 A 点静止滑下.试求:当 m 滑到最低点 B 时,(1) m 相对 m_0 的速度 v 及 m_0 对地的速度 v_0;(2) m_0 对 m 的作用力 F_N.

3-14 在如图 3-19 所示系统中(滑轮质量不计,轴光滑),外力 F 通过不可伸长的绳子和一弹性系数 $k = 200$ N·m^{-1} 的轻弹簧缓慢地拉地面上的物体.物体的质量 $m = 2$ kg,初始时弹簧为自然长度,在把绳子拉下 20 cm 的过程中,求外力 F 所做的功.(重力加速度取 10 m·s^{-2}.)

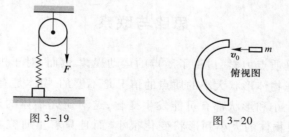

图 3-18

3-15 如图 3-20 所示,在光滑的水平桌面上有一固定半圆形屏障.质量为 m 的滑块以初速度 v_0 沿切线方向进入屏障内,滑块与屏障间的摩擦因数为 μ.试计算:滑块从进入屏障到从屏障另一端滑出的过程中摩擦力所做的功.

图 3-19

图 3-20

自测题答案

第四章

刚体转动和流体运动

基 本 要 求

1. 掌握描述刚体定轴转动的物理量及角量与线量的关系.

2. 理解力矩和转动惯量概念,熟练掌握刚体绕定轴转动的转动定律.

3. 掌握角动量概念,熟练掌握质点在平面内运动及刚体绕定轴转动时的角动量守恒定律.

4. 理解力矩的功和转动动能概念,能在刚体绕定轴转动的问题中正确应用动能定理和机械能守恒定律.

*5. 了解刚体平面运动的特点.

*6. 了解伯努利方程.

思 路 与 联 系

前面三章是质点力学,讨论了质点的运动规律.然而,对于机械运动的研究,只局限于不考虑物体形状大小的质点的情况是不够的.物体是有形状大小的,而且在运动中其大小和形状都有可能发生变化,这对研究物体的运动规律带来了困难.然而,如果物体的大小和形状变化很小,而且只着重研究物体在外力作用下的整体运动规律,就可把物体看作是在外力作用下其大小和形状不发生变化的理想物体——刚体,它是继质点之后的另外一个理想模型.

刚体的运动形式有平动和转动.平动时刚体上各点的运动情况完全相同,因此,就可以用其上任一点(一般用质心)的运动来代表整个刚体的平动,这样,刚体平动的规律就与质点运动规律完全相同.而转动又可分为定轴转动和非定轴转动.本章主要是研究刚体绕定轴转动的规律.

与质点力学类似,刚体力学也包含刚体运动学和刚体动力学.与讨论质点运动规律的步骤类似,首先讨论如何描述刚体绕定轴转动,即刚体运动学;接着讨论力矩的瞬时作用规律,得到转动定律;再讨论力矩对时间的累积作用,引入角动量这个重要概念和角动量守恒定律;从力矩对空间的累积作用,得到刚体绕定轴转动的动能定理.然后,简述平动和转动的合成运动——刚体的平面平行运动.

另外,对于另一种连续的质点系——流体,简介了其基本性质和基本运动规律.

学 习 指 导

一、刚体定轴转动的运动学

由于刚体绕定轴转动时,刚体中所有的点都绕转轴作圆周运动,因此,我们可以用第一章中描述圆周运动的角坐标 θ、角位移 $\Delta\theta$、角速度 ω 和角加速度 α 等物理量来描述刚体的定轴转动.再有,刚体中不同的点虽然其角坐标不一定相同,但它们都有相同的角位移、角速度和角加速度,因此可以在刚体中任选一点 P 来研究其运动情况.为便于读者学习,把第一章中的有关公式,也就是刚体定轴转动运动学的关系式列出如下:

$$\omega = \frac{\mathrm{d}\theta}{\mathrm{d}t} \tag{4-1}$$

$$\alpha = \frac{\mathrm{d}\omega}{\mathrm{d}t} = \frac{\mathrm{d}^2\theta}{\mathrm{d}t^2} \tag{4-2}$$

$$v = r\omega \tag{4-3}$$

$$a_\mathrm{t} = r\alpha \tag{4-4}$$

$$a_\mathrm{n} = r\omega^2 \tag{4-5}$$

式中 r、v、a_t、a_n 分别为点 P 离开转轴的距离、线速度、切向加速度和法向加速度.

需要补充说明的是,角速度 ω 是一个矢量,它的方向由右手定则确定:如图 4-1 所示,把右手的四指沿刚体转动方向弯曲,大拇指伸直,这时大拇指所指的方向就是角速度 ω 的方向.不过在定轴转动的情况下,ω 的方向仅有正、负之分.正如质点沿 Ox 轴作直线运动一样,沿 Ox 轴正方向运动,$v>0$;沿 Ox 轴负方向运动,$v<0$.同样,这时 α 的方向也可由其正负来表示.

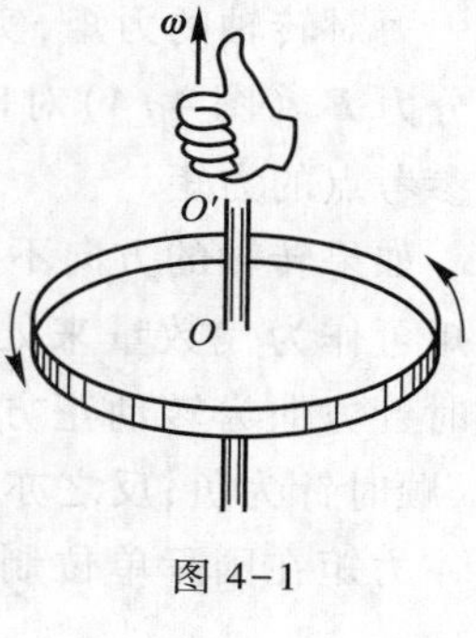

图 4-1

二、力矩的瞬时作用规律——转动定律

1. 力矩 M

力矩是表征刚体运动状态改变原因的物理量.若某刚体可绕 Oz 轴转动,在与转轴垂直的转动平面内,有力 F 作用于点 P,那么,力 F 对转轴 Oz 的力矩定义为

$$M = Fr\sin\theta \qquad (4-6a)$$

式中 r 为点 P 距转轴的距离,θ 为 r 与 F 的夹角(图 4-2).

力矩的更加普遍的定义是对点的,且是一个矢量.如图 4-3 所示,若力 F 的作用点为 A,A 相对于空间某点 O 的位矢为 r,则以 O 为参考点,力 F 的力矩为

$$M = r \times F \qquad (4-6b)$$

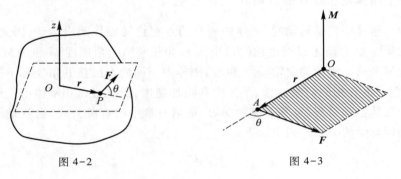

图 4-2   图 4-3

M 的大小是

$$M = Fr\sin\theta$$

θ 是 r 和 F 的夹角.M 的方向垂直于 r 和 F 所在的平面,其指向用右手螺旋定则确定.因为力矩依赖于受力点的位矢 r,所以同一个力对空间不同参考点的力矩是不相同的.当提到力矩时,必须明确是对哪一个参考点的力矩.有心力以力心为参考点的力矩恒为零.

力对转轴的力矩,实际上是力 F 在转动平面内的分力 $F_{/\!/}$(图 4-4)对以转动平面与转轴的交点 O 为参考点的力矩.

如果转轴的方向不变,即在定轴转动的情况下,力矩可作为代数量来处理,仅有正、负之分.若选定逆时针方向为转动正方向,则逆时针转动的力矩为正,顺时针为负;反之亦然.

力矩在国际单位制中的单位为 N·m.注意,它

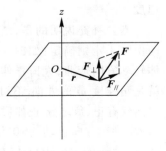

图 4-4

的量纲虽然与焦耳相同,但不能称为焦耳.

例1 有一均匀圆盘,质量为 m,其面密度为 σ,圆盘半径为 R,可绕过盘中心的光滑竖直轴在水平桌面上转动.圆盘与桌面间的动摩擦因数为 μ.求圆盘转动后受到的摩擦力矩.

解 摩擦力矩在圆盘的不同部位是不相同的,在圆盘上取一半径为 $r \sim r+\mathrm{d}r$ 的圆环(图4-5),该圆环的质量为

$$\mathrm{d}m = \sigma 2\pi r\mathrm{d}r = \frac{m}{\pi R^2}2\pi r\mathrm{d}r = \frac{2m}{R^2}r\mathrm{d}r$$

圆环受到的摩擦力矩为

$$\mathrm{d}M = \mathrm{d}m \cdot g\mu r = \frac{2m}{R^2}g\mu r^2\mathrm{d}r$$

整个圆盘受到的摩擦力矩为

$$M = \int\mathrm{d}M = \frac{2m}{R^2}g\mu\int_0^R r^2\mathrm{d}r = \frac{2}{3}mg\mu R$$

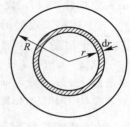

图 4-5

2. 转动惯量 J

转动惯量是表征刚体转动惯性大小的物理量.它的定义为

$$J = \sum_{i=1}^{n} \Delta m_i r_i^2 \tag{4-7a}$$

式中 Δm_i 为刚体中任一质元的质量,r_i 为该质元距转轴的距离.在刚体质量连续分布的情况下,可以写为

$$J = \int_V r^2\mathrm{d}m \tag{4-7b}$$

积分遍及整个刚体.如果刚体是均匀的,则 $\mathrm{d}m = \rho\mathrm{d}V$,有

$$J = \int_V \rho r^2\mathrm{d}V \tag{4-7c}$$

式中 ρ 为刚体的密度,$\mathrm{d}V$ 为体积元.

转动惯量 J 的大小不仅与刚体的质量有关,而且还与质量的分布和转轴的位置有关.

对计算转动惯量很有帮助的一个公式是平行轴定理

$$J = J_c + md^2 \tag{4-8}$$

式中 J_c 是刚体相对于通过刚体质心的轴线的转动惯量,J 是刚体对与上述轴线平行的另一轴线的转动惯量,m 是刚体的质量,d 是两平行轴之间的距离.例如均匀的薄圆盘,如图4-6所示,对 $O'O$ 轴的转动惯量是

$$J = \frac{1}{2}mR^2 + mR^2 = \frac{3}{2}mR^2$$

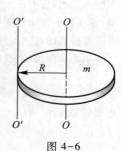

图 4-6

3. 转动定律

转动定律的数学表达式为

$$M = J\alpha \tag{4-9}$$

式中 M 是刚体受到的对某转轴的合外力矩,J 是该刚体对同一转轴的转动惯量,α 是角加速度.转动定律是刚体定轴转动的基本定律,表明了力矩的瞬时作用规律.与牛顿第二定律的数学表达式 $F = ma$ 相比较,力矩 M 对应于力 F,转动惯量 J 对应于质量 m,角加速度 α 对应于加速度 a.

例 2　如图 4-7 所示,一根细杆 OA 可绕端点为 O 的水平轴自由转动,其长为 l,质量为 m,现把它放到水平位置,并处于静止状态.问放手后 OA 摆到竖直位置时角速度 ω 多大?

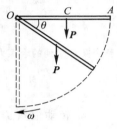

图 4-7

有人这样解:放手后,杆受重力矩 $mg\dfrac{l}{2}$ 作用,细杆 OA 绕端点为 O 的水平轴转动的转动惯量 $J = \dfrac{1}{3}ml^2$,因此根据转动定律 $M = J\alpha$,有

$$mg\frac{l}{2} = \frac{1}{3}ml^2\alpha$$

得

$$\alpha = \frac{3}{2}\frac{g}{l}$$

又根据 $\omega^2 - \omega_0^2 = 2\alpha\Delta\theta$,$\omega_0 = 0$,$\Delta\theta = \dfrac{\pi}{2}$,有

$$\omega^2 = 2 \times \frac{3}{2}\frac{g}{l} \times \frac{\pi}{2}$$

解得

$$\omega = \sqrt{\frac{3\pi g}{2l}}$$

上述解法对不对呢? 不对.因为忘了转动定律的瞬时性,刚放手时,重力矩 $M = mg\dfrac{l}{2}$,角加速度为 $\alpha = \dfrac{3}{2}\dfrac{g}{l}$,但随着杆的转动,重力矩越来越小,角加速度也随之减小.当杆摆到竖直位置时,$M = 0$,$\alpha = 0$.这也就是说,细杆从水平位置转到竖直位置的过程中,其角加速度 α 是随时间而变的,它不是一个常量.而 $\omega^2 - \omega_0^2 = 2\alpha\Delta\theta$ 是匀变速转动的公式,仅适用于 $\alpha =$ 常量的转动,现在杆的摆动是变加速转动,α 不是常量,不满足公式成立的条件.需注意,随便用公式而不注意公式的成立条件,是学习物理学的一大忌.

正确的解法是,设杆转到任意位置时,杆与水平方向的夹角为 θ,重力矩为

$$M = \frac{mgl}{2}\cos\theta$$

根据转动定律,有

$$M = \frac{mgl}{2}\cos\theta = \frac{1}{3}ml^2\alpha = \frac{1}{3}ml^2\frac{\mathrm{d}\omega}{\mathrm{d}t}$$

题中没有给出有关时间的条件,却给出了细杆在水平位置时处于静止状态(即 $\omega_0 = 0$)这一条件.所以,可把上式中的 $\mathrm{d}t$ 代换成 $\mathrm{d}\theta$.因此,有

$$\frac{mgl}{2}\cos\theta = \frac{1}{3}ml^2\frac{\mathrm{d}\omega}{\mathrm{d}\theta}\frac{\mathrm{d}\theta}{\mathrm{d}t} = \frac{1}{3}ml^2\frac{\mathrm{d}\omega}{\mathrm{d}\theta}\omega$$

整理后得

$$\omega\mathrm{d}\omega = \frac{3}{2}\frac{g}{l}\cos\theta\mathrm{d}\theta$$

两边积分,有

$$\int_0^\omega \omega\mathrm{d}\omega = \int_0^{\frac{\pi}{2}} \frac{3}{2}\frac{g}{l}\cos\theta\mathrm{d}\theta$$

得

$$\frac{1}{2}\omega^2 = \frac{3}{2}\frac{g}{l}$$

即

$$\omega = \sqrt{3\frac{g}{l}}$$

如果从功和能的角度求解本题会更简单些,请看本章例 5.

例 3 转动着的飞轮的转动惯量为 J,在 $t = 0$ 时角速度为 ω_0,此后飞轮经过制动过程,阻力矩 M 的大小与角速度 ω 的平方成正比.比例系数为 $k(k$ 为大于 0 的常量).试求:

(1)$\omega = \dfrac{\omega_0}{3}$ 时,飞轮的角加速度 α;

(2)从开始制动到 $\omega = \dfrac{\omega_0}{3}$ 所经过的时间 t.

解 (1)由题意知,$M = -k\omega^2$,根据转动定律 $M = J\alpha$,有

$$\alpha = \frac{M}{J} = \frac{-k\left(\dfrac{\omega_0}{3}\right)^2}{J} = -\frac{k\omega_0^2}{9J}$$

(2)因为

$$-k\omega^2 = J\alpha = J\frac{\mathrm{d}\omega}{\mathrm{d}t}$$

分离变量并两边积分,得

$$\int_0^t \mathrm{d}t = -\frac{J}{k}\int_{\omega_0}^{\frac{\omega_0}{3}} \frac{\mathrm{d}\omega}{\omega^2}$$

故

$$t = -\frac{J}{k}\left(\frac{1}{\omega_0} - \frac{3}{\omega_0}\right) = \frac{2J}{k\omega_0}$$

三、力矩的时间累积作用

1. 角动量 L

（1）质点角动量

质量为 m、速度为 v（动量 $p=mv$）的质点，以空间点 O 为参考点的角动量定义为

$$L = r \times p = mr \times v \tag{4-10}$$

式中 r 是该质点相对点 O 的位矢.参考点不同,角动量也不同,因此在讲角动量时,必须指明是对哪一个参考点的.

作圆周运动的质点,以圆心为参考点的角动量是

$$L = rmv = mr^2 \omega$$

式中 r、ω 分别是圆的半径和角速度.L 的方向与角速度 ω 的方向相同,所以也可以写成

$$L = mr^2 \omega = J\omega$$

式中 $J = mr^2$ 是质点相对圆心的转动惯量.

（2）刚体绕定轴转动的角动量

其定义为

$$L = J\omega \tag{4-11}$$

J 与 ω 分别是刚体绕同一固定轴的转动惯量与角速度.L 和 ω 虽然都是矢量,但在定轴转动的情况下,可以作为代数量处理,仅有正、负之分.

2. 角动量定理

质点角动量定理和刚体角动量定理可以写成同样的形式:

$$\int_{t_1}^{t_2} M \mathrm{d}t = L_2 - L_1 \tag{4-12}$$

式中 $\int_{t_1}^{t_2} M \mathrm{d}t$ 是作用在物体上的冲量矩.上式的物理意义是,作用于物体上的冲量矩等于角动量的增量.对质点而言,力矩 M 和角动量 L 必须是对同一个参考点的;对刚体而言,力矩和角动量必须是对同一转轴的.式（4-12）与质点动量定理式（3-1b）是很相似的.

3. 角动量守恒定律

若作用于物体的合外力矩 $M=0$,则角动量守恒:$L=$ 常矢量.对于质点,有

$$L = r \times mv = 常矢量 \tag{4-13a}$$

对于刚体,有

$$L = J\omega = 常矢量 \tag{4-13b}$$

特别值得一提的是,在有心力作用下,质点对力心的角动量都是守恒的.

角动量守恒定律与动量守恒定律及能量守恒定律是物理学中三个最普遍的定律.

例 4　如图 4-8 所示,质量为 m、速度为 $\boldsymbol{v}_0$ 的航天器,欲在质量为 m'、半径为 R 的行星表面着陆,那么航天器的瞄准距离 b 和俘获截面 $S(=\pi b^2)$ 是多少?

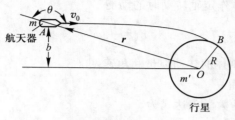

图 4-8

解　将航天器看成质点,它在飞行中仅受行星的引力作用,引力是有心力,以力心 O 为参考点时质点的力矩为零,因此航天器以力心 O 为参考点的角动量守恒.在图 4-8 中,航天器在点 A 的角动量的值为

$$|\boldsymbol{r}\times m\boldsymbol{v}_0| = rmv_0\sin\theta = mbv_0$$

点 B 的角动量的值为 mRv.A、B 两点的角动量相等,因此

$$bv_0 = Rv \tag{1}$$

将航天器与行星看成一个系统,该系统仅有引力做功,引力是保守力,所以机械能守恒.由于点 A 离开行星很远,因此其引力势能可认为等于零,从而有

$$\frac{1}{2}mv_0^2 = \frac{1}{2}mv^2 - G\frac{mm'}{R} \tag{2}$$

从式(1)和式(2)消去 v,得瞄准距离

$$b = R\sqrt{1 + \frac{G\dfrac{mm'}{R}}{\dfrac{1}{2}mv_0^2}} = R\sqrt{\frac{E_k}{E}}$$

式中 E_k 是末态动能,E 是系统总能量.俘获截面为

$$S = \pi b^2 = \pi R^2 \frac{E_k}{E}$$

四、力矩的空间累积作用

1. 力矩做功

在定轴转动的情况下,若刚体受到的力矩为 M,角位移为 $\mathrm{d}\theta$,则 M 做的元功为

$$dW = Md\theta \tag{4-14a}$$

若刚体转过 θ 角度，M 做的功为

$$W = \int_0^\theta Md\theta \tag{4-14b}$$

2. 转动动能

转动动能是刚体作定轴转动时的动能

$$E_k = \frac{1}{2}J\omega^2 \tag{4-15}$$

式中 J 和 ω 分别是刚体的转动惯量和角速度.

3. 转动动能定理

转动动能定理的数学表达式为

$$W = \frac{1}{2}J\omega_2^2 - \frac{1}{2}J\omega_1^2 \tag{4-16}$$

上式的物理意义是：合外力矩对绕定轴转动的刚体所做的功等于刚体转动动能的增量.式(4-16)与质点动能定理式(3-9)是很相似的.

对于包含有刚体转动的系统，机械能守恒定律仍然是成立的，其重力势能以系统质心(或系统内各物体质心)的重力势能计算.

例 5 从功和能的角度，重新计算例 2.

解 有两种求解方法：

(1) 用转动动能定理求

当杆由水平位置转到竖直位置时(图 4-9)，重力矩做的功为

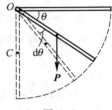

图 4-9

$$W = \int dW = \int Md\theta = \int_0^{\pi/2} mg\frac{l}{2}(\cos\theta)d\theta = mg\frac{l}{2}$$

根据转动动能定理，有

$$mg\frac{l}{2} = \frac{1}{2}J\omega^2 - 0 = \frac{1}{2}\frac{1}{3}ml^2\omega^2$$

最后得

$$\omega = \sqrt{\frac{3g}{l}}$$

与例 2 结果相同.

(2) 用机械能守恒定律求

把杆与地球看成一个系统，除重力做功外，无其他力做功，所以机械能守恒.以杆在竖直位置时质心 C 的位置为重力势能零点，有

$$mg\frac{l}{2} = \frac{1}{2}J\omega^2 = \frac{1}{2}\frac{1}{3}ml^2\omega^2$$

$$\omega = \sqrt{\frac{3g}{l}}$$

还有人认为，杆在竖直位置的动能为

$$E_k = \frac{1}{2}mv_c^2$$

式中 v_c 是杆到达竖直位置时质心的速度,由于

$$\omega = \frac{v_c}{l/2}$$

因此,根据机械能守恒,有

$$\frac{1}{2}m\left(\omega\ \frac{l}{2}\right)^2 = mg\ \frac{l}{2}$$

从而求得

$$\omega = 2\sqrt{\frac{g}{l}}$$

显然这与前面所求结果不同.那么错在何处呢？错在杆转动时,其动能不能看成全部质量集中在质心,当作质点计算其动能.(平动时可以吗?)

例 6　如图 4-10(a)所示,长为 l,质量为 m_1 的均匀细杆,可绕水平光滑固定点 O 转动.另一质量为 m_2 的小球,用长也为 l 的轻绳系于上述的点 O 上,开始时杆静止在竖直位置.现将小球拉开一定角度,然后使其自由摆下与杆相碰.假设碰撞是完全弹性的,结果使杆的最大偏角为 60°,列出足够的方程,以求小球最初拉开的角度 θ.

解　小球下落过程,仅有重力做功,机械能守恒：

$$m_2gl(1-\cos\theta) = \frac{1}{2}m_2v^2 \tag{1}$$

式中 v 为小球与杆碰撞前的速度.

小球与杆碰撞过程,以点 O 为参考点,无外力矩作用,角动量守恒：

$$m_2vl = m_2v'l + \frac{1}{3}m_1l^2\omega \tag{2}$$

式中 v' 为小球碰撞后的速度,ω 为杆碰撞后的角速度.

由题意知碰撞是完全弹性碰撞,故碰撞前后的机械能守恒：

$$\frac{1}{2}m_2v^2 = \frac{1}{2}m_2v'^2 + \frac{1}{2}\left(\frac{1}{3}m_1l^2\right)\omega^2 \tag{3}$$

碰撞后杆上升过程中,机械能守恒：

$$\frac{1}{2}\left(\frac{1}{3}m_1l^2\right)\omega^2 = m_1g\ \frac{l}{2}(1-\cos 60°) \tag{4}$$

为求 θ,在求解过程中又引入了 v、v'、ω 三个量,共有四个未知量,列出四个方程,可以求解了.

注意：最常见的错误是,小球与杆碰撞过程用动量守恒,即

$$m_2v = m_2v' + m_1l\omega$$

为什么上式错了呢？因为小球与杆碰撞时,轴 O 对杆在水平方向的作用力不能忽略,所以不满足动量守恒的条件,但该力对点 O 的力矩为零,因此以 O 为参考点的角动量守恒.如果将杆换成软绳系一质量为 m_1 的重物[图 4-10(b)],则轴 O 对绳的作用力只能沿着绳的方向,在水平方向作用力为零,故水平方向动量守恒.

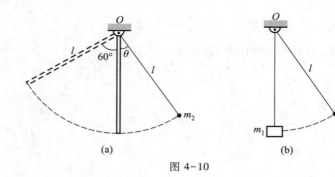

图 4-10

例 7 如图 4-11 所示,水平桌面上有一质量为 m_0,长为 L 的细棒,可绕其一端的轴在桌面上转动,桌面的摩擦因数为 μ,开始时细棒静止.有一质量为 m 的子弹以速度 $\boldsymbol{v}_0$ 垂直细棒射入棒的另一端并留在其中和棒一起转动,忽略子弹重力造成的摩擦阻力矩.试求:

(1)子弹射入棒后细棒所获得的共同的角速度 ω;

(2)细棒停止转动需经过的时间;

(3)细棒在桌面上转的圈数.

解 (1)碰撞过程中系统角动量守恒,即

$$mv_0L = (J + mL^2)\omega$$

而 $J = \dfrac{1}{3}m_0L^2$,所以

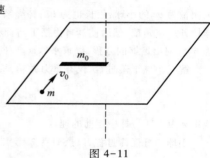

图 4-11

$$\omega = \frac{3mv_0}{(m_0 + 3m)L}$$

(2)细棒所受摩擦阻力矩为

$$M_f = -\int x\mu g\,\mathrm{d}m = -\int_0^L x\mu g\,\frac{m_0}{L}\mathrm{d}x = -\frac{1}{2}\mu m_0 gL$$

由角动量定理,有

$$M_f\Delta t = 0 - \left(\frac{1}{3}m_0L^2 + mL^2\right)\omega = -mv_0L$$

解得

$$\Delta t = \frac{2mv_0}{\mu m_0 g}$$

(3)由定轴转动的动能定理,有

$$M_f\Delta\theta = 0 - \frac{1}{2}\left(\frac{1}{3}m_0L^2 + mL^2\right)\omega^2$$

解得

$$\Delta\theta = \frac{3m^2v_0^2}{(m_0 + 3m)\mu m_0 gL}$$

细棒在桌面上转的圈数为

$$n = \frac{\Delta\theta}{2\pi} = \frac{3m^2 v_0^2}{2\pi\mu m_0 g L(m_0 + 3m)}$$

*五、刚体的平面平行运动

刚体的平面平行运动是刚体的质心在一平面上运动和刚体绕质心转动的合成运动.最常见的刚体平面平行运动是圆盘（或圆柱体）沿直线的无滑动滚动（又叫纯滚动).无滑动滚动时,圆盘与地面的接触点的速度为零.如图 4-12 所示,若圆盘向右作无滑动滚动,从图可以看出,质心 C 向前移动的距离 x_C 与圆盘转过的角度 θ 之间有关系：

$$x_C = r\theta \qquad (4-17)$$

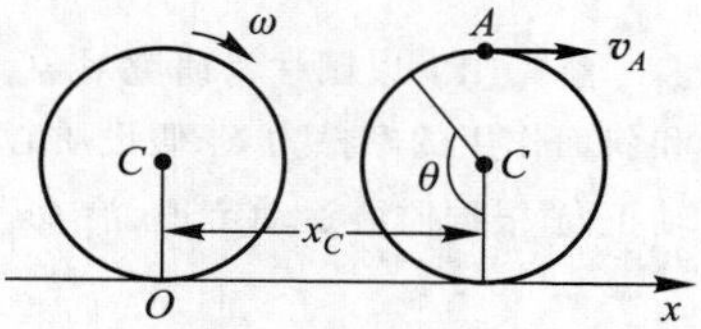

式中 r 是圆盘的半径.对上式求一次导数,即得质心的速度 v_C 与圆盘绕质心转动的角速度 ω 之间的关系：

$$v_C = r\omega \qquad (4-18)$$

再求一次导数,即得质心的加速度 a_C 与圆盘绕质心转动的角加速度 α 之间的关系：

图 4-12

$$a_C = r\alpha \qquad (4-19)$$

注意:需将式（4-18）和式（4-19）与圆盘作绕过质心与盘面垂直的定轴转动时,圆盘边缘上的点的线速度与角速度的关系 $v = r\omega$ 及切向加速度与角加速度的关系 $a_t = r\alpha$ 加以区别.

从图 4-12 还可以看出,圆盘边缘上点 A 的线速度为

$$v_A = v_C + r\omega = 2v_C \qquad (4-20)$$

除以上运动学的关系外,求解刚体平面平行运动的动力学问题,常用以下四个公式.

质心运动定理： $$\boldsymbol{F} = m\boldsymbol{a}_C \qquad (4-21)$$

绕质心的转动定律： $$M_C = J_C\alpha \qquad (4-22)$$

刚体的动能： $$E_k = \frac{1}{2}mv_C^2 + \frac{1}{2}J_C\omega^2 \qquad (4-23)$$

刚体质心的势能： $$E_p = mgh_C \qquad (4-24)$$

式中 M_C 是对过质心且垂直于运动平面的轴的合外力矩,J_C 是对上述同一轴的转动惯量,h_C 是质心相对重力势能零点位置的高度.

例 8 如图 4-13 所示,一根不会伸长的绳子缠绕在半径 $R = 0.070$ m、质量 $m_2 = 10.0$ kg 的圆柱上.此圆柱可在倾角 $\theta = 30°$ 的斜面上作无滑动滚动.绳的另一端跨过质量和摩擦均不计的

滑轮与一质量 $m_1 = 2.0$ kg 的物体相连.求:(1)圆柱和物体的加速度;(2)圆柱与斜面的摩擦力.

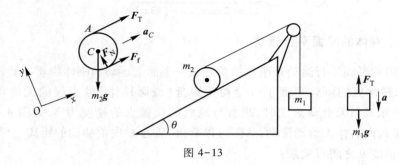

图 4-13

解 (1)以圆柱为研究对象,圆柱除受重力 $P_1 = m_2 g$ 和支持力 F_N 外,还受绳的拉力 F_T 和斜面作用的摩擦力 F_f.假设质心加速度 a_C 的方向和摩擦力 F_f 的方向均沿图示坐标系的 Ox 轴正向.根据质心运动定理,沿 Ox 轴和 Oy 轴上的分量式分别为

$$F_T + F_f - m_2 g \sin \theta = m_2 a_C \tag{1}$$

$$F_N - m_2 g \cos \theta = 0 \tag{2}$$

根据绕质心的刚体转动定律,有

$$F_T R - F_f R = J\alpha$$

式中 $J = \frac{1}{2} m_2 R^2$,$\alpha = a_C / R$,于是上式为

$$F_T - F_f = \frac{1}{2} m_2 a_C \tag{3}$$

以物体 m_1 为研究对象,m_1 的受力情况如图所示,根据牛顿第二定律,有

$$m_1 g - F_T = m_1 a \tag{4}$$

现在来求 a 与 a_C 的关系,考虑到绳子不会伸长,因此 m_1 速度的值与圆柱边缘点 A 速度的值是相等的,根据式(4-20) $v_A = 2v_C$,对其求对时间 t 的一阶导数,得

$$a = a_A = 2a_C$$

代入式(4)中,得

$$m_1 g - F_T = 2m_1 a_C \tag{5}$$

联立式(1)、式(2)、式(3)和式(5),可得圆柱质心的加速度为

$$a_C = \frac{2m_1 - m_2 \sin \theta}{\frac{3}{2} m_2 + 4m_1} g$$

将 $m_1 = 2.0$ kg,$m_2 = 10.0$ kg,$\theta = 30°$ 代入,得

$$a_C = -0.43 \text{ m} \cdot \text{s}^{-2}$$

物体 m_1 的加速度为

$$a = 2a_C = -0.86 \text{ m} \cdot \text{s}^{-2}$$

a_c 和 a 均为负值,表明二者均与原假设的方向相反,即圆柱质心加速度的方向是沿斜面向下的,而物体 m_1 的加速度方向是竖直向上的.

(2)由式(1)和式(5)可得圆柱与斜面的摩擦力为

$$F_f = m_2 g \sin\theta - m_1 g + (m_2 + 2m_1)a_c = 23.4 \text{ N}$$

F_f 为正值,表明摩擦力的方向与假设的方向相同,是沿斜面向上的.

*六、伯努利方程

研究流体的运动,采用理想流体模型.不可压缩而且没有黏性的流体称为理想流体.通常,用流线来形象地描述流体的稳定流动.

描述稳定流动的理想流体的运动规律的方程称为伯努利方程,为

$$\frac{\rho v_1^2}{2} + \rho g h_1 + p_1 = \frac{\rho v_2^2}{2} + \rho g h_2 + p_2 \tag{4-25}$$

对于水平流管($h_1 = h_2$)方程变为

$$\frac{\rho v_1^2}{2} + p_1 = \frac{\rho v_2^2}{2} + p_2 \tag{4-26}$$

伯努利方程是流体力学的基本方程.

难 点 讨 论

前三章不少内容,中学物理作过讨论,有一定基础,本章则不同,初学者往往感到较难.难点之一是摩擦力矩的计算.处理这个问题用微元法.选取适当的微元(如圆环、微小长度等),写出这个微元所受的摩擦力矩 dM,然后可对其积分求出 M.详细方法可参见学习指导部分的例 1 和例 7.

难点之二是运用转动定律处理包含质点(平动物体)和定轴转动刚体的问题(如阿特伍德机).初学者不会分析、列式.解决这类问题可分以下几步:第一步,对相关联的物体(平动物体和定轴转动刚体)用"隔离体法"作受力分析和对轴的力矩分析;第二步,取定正方向后,分别对平动物体运用牛顿第二定律和对定轴转动刚体运用转动定律列式,建立方程;第三步,找出方程中角量、线量的关系;第四步,解方程组得解.要注意方程中所有的力矩、转动惯量以及角量对同一个转轴,而且正方向需取得一致.举例讨论如下.

难点之三是质点和刚体的碰撞问题.质点和刚体的碰撞仍然有 3 种:完全弹性碰撞、非完全弹性碰撞和完全非弹性碰撞.其中完全弹性碰撞机械能守恒,另两种碰撞机械能不守恒,质点和刚体的碰撞问题中,若系统所受合外力不等于 0,则系统动量不守恒;但系统所受合外力矩等于 0 时,系统角动量守恒.初学者

往往都会考虑成动量守恒.可参见例6.

讨论题　如图4-14所示,质量 $m_1 = 24$ kg的定滑轮,可绕水平光滑固定轴转动,一不可伸长的轻绳绕于轮上,另一端通过另一质量 $m_2 = 5$ kg的也可绕水平光滑固定轴转动的定滑轮悬一质量 $m = 10$ kg的重物,求重物的加速度大小和绳中张力大小.(设定滑轮可看作均匀圆盘,绳与滑轮间无相对滑动.)

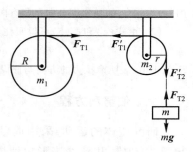

图4-14

分析讨论

本题涉及三个物体.两个定滑轮(这里以其质量 m_1 和 m_2 表示)为定轴转动的刚体,一个重物(以其质量 m 表示)为平动物体.分析其受力,如图4-14所示. m 受向下重力 mg 和向上绳子拉力 $\boldsymbol{F}_{T2}$ 作用, m_1 和 m_2 的重力和轴上的支持力平衡,力矩为零. m_1 受绳子拉力 $\boldsymbol{F}_{T1}$ 的力矩作用, m_2 受绳子拉力 $\boldsymbol{F}'_{T1}$ 和 $\boldsymbol{F}'_{T2}$ 的力矩($F_{T1} = F'_{T1}$, $F_{T2} = F'_{T2}$)作用.

以滑轮顺时针转动为正方向,即重物向下运动为正方向.设重物加速度为 a ,滑轮 m_1 、 m_2 角加速度分别为 α_1 和 α_2 .

对重物 m 应用牛顿第二定律有

$$mg - F_{T2} = ma \qquad (1)$$

对滑轮 m_1 应用转动定律有

$$F_{T1}R = J_1\alpha_1 \qquad (2)$$

对滑轮 m_2 应用转动定律有

$$F_{T2}r - F_{T1}r = J_2\alpha_2 \qquad (3)$$

绳子不可伸长,绳子与滑轮间无相对滑动,所以滑轮 m_1 、 m_2 边缘一点的切向加速度等于重物 m 的加速度,有

$$a_t = a$$

即

$$a = R\alpha_1 = r\alpha_2 \qquad (4)$$

解式(1)、式(2)、式(3)、式(4)联立的方程组,得

$$a = \frac{mg}{\frac{1}{2}m_1 + \frac{1}{2}m_2 + m} = 4 \text{ m} \cdot \text{s}^{-2}$$

$$F_{T1} = \frac{1}{2}m_1 a = 48 \text{ N}$$

$$F_{T2} = m(g - a) = 58 \text{ N}$$

自 测 题

4-1　一轻绳绕在有水平轴的定滑轮上,滑轮的转动惯量为 J,绳下端挂一物体.已知物体所受重力为 P,滑轮的角加速度为 α.若将物体去掉而以与 P 相等的力直接向下拉绳子,滑轮的角加速度 α 将(　　).

(A) 增大　　　　　(B) 减小　　　　　(C) 不变　　　　　(D) 无法判定其变化情况

4-2　如图 4-15 所示,两个质量均为 m,半径均为 R 的匀质圆盘状滑轮的两端,用轻绳分别系着质量为 m 和 $2m$ 的小木块.若系统由静止释放,则两滑轮之间绳内的张力为(　　).

(A) $\dfrac{11}{8}mg$　　　　(B) $\dfrac{3}{2}mg$　　　　(C) mg　　　　(D) $\dfrac{1}{2}mg$

4-3　一花样滑冰者,开始自转时,其动能为 $E_0=\dfrac{1}{2}J_0\omega_0^2$.然后她将手臂收回,转动惯量减少至原来的 $\dfrac{1}{3}$,此时她的角速度变为 ω,动能变为 E.则有关系(　　).

(A) $\omega=3\omega_0,E=E_0$　　　　　　　　(B) $\omega=\dfrac{\omega_0}{3},E=3E_0$

(C) $\omega=\sqrt{3}\,\omega_0,E=E_0$　　　　　　　(D) $\omega=3\omega_0,E=3E_0$

4-4　在质量为 m_1,长为 $l/2$ 的细棒与质量为 m_2,长为 $l/2$ 的细棒中间,嵌有一质量为 m 的小球(图 4-16),则该系统对棒的端点 O 的转动惯量 $J=$＿＿＿＿＿＿.

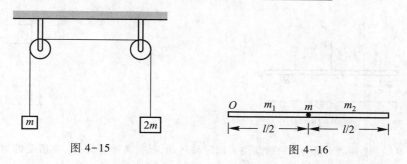

图 4-15　　　　　　　　　　　　　　图 4-16

4-5　可绕水平轴转动的飞轮,直径为 1.0 m.一条绳子绕在飞轮的外周边缘上,如果从静止开始作匀角加速运动且在 4 s 内绳被展开 10 m,则飞轮的角加速度为＿＿＿＿.

4-6　在光滑的水平环形沟槽内,用一细绳将两个质量分别为 m_1 与 m_2 的小球系于一轻弹簧的两端,使弹簧处于压缩状态[图 4-17(a)],现将绳烧断,两球即向相反方向在沟槽内运动,在两球相遇之前的过程中系统的守恒量是＿＿＿＿＿＿.

另有一空心圆环绕光滑的竖直固定轴 OO' 转动,一小球原来静止在环的顶端 A,由于某种微小干扰,小球沿环向下滑动[图 4-17(b)],此过程中系统的守恒量是＿＿＿＿＿＿.

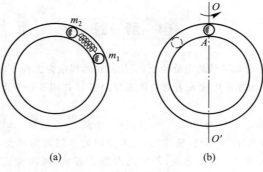

(a)   (b)

图 4-17

4-7 如图 4-18 所示,在光滑的水平桌面上有一长为 l,质量为 m 的均匀细棒以与棒长方向相垂直的速度 v 向前平动,与一固定在桌面上的钉子 O 相碰撞,碰撞后,细棒将绕点 O 转动,则转动的角速度 $\omega=$_____.

4-8 如图 4-19 所示,弹性系数 $k=2\ \text{N}\cdot\text{m}^{-1}$ 的轻弹簧,一端固定,另一端用细绳跨过半径 $R=0.1\ \text{m}$、质量 $m_1=2\ \text{kg}$ 的定滑轮(看作均匀圆盘)系住质量 $m_2=1\ \text{kg}$ 的物体.在弹簧未伸长时释放物体,物体落下 $h=1\ \text{m}$ 时的速率 $v=$_____.

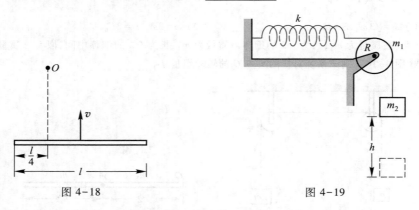

图 4-18   图 4-19

4-9 一个转动惯量为 J 的圆盘绕一固定轴转动,起初角速度为 ω_0,它所受的力矩是与转动角速度成正比的阻力矩 $M_f=-k\omega$(k 为常量),其角速度从 ω_0 变为 $\dfrac{\omega_0}{2}$ 所需的时间为_____;在上述过程中阻力矩所做的功为_____.

4-10 一均匀细杆可绕离其一端 $\dfrac{L}{4}$(L 为杆长)的水平轴 O 在竖直平面内转动,杆的质量为 m.当杆自由悬挂时,给它一个起始角速度 ω,若杆恰能持续转动而不摆动(摩擦不计),则 ω 最小应为_____.

4-11 大型水利工程常用弧形闸门以减小闸门的启闭力(启门和闭门所需之力).

图 4-20 为闸门的示意图.主要构件是一绕固定点 O 转动的半径为 R 的弧形门叶.假定门叶与支架的总质量为 m,质心在距转轴 $0.7R$ 处,门叶及支架对转轴 O 的总转动惯量 $J = 0.8mR^2$.若开始提时时支架处于水平位置,弧形门叶向上的加速度为 $a = 0.1g$(g 为重力加速度).求:
(1)开始提升的瞬间,钢丝绳对弧形门叶的拉力(启门力)$\boldsymbol{F}_T$ 和转轴对支架的支撑力 $\boldsymbol{F}_N$;
(2)若以同样加速度提升同样质量的平面闸门,需要的拉力.

4-12 棒球运动员手持棒的一端,求在离手多远处击球,手受到的打击力最小.设棒可当作长为 L 的均匀细杆.

4-13 在半径 $R = 1.0$ m、质量 $m' = 200$ kg 的可绕中心轴转动的水平转盘上,有一质量 $m = 20$ kg 的小孩站在距转轴 $R/2$ 处,随转盘一起转动,转速为一周每秒.如果小孩在距盘心 $R/2$ 的圆周上走动,走动的方向与转盘转动的方向相反,相对转盘的速率 $v = 1.0$ m·s^{-1}(见图 4-21).
(1)求小孩走动后,转盘的角速度;(2)欲使转盘静止,小孩应用怎样的速度相对转盘走动.

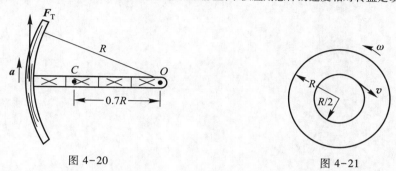

图 4-20   图 4-21

4-14 一质量均匀分布的圆盘,质量为 m',半径为 R,放在一粗糙水平面上,圆盘可绕通过其中心 O 的竖直固定光滑轴转动.开始时,圆盘静止,一质量为 m 的子弹以水平速度 $\boldsymbol{v}_0$ 打入圆盘边缘并嵌在盘边上(与圆外切).如图 4-22 所示,设摩擦因数为 μ.(1)求子弹击中圆盘后圆盘所获得的角速度;(2)经过多少时间后,圆盘停止转动?(圆盘绕通过 O 点的竖直轴的转动惯量为 $\frac{1}{2}m'R^2$,忽略子弹重力造成的摩擦阻力矩.)

4-15 一根长 $L = 0.4$ m 的均匀木棒,质量 $m_1 = 1.0$ kg,可绕水平光滑轴 O 在竖直面内转动,开始时棒自然地竖直静止.现有质量 $m_2 = 0.008$ kg 的子弹以 $v = 200$ m·s^{-1} 的速率从 A 点水平地射入棒中.假定 A 点与 O 点的距离为 $\frac{3}{4}L$,如图 4-23 所示.试求:(1)棒开始转动时的角速度;(2)棒的最大偏转角.

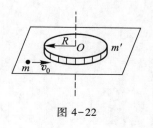

图 4-22

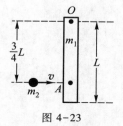

图 4-23

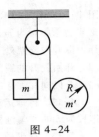

图 4-24

*4-16 如图 4-24 所示,将轻绳的一端缠绕在质量为 m',半径为 R 的匀质圆盘上,而其另一端通过一个不计质量的滑轮悬挂一质量为 m 的物体,滑轮轴上无摩擦.求:(1) m 的加速度大小 a_1 及方向;(2) 圆盘的角加速度 α;(3) 圆盘质心的加速度大小 a_2 及方向.

自测题答案

第五章

静 电 场

基 本 要 求

1. 理解库仑定律.
2. 掌握电场强度和电势的概念.
3. 理解静电场的高斯定理和环路定理.
4. 熟练掌握用点电荷的电场强度和叠加原理以及高斯定理求解带电系统电场强度的方法;并能用电场强度与电势梯度的关系求解较简单带电系统的电场强度.
5. 熟练掌握用点电荷的电势和叠加原理以及电势的定义式求解带电系统电势的方法.

思 路 与 联 系

前面的力学部分研究了质点和质点系(刚体和流体)的机械运动规律.本章及接下来的三章是电磁学部分.电磁运动是物质的又一种基本运动形式,这里我们主要从场的观点来讨论电磁运动的基本规律,分四章讨论:静止电荷产生的静电场,恒定电流产生的恒定磁场以及电磁相互作用.

本章是电磁学的基础,以"点电荷"为理想模型,研究静电场的基本特性,主要从电场对电荷有力的作用和在电场中移动电荷电场力做功这两个方面,引入描述电场的两个基本物理量:电场强度和电势,同时阐述了静电场的基本定律——库仑定律,讨论了反映静电场基本性质的场强叠加原理、高斯定理和环路定理.

在经典力学的质点运动学中,如果知道了质点的位矢 r 和速度 v,我们就说质点的运动状态确知了.同样,在经典电磁理论中,如果知道电场中某点的电场强度 E 和电势 V,那么我们就可以说该场点的状态确知了.因此,求解静电场中给定点的电场强度和电势以及电场强度和电势的空间分布,是本章的重要课题.

学 习 指 导

一、静电场的描述

场是一种特殊形态的物质,电荷相对于参考系静止时激发的电场,称为静电场.静电场存在于静止电荷周围,并分布在一定的空间.描述静电场的两个物理量是电场强度 E 和电势 V,前者是矢量点函数,后者是标量点函数.如果有一带电体静止于某一惯性参考系中,若我们能求出此带电体所激发的静电场中各点的 E 和 V,也就是找出函数 $E(x,y,z)$ 和 $V(x,y,z)$ 的具体形式,那么我们可以说,这个静电场的情况已经清楚地知道了.

1. 电场强度

电场强度的定义式是

$$E = \frac{F}{q_0} \tag{5-1}$$

它指出,电场中某点的电场强度等于位于该点的单位正试验电荷所受的电场力.应注意:

(1)在给定电荷分布的电场中,某点电场强度的值与试验电荷所带的电荷量无关.

(2)在电场中某点,试验电荷所受电场力 F 的方向与试验电荷所带电荷的正负有关.

(3)电场强度 E 是矢量,其方向与正试验电荷受力方向相同.

点电荷的电场强度为

$$E = \frac{1}{4\pi\varepsilon_0} \frac{q}{r^2} e_r \tag{5-2}$$

式中 q 为位于坐标原点的点电荷的电荷量,e_r 是场点 P 的位矢的单位矢量,如图 5-1 所示.

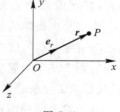

图 5-1

2. 电势

在静电场中,电场力对试验电荷所做的功与路径无关,只与起始和终了位置有关.静电场由于有此特点,所以能够引入电势概念.静电场中任意点 a 的电势定义为

$$V_a = \int_a^{V_0} E \cdot dl \quad (V_0 = 0) \tag{5-3}$$

它表明:静电场中点 a 的电势 V_a,等于把单位正电荷由点 a 沿任意路径移至电势零点时,电场力所做的功.

任意两点 a 与 b 之间的电势差为

$$U_{ab} = V_a - V_b = \int_a^b \boldsymbol{E} \cdot \mathrm{d}\boldsymbol{l} \tag{5-4}$$

它表明: a、b 两点的电势差等于把单位正电荷由点 a 沿任意路径移至点 b 时,电场力所做的功.

应注意:

（1）电势零点的选择是任意的.一般地,如果带电体或电荷系分布在有限空间内(如点电荷、电偶极子等),电势零点常选在"无限远"处,即令"无限远"处的电势为零,此时可将任意点 a 的电势写成

$$V_a = \int_a^\infty \boldsymbol{E} \cdot \mathrm{d}\boldsymbol{l} \tag{5-5}$$

对于"无限长"均匀带电直线、"无限大"均匀带电平面这样的带电体,电势零点就不能选在"无限远"处了,应视具体情况而定(请参阅例5).在实际应用中常取大地的电势为零.

（2）电势是标量,它有正负,而无方向.在图 5-2(a)和(b)中,如果选无限远处为电势零点,点 M 和点 N 的电势分别为

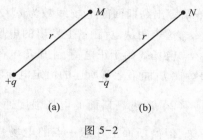

图 5-2

$$V_M = \frac{1}{4\pi\varepsilon_0} \frac{q}{r}, \quad V_N = -\frac{1}{4\pi\varepsilon_0} \frac{q}{r}$$

从上面两式可以看出,虽然点 M 和点 N 的电势的绝对值是相同的,但点 M 的电势是正的,而点 N 的电势则是负的.由于电势有正负,而无方向的特点,因此计算已知电荷分布的电场中各点的电势,要比计算电场强度方便得多.

二、表征静电场特性的定理

点电荷间的相互作用力定律——库仑定律,是静电学的基本定律.它与两质点间的万有引力定律一样,都是与距离的平方成反比的定律.另外,点电荷间的相互作用力——库仑力,也遵守力的叠加原理.由电场强度和电势的定义可得电场强度和电势的叠加原理,前者为矢量叠加,后者为标量叠加.由库仑定律和电场强度叠加原理可以得到表征静电场基本特性的两个重要定理,即静电场的高斯定理和环路定理.

1. 真空中的静电场高斯定理

为形象地描写电场,在有电场的空间可画出电场线,电场线上每一点的切线方向表示该点电场强度 E 的方向,通过该点并垂直于 E 的单位面积的电场线数等于该点 E 的大小,因而电场线密度较大的区域,电场强度 E 的值也较大.

通过某面积 S 的电场强度通量是

$$\Phi_e = \int_S E \cdot dS \tag{5-6}$$

真空中的静电场高斯定理的数学形式为

$$\oint_S E \cdot dS = \frac{1}{\varepsilon_0} \sum_{i=1}^n q_i \tag{5-7}$$

它指出:在真空中,通过任意闭合曲面(高斯面)的电场强度通量等于该高斯面内所包含电荷的代数和除以真空电容率 ε_0.

关于高斯定理应注意以下两点:

(1)高斯定理表明静电场是有源场.从电场线的角度来看,静电场的这一特性是容易理解的.若高斯面内有两个点电荷 $+q_1$ 与 $-q_2$. $+q_1$ 对高斯面上电场强度通量的贡献是 $+q_1/\varepsilon_0$, $-q_2$ 对高斯面上电场强度通量的贡献是 $-q_2/\varepsilon_0$. 也就是说,从 $+q_1$ 穿出高斯面的电场线数为 q_1/ε_0,而穿入高斯面会聚在 $-q_2$ 上的电场线数是 q_2/ε_0.这表明从电荷 $+q_1$ 上发出的电场线为 q_1/ε_0,终止在电荷 $-q_2$ 上的电场线数是 q_2/ε_0.电场线始于正电荷,止于负电荷,所以静电场是有源场.这是静电场的一个重要特性.后面第七章所述的恒定电流激发的恒定磁场,就不具有这一特性.

(2)通过高斯面的电场强度通量 $\oint_S E \cdot dS = \sum_{i=1}^n q_i/\varepsilon_0$,只与高斯面内的电荷有关,但高斯面上任意一点的电场强度 E,则是由高斯面内、外所有的电荷在该点激发的电场强度的叠加.初看起来,这似乎不协调,为什么通过高斯面的电场强度通量只与高斯面内的电荷有关,与高斯面外的电荷无关,而高斯面上任意点的电场强度却又是高斯面内外所有电荷所产生的呢?下面我们借助如图5-3(a)所示的电荷分布来理解这个问题.图中有两个点电荷 $+q_1$ 和 $-q_2$.作高斯面 S, $+q_1$ 处于面 S 内, $-q_2$ 处于面 S 外.显然,高斯面上任意点 P 的电场强度 E,应为 $+q_1$ 和 $-q_2$ 各自在点 P 所激发的 E_1 和 E_2 的矢量叠加,即 $E = E_1 + E_2$.由于 $-q_2$ 在高斯面外边,故它所激起的电场的电场线将两次通过此高斯面,一次进入,一次穿出[图5-3(b)],因此 $-q_2$ 对通过高斯面 S 的电场强度通量没有贡献.所以,高斯面 S 外的电荷 $-q_2$ 对高斯面 S 上任意点的电场强度有贡献,而对通过该高斯面 S 的电场强度通量没有贡献.而高斯面 S 内的电荷 $+q_1$,无论对该面上的电场强度,还是对通过该面的电场强度通量都有贡献.

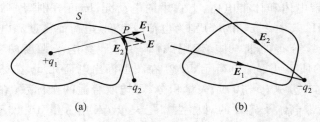

图 5-3

2. 静电场环路定理

静电场环路定理的数学形式为

$$\oint_l \boldsymbol{E} \cdot \mathrm{d}\boldsymbol{l} = 0 \tag{5-8}$$

它指出：在静电场中作用在单位正试验电荷上的电场力，沿一闭合路径对试验电荷所做的功为零，或者说，在静电场中，电场强度沿任意闭合路径的线积分为零．它表明静电场也是一种保守场，静电场力是一种保守力，静电场具有有势性．此外，它还可以说明静电场中的电场线不能构成闭合曲线，任意两根电场线都不会相交．(你能回答吗？ 提示：根据作电场线的规定，电场线上任意点的切线方向即为该点的电场强度 $\boldsymbol{E}$ 的方向，因此，若电场线能构成闭合曲线，或电场线能相交，那么 $\oint_l \boldsymbol{E} \cdot \mathrm{d}\boldsymbol{l} \neq 0$，这与环路定理 $\oint_l \boldsymbol{E} \cdot \mathrm{d}\boldsymbol{l} = 0$ 是相违背的．)

三、电场强度的计算

电场强度的计算是本章的重要内容之一，我们必须熟练掌握．已知电荷分布求电场强度有三种方法，下面逐一介绍．

1. 用叠加原理求电场强度

对真空中的点电荷系，其电场中某点 P 的电场强度由点电荷的电场强度公式和电场强度叠加原理可得

$$\boldsymbol{E} = \sum_{i=1}^{n} \boldsymbol{E}_i = \frac{1}{4\pi\varepsilon_0} \sum_{i=1}^{n} \frac{q_i}{r_i^2} \boldsymbol{e}_{ri} \tag{5-9}$$

式中 $\boldsymbol{E}_i$ 为第 i 个点电荷 q_i 在场点 P 的电场强度，r_i 为点电荷 q_i 至场点 P 的距离，$\boldsymbol{e}_{ri}$ 为 q_i 指向点 P 的单位矢量．

对真空中电荷连续分布的带电体，其电场中场点 P 的电场强度为

$$\boldsymbol{E} = \int \mathrm{d}\boldsymbol{E} = \frac{1}{4\pi\varepsilon_0} \int \frac{\mathrm{d}q}{r^2} \boldsymbol{e}_r \tag{5-10}$$

式中 $\mathrm{d}q$ 为带电体上的电荷元，$\boldsymbol{e}_r$ 为电荷元 $\mathrm{d}q$ 指向场点 P 的单位矢量．对理想的

线带电体、面带电体和体带电体,上式中的电荷元 dq 可分别写成 $dq = \lambda dl$、$dq = \sigma dS$ 和 $dq = \rho dV$,其中 λ、σ 和 ρ 分别为电荷线密度、电荷面密度和电荷体密度.

对电荷连续分布的带电体,运用式(5−10)计算电场强度的主要步骤是:① 选取合适的便于计算的电荷元 dq.② 在图上标出电荷元 dq 在场点 P 的电场强度 dE 的方向.③ 式(5−10)是矢量积分,可选取合适的坐标系(在选取坐标系时应尽量利用带电体及其 E 的对称性),把矢量 dE 用分量 dE_x、dE_y 和 dE_z 来表示,从而把矢量积分变为标量积分.④ 如果积分号内的变量不止一个,应利用各变量之间的关系,统一为一个变量,然后确定积分上下限.⑤ 最后求出 E 的大小和方向.

例 1 如图5−4所示,真空中有一均匀带电细棒,其电荷线密度为$+\lambda$,长度为 l.求距此细棒垂直距离为 h 处点 P 的电场强度.设点 P 到两端点的连线与点 P 到细棒的垂线之间的夹角分别为 θ_1 和 θ_2.

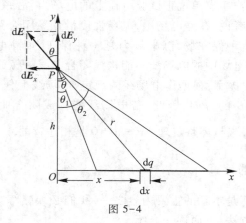

图 5−4

解 在细棒上取一电荷元 dq,它在点 P 所激发的电场强度为

$$dE = \frac{1}{4\pi\varepsilon_0} \frac{dq}{r^2} e_r$$

式中 r 为电荷元 dq 与点 P 间的距离,e_r 为 dq 指向点 P 的单位矢量.由图5−4可以看出,细棒上各个电荷元在点 P 所激发的电场强度的方向是各不相同的.为便于计算,选取如图所示的 Oxy 平面坐标系,这样各个电荷元在点 P 的电场强度就可以用它们在 Ox 轴和 Oy 轴上的分量来表示,从而把矢量积分变为标量积分.按如图所示的坐标系,电荷元 dq 与原点 O 之间的距离 x,其线元为 dx.由于细棒均匀带电,且电荷线密度为 λ,故有 $dq = \lambda dx$.于是上式为

$$dE = \frac{1}{4\pi\varepsilon_0} \frac{\lambda dx}{r^2} e_r$$

它在 Ox 轴和 Oy 轴上的分量分别为

$$dE_x = -dE\sin\theta = -\frac{1}{4\pi\varepsilon_0} \frac{\lambda dx}{r^2}\sin\theta$$

$$dE_y = dE\cos\theta = \frac{1}{4\pi\varepsilon_0}\frac{\lambda dx}{r^2}\cos\theta$$

式中负号表示 dE_x 的方向与 Ox 轴方向相反.上两式中 x、r 和 θ 均为变量,将变量统一为 θ,从图中可得

$$r = \frac{h}{\cos\theta}, \quad x = h\tan\theta, \quad dx = \frac{h d\theta}{\cos^2\theta}$$

把它们代入上两式,有

$$dE_x = -\frac{\lambda}{4\pi\varepsilon_0 h}\sin\theta d\theta$$

$$dE_y = \frac{\lambda}{4\pi\varepsilon_0 h}\cos\theta d\theta$$

上两式中 λ 和 h 均为常量,角量 θ 从 θ_1 变化到 θ_2,所以点 P 的 E 在 Ox 轴和 Oy 轴上的分量分别为

$$E_x = \int dE_x = -\frac{\lambda}{4\pi\varepsilon_0 h}\int_{\theta_1}^{\theta_2}\sin\theta d\theta$$

$$= \frac{\lambda}{4\pi\varepsilon_0 h}(\cos\theta_2 - \cos\theta_1) \tag{1}$$

$$E_y = \int dE_y = \frac{\lambda}{4\pi\varepsilon_0 h}\int_{\theta_1}^{\theta_2}\cos\theta d\theta$$

$$= \frac{\lambda}{4\pi\varepsilon_0 h}(\sin\theta_2 - \sin\theta_1) \tag{2}$$

于是场点 P 的电场强度 E 为

$$E = \frac{\lambda}{4\pi\varepsilon_0 h}(\cos\theta_2 - \cos\theta_1)i + \frac{\lambda}{4\pi\varepsilon_0 h}(\sin\theta_2 - \sin\theta_1)j \tag{3}$$

E 的量值和方向可由下面两式求得:

$$E = (E_x^2 + E_y^2)^{1/2}, \quad \alpha = \arctan\frac{E_y}{E_x} \tag{4}$$

式中 α 是 E 与 Ox 轴的夹角.由式(3)或式(4)可以看出,有限长带电细棒外面一点的电场强度的大小和方向,是随该点的位置而改变的.

上面利用点电荷电场强度公式和叠加原理以及将矢量积分变为标量积分的方法,计算了均匀带电细棒外面任意点的电场强度,下面利用所得结果式(3),讨论三种特殊情况:

(1)点 P 在带电细棒的垂直平分线上.

如图 5-5 所示,由于点 P 在带电细棒的垂直平分线上,所以 $\theta_1 = -\theta_2$,有 $(\cos\theta_2 - \cos\theta_1) = 0$.由式(3)可得点 P 的电场强度为

$$E = \frac{\lambda}{4\pi\varepsilon_0 h}(\sin\theta_2 - \sin\theta_1)j = \frac{\lambda}{2\pi\varepsilon_0 y}\sin\theta_2 j$$

$$= \frac{1}{4\pi\varepsilon_0 h}\frac{\lambda l}{[h^2 + (l/2)^2]^{1/2}}j \tag{5}$$

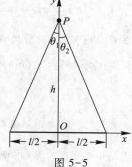

图 5-5

上式表明,在带电细棒的垂直平分线上,点 P 电场强度 E 的方向与细棒垂直,其值则随 h 的增大而减小.

(2) 当细棒的长度 l 较之点 P 到细棒的垂直距离 h 大得多,即 $l \gg h$ 时,此带电细棒可看成是"无限长"带电细棒.这时 $\theta_1 = -\pi/2$,$\theta_2 = \pi/2$.于是,由式(3)可得

$$E = E_y = \frac{\lambda}{2\pi\varepsilon_0 h} j \qquad (6)$$

从式(6)可以看出,对"无限长"带电细棒来说,电场中所有与棒之垂直距离相同的点,其电场强度不仅大小相等,而且电场强度的方向均垂直于 Ox 轴.故"无限长"带电细棒所产生的电场是轴辐射状的,具有轴对称性.由于 E 与垂直距离 h 成反比,所以这个电场是非均匀的.从此例还可看出,"无限大"是一个相对的概念,只有场点到棒的垂直距离较之棒长小得多,且场点处于棒的中部附近时,细棒才能视为"无限长".

(3) 若细棒的长度 l 比点 P 到棒的垂直距离 h 小得多,即当 $l \ll h$ 时,有 $h^2 + (l/2)^2 \approx h^2$.于是,由式(5)可得

$$E = \frac{q}{4\pi\varepsilon_0 h^2} j \qquad (7)$$

这与点电荷的电场强度公式相同,q 为棒所带的电荷.可见,在 $l \ll h$ 的情况下,带电细棒可看作是点电荷.

(4) 利用"无限长"均匀带电细棒外任意一点电场强度的结果,可计算"无限大"均匀带电平面的电场强度.

如图 5-6 所示,在 Oyz 平面内,有一"无限大"的均匀带电平面,这个带电平面可看作是由许多与 Oz 轴平行的连续分布的"无限长"均匀带电细棒所组成.这样就可应用式(6)来求解.在图 5-6 中,取一宽度为 dy 的细长棒,它距原点 O 的垂直距离为 y.先设棒长为 l,其电荷为 $dq = \sigma l dy$,σ 为电荷面密度.取 $dq/l = \lambda$ 为单位长度电荷,于是有 $\lambda = \sigma dy$.将此式代入式(6),并把式(6)中的 h 换成 r,且 $r = (x^2 + y^2)^{1/2}$.于是,此带电细棒在点 P 激发的电场强度为

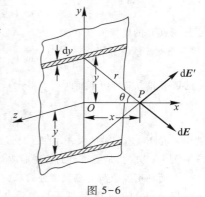

图 5-6

$$dE = \frac{\lambda}{2\pi\varepsilon_0 r} e_r = \frac{\sigma dy}{2\pi\varepsilon_0 (x^2 + y^2)^{1/2}} e_r,$$

它在 Ox 和 Oy 轴上的分量则分别为 dE_x 和 dE_y.这样,"无限大"带电平面产生的 E 为各个带电细长棒在点 P 所产生 dE 的矢量和,即 $E = \int dE$,而它在 Ox 和 Oy 轴上的分量应为

$$E_x = \int dE_x, \quad E_y = \int dE_y$$

考虑到"无限大"带电平面在 Ox 轴上点 P 所激发的电场具有对称性,因而 $E_y = \int dE_y = 0$,这样点 P 的电场强度为 $E = \int dE_x$,其值为

$$E = \int \mathrm{d}E_x = \int \mathrm{d}E\cos\theta = \frac{\sigma}{2\pi\varepsilon_0}\int_{-\infty}^{+\infty}\frac{x\mathrm{d}y}{x^2+y^2} = \frac{\sigma}{2\varepsilon_0} \tag{8}$$

由以上讨论可见,真空中"无限大"均匀带电平面外任意一点的电场方向都沿 Ox 轴,并与 yz 平面相垂直,电场强度的大小也处处相等.它只与带电平面的电荷面密度 σ 有关,与位置无关.也就是说,"无限大"均匀带电平面所激发的电场是均匀、对称的电场.另外,应当知道,如果所考察的场点 P 位于带电平面中部附近,而且它到平面的垂直距离较之平面的线度小很多,此带电平面就可视为"无限大"带电平面.还应指出,对"无限大"带电平面,用高斯定理来求解其电场的电场强度分布是十分方便的(参阅教材上册第 5-3 节例 4).

2. 用高斯定理求电场强度

在教材第 5-3 节高斯定理应用举例中,列举了几种对称带电体电场强度的计算.从这些例题中我们看到,应用高斯定理求电场强度要先选取一个合适的高斯面,以使电场强度 E 可从积分号中提出来.作高斯面时应注意:① 高斯面要通过待求电场强度 E 的场点.② 高斯面上各部分面积,或者与 E 垂直,或者与 E 平行,或者与 E 有恒定的夹角.③ 部分高斯面上 E 的大小,应为一常量.④ 高斯面是简单的几何面.由于作高斯面有如上限制,因此用高斯定理只能求某些对称分布电场的电场强度.

用高斯定理求电场强度的步骤可归纳为:① 分析带电体所产生的电场是否具有对称分布的特点.② 选取合适的高斯面.③ 分别求出通过高斯面的电场强度通量和高斯面内的电荷.④ 最后由高斯定理求电场强度或电场强度的分布.

例 2 一长为 l,电荷线密度为 λ 的有限长带电直导线,能否用高斯定理求离导线垂直距离为 d 的点 P 的电场强度?

解 由于带电直导线是有限长的,因此场点 P 到导线的垂直距离 d 与导线长度 l 可以相比较.作以带电导线为轴线的圆柱形闭合曲面.那么,带电导线激发的电场在此闭合曲面上的电场线,如图 5-7 所示.从图中可以看出,虽然电场线的形状上下、左右均 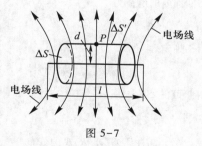 具有对称性,但通过点 P 所作的底面积为 ΔS 的圆柱形高斯面,不仅底面积 ΔS 上各点的电场强度 E 的大小不等,方向不同,而且圆柱面 $\Delta S'$ 上各点的电场强度 E' 亦不相等.对此圆柱形高斯面来说,高斯定理虽可写成

图 5-7

$$\int_{\Delta S} \boldsymbol{E}\cdot \mathrm{d}\boldsymbol{S} + \int_{\Delta S'} \boldsymbol{E}'\cdot \mathrm{d}\boldsymbol{S} = \frac{\sum q_i}{\varepsilon_0}$$

但由于 E 及 E' 在 ΔS 和 $\Delta S'$ 上均不是常量,不能把它们从积分号内取出,所以从上式不能求出点 P 的电场强度.

然而,若点 P 与导线的垂直距离 d 远小于导线的长度 l,且点 P 位于导线中部附近,那么此导线可视为"无限长".这时电场线不仅具有对称性,而且电场线与导线垂直,呈辐射状.这

样,底面 ΔS 上各点 E 与底面的法线垂直,而圆柱面 $\Delta S'$ 上各点的 E' 均与圆柱面法线平行,且 E' 的大小相等.这样,可利用高斯定理求出导线外的电场强度为 $E = \lambda / (2\pi\varepsilon_0 d)$.具体求解过程可参阅教材上册第 5-3 节例 3.

应当知道,对有限长的带电直导线,虽然不能用高斯定理求其电场强度,但用点电荷电场强度公式及其叠加原理却可以求解(见例 1).因此,就求解电场强度来说,用点电荷电场强度公式及其叠加原理求解比用高斯定理求解要普遍些,用后者是有条件的.当然,对某些电荷对称分布的带电体(如"无限长"带电直导线、"无限大"带电平面、均匀带电球壳及球体)的电场,用高斯定理求解 E 较之用点电荷电场强度公式及其叠加原理求解 E 要方便得多.有关这方面的内容,请参阅教材上册第 5-3 节高斯定理应用举例.

例 3 如图所示,一半径为 R,均匀带电的"无限长"直圆柱体,其电荷体密度为 ρ,求带电圆柱体内、外的电场强度分布.

解 设圆柱体的轴线为 OO',此均匀带电圆柱体所产生的电场具有对称性.距轴 OO' 为 r 处各点,电场强度 E 的大小均相等,E 的方向垂直于轴线呈辐射状.如选取与带电圆柱体同轴的闭合长圆柱面为高斯面,则圆柱面上、下底面的法线方向与该面上各点的 E 垂直,故通过上、下底面的电场强度通量为零.而圆柱面侧面任意位置的法线方向均与该处 E 方向一致,所以通过圆柱侧面的电场强度通量则为 $E2\pi rl$,l 为圆柱面的高.

(1) 圆柱体内 $(r_1 < R)$ E 的分布

在图 5-8 中,在圆柱体内,以半径 r_1 作圆柱形高斯面,按上述讨论,有

$$\oint_S \mathbf{E} \cdot \mathrm{d}\mathbf{S} = E_1 2\pi r_1 l$$

高斯面内的电荷为

$$\sum_{i=1}^{n} q_i = \pi r_1^2 l \rho$$

由高斯定理,有

$$E_1 2\pi r_1 l = \frac{1}{\varepsilon_0} \rho \pi r_1^2 l$$

由此可得

$$E_1 = \frac{\rho}{2\varepsilon_0} r_1 \tag{1}$$

(2) 圆柱体外 $(r_2 > R)$ E 的分布

如图 5-8 所示,在圆柱体外,以半径 r_2 作圆柱形高斯面,有

$$\oint_S \mathbf{E} \cdot \mathrm{d}\mathbf{S} = E_2 2\pi r_2 l$$

高斯面内的电荷为

$$\sum q_i = \pi R^2 l \rho$$

由高斯定理,有

$$E_2 \cdot 2\pi r_2 l = \frac{1}{\varepsilon_0} \rho \pi R^2 l$$

由此可得

$$E_2 = \frac{\rho R^2}{2\varepsilon_0 r_2} \tag{2}$$

由式（1）和式（2）可作如图 5-9 所示的"无限长"均匀带电圆柱体内、外电场强度分布图线，即 E-r 图.如果用电荷线密度 $\lambda = \rho\pi R^2$ 来表示，这时式（2）可写成

$$E_2 = \frac{\lambda}{2\pi\varepsilon_0 r_2}$$

这与一根"无限长"带电直线附近的电场强度结果一致.

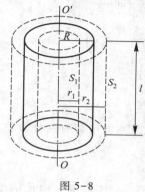

图 5-8

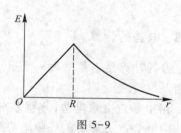

图 5-9

3. 用电场强度与电势关系求电场强度

在电荷分布不对称的情况下，就不能用高斯定理来求 E 了，而用点电荷电场强度公式及其叠加原理求 E，又因其叠加是矢量叠加，所以数学计算较为麻烦.由于电势是标量，其叠加是标量叠加，所以这时可以考虑用电场强度与电势的关系求 E.电场强度与电势的关系是

$$E_x = -\frac{\partial V}{\partial x}, \quad E_y = -\frac{\partial V}{\partial y}, \quad E_z = -\frac{\partial V}{\partial z} \tag{5-11}$$

即电场中某点的电场强度 $E(x,y,z)$ 在 x、y 和 z 轴上的分量 E_x、E_y 和 E_z 分别等于电势 $V(x,y,z)$ 在该方向的方向导数的负值.

利用式（5-11）求电场强度的步骤为：① 先计算出带电系统的电势分布，即 $V(x,y,z)$ 的函数关系.② 再用式（5-11）求出电场强度的分布.教材上册第 5-7 节中的例 2，求电偶极子电场中任一点的电场强度是这方面的一个典型例题，下面再举一个例子.

例 4 长度为 $2L$ 的细直线段上，均匀分布着电荷 q，试求其延长线上距离线段中心为 x 处（$x>L$）的电势（设无限远处为电势零点），并利用电势梯度求该点的电场强度.

解 如图 5-10 所示，在带电直线上取一电荷元：$dq = \lambda dr = \frac{q}{2L}dr$，其在 x 处的电势为

图 5-10

$$dV = \frac{dq}{4\pi\varepsilon_0(x-r)} = \frac{q\,dr}{8\pi\varepsilon_0 L(x-r)}$$

则 x 处的电势为

$$V = \int dV = \int_{-L}^{+L} \frac{q\,dr}{8\pi\varepsilon_0 L(x-r)} = \frac{q}{8\pi\varepsilon_0 L}\ln\frac{x+L}{x-L}$$

可见,电势 V 仅是坐标 x 的函数,故由电场强度与电势的关系,得

$$E = E_x = -\frac{dV}{dx} = \frac{q}{4\pi\varepsilon_0(x^2-L^2)}$$

四、电势的计算

电势的计算是本章的另一个重点,求电场中任意点的电势有两种方法,下面分别加以讨论.

1. 用电势定义求电势(场强积分)

利用电势定义来求电场中电势分布的主要步骤是:① 根据带电体的电荷分布情况来确定电势零点.② 求出电场中的电场强度分布.③ 由电场强度分布来选取积分路径,使得积分路径与 $\boldsymbol{E}$ 方向一致.④ 利用 $V_a = \int_a^{\text{电势零点}} \boldsymbol{E} \cdot d\boldsymbol{l}$ 来求解,积分时需根据 $\boldsymbol{E}$ 的分布分段积分.

例5 如例3图5-8所示,求均匀带电的"无限长"直圆柱体内、外的电势分布.设圆柱体带正电荷.

解 由例3已求得均匀带电"无限长"直圆柱体内、外电场强度分布为

$$E_1 = \frac{\rho}{2\varepsilon_0}r_1 \quad (r_1 < R) \tag{1}$$

和

$$E_2 = \frac{\rho R^2}{2\varepsilon_0 r_2} \quad (r_2 > R) \tag{2}$$

式中 R 为圆柱体半径,ρ 为电荷体密度,r_1 和 r_2 分别为圆柱体内、外的场点至圆柱体轴线 OO' 的垂直距离(图5-11).E_1 和 E_2 的方向都沿径矢方向.考虑到此圆柱体"无限长",不能把电势零点选在"无限远"处,故把电势零点选在圆柱体的轴线 OO' 上.此外,考虑到此"无限长"均匀带电直圆柱体内、外 E_1 和 E_2 的方向均垂直于轴线 OO',呈轴辐射状,所以积分路径取沿图中的 Or 轴.这样,由电势定义可分别求得圆柱体内、外的电势.

(1)圆柱体内($r_1 < R$)的电势

如图5-11所示,设圆柱体内有一点 P,它距 OO' 轴的垂直距离为 r_1.取如图所示的坐标

系,坐标原点在 OO' 轴上.由于电势零点取在 OO' 轴上,故由电势的定义,点 P 的电势为

$$V_P = \int_{r_1}^{0} \boldsymbol{E} \cdot \mathrm{d}\boldsymbol{r} = \int_{r_1}^{0} E_1 \mathrm{d}r$$

将式(1)代入上式,得

$$V_P = \int_{r_1}^{0} \frac{\rho r}{2\varepsilon_0} \mathrm{d}r = -\frac{\rho}{4\varepsilon_0} r_1^2$$

请看:如果该题选"无限远"为电势零点,则点 P 的电势为

$$V_P = \int_{r_1}^{\infty} \frac{\rho r}{2\varepsilon_0} \mathrm{d}r = \infty$$

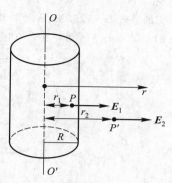

图 5-11

这是无意义的,所以对"无限长""无限大"的带电体是不能选"无限远"处为电势零点的.

（2）圆柱体外（$r_2 > R$）的电势

如图 5-11 所示,设圆柱体外有一点 P',它距 OO' 轴的垂直距离为 r_2.同样取电势零点在 OO' 轴上,则点 P' 的电势为

$$V_{P'} = \int_{r_2}^{0} \boldsymbol{E} \cdot \mathrm{d}\boldsymbol{r} = \int_{r_2}^{R} E_2 \mathrm{d}r + \int_{R}^{0} E_1 \mathrm{d}r$$

将式(1)和式(2)代入上式,有

$$V_{P'} = \int_{r_2}^{R} \frac{\rho R^2}{2\varepsilon_0 r} \mathrm{d}r + \int_{R}^{0} \frac{\rho r}{2\varepsilon_0} \mathrm{d}r = -\frac{\rho R^2}{2\varepsilon_0} \ln \frac{r_2}{R} - \frac{\rho R^2}{4\varepsilon_0}$$

从上述结果可以看出,如圆柱体带正电（$\rho > 0$）,而且电势零点取在 OO' 轴上,那么圆柱体内外的电势均为负值.

2. 用电势叠加原理求电势（电荷量积分）

对电荷连续分布的带电体,其电场中任意点 P 的电势,由点电荷的电势和电势叠加原理可得

$$V_P = \int \frac{1}{4\pi\varepsilon_0} \frac{\mathrm{d}q}{r} \tag{5-12}$$

（你能说出上式的电势零点是选在何处的吗?）$\mathrm{d}q$ 为带电体上电荷元的电荷,r 为电荷元 $\mathrm{d}q$ 到点 P 的距离,积分遍及带电体上所有电荷元.用式(5-12)求解带电体的电势时,选取合适的电荷元是十分重要的.电荷元选得合适,求解可既简捷又合理.如何才能合理选择电荷元呢? 这要在解题的实践基础上反复对比、推敲.

例 6 真空中有一半径为 R 的均匀带电球面,其电荷面密度为 σ,求球面内、外的电势分布.

解 （1）球面外点 P 的电势

如图 5-12 所示,点 P 在球面外面,作以球心为原点 O 的 Ox 轴,使点 P 在 Ox 轴上,对 Ox 轴来说,球面上的电荷具有对称性.因此,在球面上取一宽度为 $\mathrm{d}l$ 的环带（画有斜线部分）,环带的面积为 $2\pi R' \mathrm{d}l$.环带的平面与 Ox 轴相垂直.由于球面均匀带电,其电荷面密度为 σ,故此

环带的电荷 $dq = \sigma 2\pi R'dl$. 从图 5-12 可见, $R' = R\sin\theta$, $dl = Rd\theta$, 故 $dq = \sigma 2\pi R^2 \sin\theta d\theta$. 这个环带上的电荷元 dq 在球面外点 P 的电势为

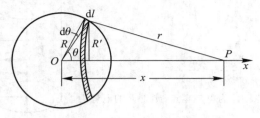

图 5-12

$$dV = \frac{dq}{4\pi\varepsilon_0 r} = \frac{\sigma 2\pi R^2 \sin\theta d\theta}{4\pi\varepsilon_0 r} = \frac{\sigma R^2 \sin\theta d\theta}{2\varepsilon_0 r} \qquad (1)$$

式中 r 为环带上任意点到点 P 的距离. 上式中 r 与 θ 都是变量. 为统一变量, 由图 5-12 有

$$r^2 = x^2 + R^2 - 2xR\cos\theta$$

对给定点 P, 式中 R 和 x 亦为常量. 对上式取微分, 有

$$rdr = Rx\sin\theta d\theta \qquad (2)$$

把式(2)代入式(1), 有

$$dV = \frac{\sigma R}{2\varepsilon_0 x}dr$$

于是整个球面上的电荷在点 P 的电势为

$$V_P = \int_{x-R}^{x+R} \frac{\sigma R}{2\varepsilon_0 x}dr = \frac{\sigma R}{2\varepsilon_0 x}\int_{x-R}^{x+R}dr = \frac{\sigma R^2}{\varepsilon_0 x} \qquad (3)$$

考虑到球面上的电荷 $q = 4\pi R^2 \sigma$, 故点 P 的电势亦可写成

$$V_P = \frac{q}{4\pi\varepsilon_0 x} \qquad (4)$$

(2) 球面内点 P' 的电势

如图 5-13 所示, 由于点 P' 在球面内部, 故对式(3)中变量 r 的积分上下限应改为自 $R-x$ 到 $R+x$. 于是有

$$V_{P'} = \frac{\sigma R}{2\varepsilon_0 x}\int_{R-x}^{R+x}dr = \frac{\sigma R}{\varepsilon_0}$$

即

$$V_{P'} = \frac{q}{4\pi\varepsilon_0 R} \qquad (5)$$

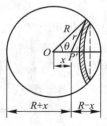

图 5-13

从式(4)和式(5), 我们可以得出如下结果:

(1) 均匀带电球面外任一点的电势, 与球面上的电荷集中于球心而在该点产生的电势相等.

(2) 由球面外任一点的电势 $V_P = q/(4\pi\varepsilon_0 x)$ 可以看出, 当 $x \to R$ 时, 可得球表面上的电势 $V = q/(4\pi\varepsilon_0 R)$, 这与式(5)相同. 由此可见, 球面内部任意点的电势, 与其表面电势相等. 球面

与球面内部为一等势体.

（3）球面及其内部为一等势体,还可以借助高斯定理来解得.由高斯定理可知,均匀带电球面内任意点的电场强度为零,于是球面内任意两点间的电势差也必为零,即 $U_{ab} = \int_a^b \boldsymbol{E} \cdot \mathrm{d}\boldsymbol{l} = 0$,球面内部为一等势体.

（4）利用电势的定义,求球面外任意点的电势是很方便的.由高斯定理可求得球面外点 P 的电场强度为 $E = q/(4\pi\varepsilon_0 x^2)$.取无限远处为电势零点,则点 P 的电势为

$$V_P = \int_x^\infty \boldsymbol{E} \cdot \mathrm{d}\boldsymbol{l} = \frac{q}{4\pi\varepsilon_0} \int_x^\infty \frac{\mathrm{d}x}{x^2} = \frac{q}{4\pi\varepsilon_0 x}$$

这与式（4）是相同的.

再强调一下,如果已知电荷分布,要求电场强度和电势,是先求电场强度呢,还是先求电势,原则上说是无所谓的,然而处理得好,数学计算可以很简单,处理不好,数学计算会很烦琐.一般来说,假如电荷分布具有对称性（球对称、轴对称和面对称）,可先利用高斯定理求出电场强度分布,然后利用电势的定义求电势.如果电荷分布不具有对称性,就要先求电势分布（不是某点的电势）,然后利用电场强度与电势的关系求电场强度（想一想这是为什么）.当然也可以用点电荷电场强度公式及其叠加原理求电场强度.

五、电偶极子

电偶极子是一个重要的点电荷系,它在电介质的极化过程中起着重要的作用（见教材上册第六章第 6-2 节）.电偶极子是由两个分别带 $+q$ 和 $-q$ 的点电荷组成的,两电荷相距 r_0.它们在空间要激发电场,一般场点离电偶极子的距离 $r \gg r_0$.电偶极子的电偶极矩（简称电矩）$\boldsymbol{p} = q\boldsymbol{r}_0$,$\boldsymbol{r}_0$ 是从 $-q$ 指向 $+q$ 的矢量.

难 点 讨 论

本章的难点是用叠加原理求电场强度和电势.运用电场强度叠加原理和电势叠加原理分别求带电系统的电场强度和电势的具体方法和步骤,在学习指导部分已作了归纳分析.难点在于如何选取适当的电荷元 $\mathrm{d}q$.选取电荷元何谓"适当",有两个原则:一是对于选取的电荷元能写出对应的 $\mathrm{d}\boldsymbol{E}$ 和 $\mathrm{d}V$;二是能进行积分运算.对简单的带电系统,如直线、圆环等,可取长度元 $\mathrm{d}l$（或 $\mathrm{d}x$）,电荷元 $\mathrm{d}q$ 等于 $\lambda\,\mathrm{d}l$,直接用点电荷的电场强度或电势公式写出 $\mathrm{d}\boldsymbol{E}$ 或 $\mathrm{d}V$,积分即可.对较复杂的带电系统,如无限长带电板、无限大带电板、圆盘等,可把它看成某些简单带电体的组合,如以带电细直线,细圆环等作为带电单元（电荷元）,利用这些简单带电体电场强度和电势的已有结果,写出 $\mathrm{d}\boldsymbol{E}$ 或 $\mathrm{d}V$ 的表达式,然后积分.

"微元法"是物理学中一个常用而有效的方法,在力学、电磁学等许多部分都会用到.微元法的关键是选取"适当的"微元.这需要多看、多练,积累经验,才能灵活把握.这里再讨论两例.

讨论题 1 如图 5-14(a)所示,一半径为 R、长度为 L 的均匀带电圆柱面,总电荷量为 Q,求端面处轴线上点 P 的电场强度.

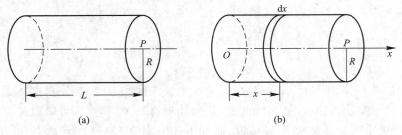

图 5-14

分析讨论

带电圆柱面可看成带电圆环的组合.因此,用叠加原理求此带电系统的电场强度,可将细圆环(宽度为无限小量)作为电荷元 dq,利用带电圆环轴线上的电场强度的结果,写出 $d\boldsymbol{E}$,即可积分求解.

如图 5-14(b)所示,以圆柱轴线为 x 轴,建立坐标系.取离开坐标原点的轴线距离为 x 处宽度为 dx 的圆环,作为电荷元,则

$$dq = \frac{Q}{L}dx \tag{1}$$

根据教材上册 5-2 节例 1 结果,它在点 P 产生的电场强度沿 x 轴,大小为

$$dE = \frac{dq(L-x)}{4\pi\varepsilon_0\left[(L-x)^2+R^2\right]^{\frac{3}{2}}} \tag{2}$$

将式(1)代入式(2),得

$$dE = \frac{Q(L-x)\,dx}{4\pi\varepsilon_0 L\left[(L-x)^2+R^2\right]^{\frac{3}{2}}}$$

求积分,有

$$E = \int dE = \int_0^L \frac{Q(L-x)\,dx}{4\pi\varepsilon_0 L\left[(L-x)^2+R^2\right]^{\frac{3}{2}}}$$

$$= \frac{Q}{4\pi\varepsilon_0 L}\left(\frac{1}{R} - \frac{1}{\sqrt{R^2+L^2}}\right)$$

所以,点 P 的电场强度为

$$E = \frac{Q}{4\pi\varepsilon_0 L}\left(\frac{1}{R} - \frac{1}{\sqrt{R^2 + L^2}}\right)\boldsymbol{i}$$

讨论题 2 一扇形均匀带电平面如图 5-15 所示,电荷面密度为 σ,其两边的弧长分别为 l_1、l_2,试求圆心点 O 的电势(以无穷远处为电势零点).

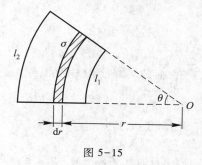

图 5-15

分析讨论

扇形平面可看成圆弧的组合,将带电圆弧窄条作为电荷元,写出对应的 $\mathrm{d}V$,积分求解.

在扇形平面上取离开圆心 O 距离(半径)为 r 处,宽度为 $\mathrm{d}r$ 的圆弧形窄条为电荷元,其面积为 $\mathrm{d}S$,所带电荷量为

$$\mathrm{d}q = \sigma\mathrm{d}S$$

设扇形的圆心角为 θ,则

$$\mathrm{d}S = \theta r\mathrm{d}r$$

所以

$$\mathrm{d}q = \sigma\theta r\mathrm{d}r$$

它在点 O 处的电势为

$$\mathrm{d}V = \frac{\mathrm{d}q}{4\pi\varepsilon_0 r} = \frac{\sigma\theta r\mathrm{d}r}{4\pi\varepsilon_0 r} = \frac{\sigma\theta\mathrm{d}r}{4\pi\varepsilon_0}$$

积分得圆心点 O 的电势为

$$V = \int \mathrm{d}V = \int_{l_1/\theta}^{l_2/\theta} \frac{\sigma\theta\mathrm{d}r}{4\pi\varepsilon_0} = \frac{\sigma(l_2 - l_1)}{4\pi\varepsilon_0}$$

自 测 题

5-1 两块金属平行板的面积均为 S,相距为 $d(d$ 很小),分别带电荷 $+q$ 与 $-q$,两板间为真空,则两板之间的作用力由下式计算( ).

(A) $F = q\left(\dfrac{q}{2\varepsilon_0 S}\right)$ (B) $F = q\left(\dfrac{q}{\varepsilon_0 S}\right)$

（C）$F = q\left(\dfrac{q}{4\pi\varepsilon_0 d^2}\right)$ （D）$F = \dfrac{q}{2}\left(\dfrac{q}{4\pi\varepsilon_0 d^2}\right)$

5-2 有一电场强度为 E 的均匀电场, E 的方向与 Ox 轴正方向平行,则穿过图 5-16 中一半径为 R 的半球面的电场强度通量为（   ）.

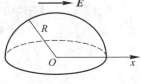

图 5-16

（A）$\pi R^2 E$ （B）$\dfrac{1}{2}\pi R^2 E$

（C）$2\pi R^2 E$ （D）0

如果 E 的方向与 Ox 轴垂直并向下,则穿过半球面的电场强度通量为（   ）.

（A）$\pi R^2 E$ （B）$-\pi R^2 E$ （C）$-\dfrac{1}{2}\pi R^2 E$ （D）0

5-3 关于高斯定理有下面几种说法,其中正确的是（   ）.

（A）如果高斯面上 E 处处为零,则该面内必无电荷

（B）如果穿过高斯面的电场强度通量为零,则高斯面上各点的电场强度一定处处为零

（C）高斯面上各点的电场强度仅仅由面内所包围的电荷提供

（D）如果高斯面内有净电荷,则穿过高斯面的电场强度通量必不为零

（E）高斯定理仅适用于具有高度对称性的电场

5-4 在某电场区域内的电场线(实线)和等势面(虚线)如图 5-17 所示,由图判断出正确结论为（   ）.

（A）$E_A > E_B > E_C, V_A > V_B > V_C$

（B）$E_A > E_B > E_C, V_A < V_B < V_C$

（C）$E_A < E_B < E_C, V_A > V_B > V_C$

（D）$E_A < E_B < E_C, V_A < V_B < V_C$

5-5 如图5-18所示,两块无限大平板的电荷面密度分别为 σ 和 -2σ,写出下列各区域内的电场强度(不考虑边缘效应):

Ⅰ区: E 的大小为_____,方向为_____;

Ⅱ区: E 的大小为_____,方向为_____;

Ⅲ区: E 的大小为_____,方向为_____.

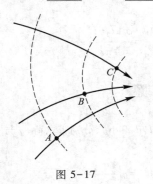

图 5-17

图 5-18

5-6　如图5-19所示，$\overset{\frown}{CMD}$是以 l 为半径的半圆弧，$AC=l$.在点 A 置有电荷 $+q$，点 B 置有电荷 $-q$.若把单位正电荷从点 C 经点 M（沿半圆）移至点 D，则电场力对它所做的功为＿＿＿＿＿＿＿＿.

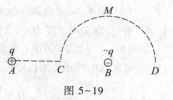

图 5-19

5-7　有一带电球体，其电荷的体密度为 $\rho=k/r$，其中 k 为常量，r 为球内任一处的半径.则球面内任一点的电场强度的大小为＿＿＿＿＿.

5-8　有一无限长带电直线，电荷线密度为 λ_1，另有一长为 l 的均匀带电细棒，电荷线密度为 λ_2.棒与直线在同一平面内，且棒垂直于直线，如图5-20所示.棒的一端与直线距离为 d，求它们的相互作用力.

5-9　将一均匀带电细棒弯成如图5-21所示的形状，其电荷线密度为 λ，半圆环的半径为 R，两段直线部分的长度也为 R.求：（1）环心点 O 处的电场强度；（2）环心点 O 处的电势（设无限远处电势为零）.

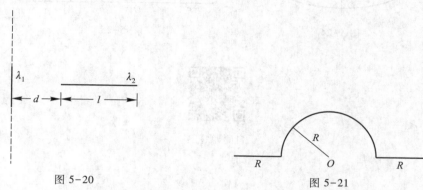

图 5-20

图 5-21

5-10　图5-22为一均匀带电球层，其电荷体密度为 ρ，球层内表面半径为 R_1，外表面半径为 R_2.求图中点 A 的电势（设无限远处电势为零）.

5-11　一"无限大"平面，中部有一半径为 R 的圆孔，如图 5-23 所示，设平面上均匀带电，电荷面密度为 σ.试求通过圆孔中心 O 并与平面垂直的直线上各点的场强和电势（选 O 点的电势为零）.

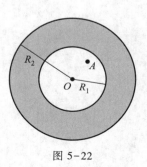

图 5-22

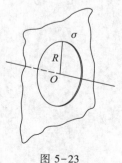

图 5-23

5-12 如图 5-24 所示,一锥顶角为 θ 的圆台,上下底面半径分别为 R_1 和 R_2. 在它的侧面上均匀带电,电荷面密度为 σ,求顶点 O 的电势(以无穷远处为电势零点).

5-13 一长为 $2a$ 的细直杆沿 z 轴放置,如图 5-25 所示,杆上均匀带电,其电荷线密度为 λ.利用场强与电势梯度的微分关系,求 x 轴上 $x>0$ 各点的电场强度 E.

$$\left(\text{提示}: \int_{-b}^{b} \frac{\mathrm{d}t}{\sqrt{t^2 + a^2}} = \ln \frac{\sqrt{a^2 + b^2} + b}{\sqrt{a^2 + b^2} - b}\right)$$

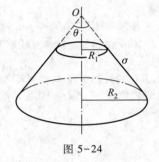

图 5-24

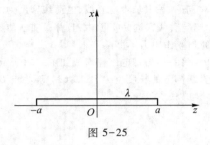

图 5-25

自测题答案

第六章

静电场中的导体与电介质

基 本 要 求

1. 理解静电场中导体处于静电平衡时的条件和性质,并能从静电平衡条件来分析静电场中导体的电荷分布和电场分布.

2. 了解电介质的极化及其微观机理,理解电位移 D 的概念,以及在各向同性介质中电位移 D 和电场强度 E 的关系.理解电介质中的高斯定理,并能用它来计算电介质中具有对称性的电场的电场强度.

3. 理解电容的定义,能计算常见电容器的电容.

4. 了解电场能量密度的概念,能计算电场能量.

思 路 与 联 系

上一章,讨论了真空中的静电场,即空间只有确定的电荷分布,无其他物质的情况.实际上,电场中总会存在其他物体.根据其导电能力,我们把这些物体分成导体和电介质两类.本章讨论导体和电介质与静电场的相互作用.

首先,讨论静电场中导体的静电感应现象,研究静电场中的导体处于静电平衡时的条件和导体上的电荷分布,在此基础上讨论导体对静电场的影响,计算静电场中存在导体时的电场强度和电势分布.

接着,讨论静电场中电介质的极化现象,研究电介质极化过程极化电荷的产生,在此基础上讨论电介质对静电场的影响,分析电介质中的电场强度,并通过引入电位移,得出电介质中的高斯定理.

利用静电场对导体和电介质的作用,可制成各种电容器.这里对一些简单的常见电容器进行了讨论,最后讨论了电场的能量.

对上述内容的讨论,要用到上一章的基本概念和定律,本章以上一章为基础,是上一章基本原理的应用和推广.

学 习 指 导

一、静电场中的导体

1. 静电平衡条件

把导体放在静电场中,导体内的自由电子由于受到电场力作用而发生宏观运动,从而使导体上的电荷重新分布,这个过程一直持续到自由电子受到的电场力为零时为止.这时,导体处于静电平衡状态.显然,在导体处于静电平衡状态时,由于导体中的电荷所受的电场力为零,所以导体内任意一点的电场强度必为零.因此,导体内各点的电场强度为零($E=0$)是导体处于静电平衡状态的必要条件.它是我们讨论导体处于静电平衡时,静电场中导体上的电荷分布,以及静电场中电场强度和电势分布的基本出发点.

2. 静电平衡时导体的性质

从静电平衡时导体内部的电场强度为零这一特点出发,可以得到如下结果:

(1)导体为一等势体.由于导体内部 $E=0$,所以,由电势差定义 $V_a-V_b=\int_a^b \boldsymbol{E} \cdot \mathrm{d}\boldsymbol{l}$ 可知,导体内部任意两点间的电势差为零,即导体为一等势体.导体表面为一等势面.应当指出,上述结果与导体是否带电无关,只要导体处于静电平衡状态,这个结论都是正确的.

(2)导体内没有净电荷,电荷分布在表面上,导体表面附近任意点的电场强度 $\boldsymbol{E}$ 均与导体表面垂直,其大小为

$$E=\frac{\sigma}{\varepsilon_0} \tag{6-1}$$

即导体表面附近某点的电场强度与表面上对应点处电荷面密度 σ 成正比.应当注意,式(6-1)中的 σ 是某点附近导体表面的电荷面密度,而 E 则是空间所有电荷在该点激发的总电场强度,而不是仅由电荷 σ 激发的电场强度.这一点不难理解,因为导出式(6-1)时,我们用了高斯定理.上一章曾指出,在 $\oint_s \boldsymbol{E} \cdot \mathrm{d}\boldsymbol{S}=\sum_{i=1}^n q_i/\varepsilon_0$ 中,$\sum_{i=1}^n q_i$ 虽是高斯面内所含的电荷,而 E 却是空间所有电荷激发的电场强度.

据此,可对存在导体时的静电场进行分析和计算。

例 1 如图6-1(a)所示,把点电荷+q 放在导体球壳的球心 O 处,球壳的内、外半径分别

为 R_1 和 R_2.(1)求空间的电场强度和电势分布;(2)若把点电荷从球心移开 $\delta(\delta<R_1)$,电场强度和电势分布是否会改变?

解 由于静电感应,设球壳内表面的电荷为 $-q'$,外表面的电荷为 $+q'$.在静电平衡时,球壳内任意点的电场强度都为零,因此,若以半径 $r(R_1<r<R_2)$ 在球壳内作一球面(即高斯面),由高斯定理可知,通过此球面的电场强度通量为零,即

$$\oint_s \boldsymbol{E} \cdot \mathrm{d}\boldsymbol{S} = \sum_{i=1}^{n} q_i/\varepsilon_0 = 0$$

此高斯面内含有的电荷亦应为零,即 $\sum_{i=1}^{n} q_i = +q+(-q') = 0$,故有 $q=q'$.即球壳内表面由于感应所带负电荷的值等于球心上电荷的值.由电荷守恒定律及导体电荷分布在表面上可以知道,球壳外表面的电荷为 $+q$.由于 q 是放在球心上的,故球壳内、外表面上的电荷都是均匀分布的.这样,它们所产生的电场就具有球对称性.下面分别用高斯定理及电势定义来求空间的电场强度和电势分布.

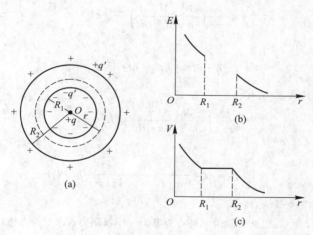

图 6-1

(1)电场强度分布

球壳空腔中 $(r<R_1)$:由高斯定理,有

$$\oint_s \boldsymbol{E} \cdot \mathrm{d}\boldsymbol{S} = E_1 4\pi r^2 = \frac{\sum q_i}{\varepsilon_0} = \frac{q}{\varepsilon_0}$$

得

$$E_1 = \frac{q}{4\pi\varepsilon_0 r^2} \quad (r<R_1) \tag{1}$$

球壳内 $(R_1<r<R_2)$:处于导体内部,故

$$E_2 = 0 \quad (R_1<r<R_2) \tag{2}$$

球壳外 $(r>R_2)$:由高斯定理,有

$$\oint_s \boldsymbol{E} \cdot \mathrm{d}\boldsymbol{S} = E_3 4\pi r^2 = \frac{\sum q_i}{\varepsilon_0} = \frac{q+(-q)+q}{\varepsilon_0} = \frac{q}{\varepsilon_0}$$

$$E_3 = \frac{q}{4\pi\varepsilon_0 r^2} \quad (r>R_2) \tag{3}$$

E_1 和 E_3 的方向均沿径矢方向,电场强度分布如图 6-1(b)所示.

(2)电势分布

取无限远处的电势为零,则电场中距球心 O 的距离为 r 一点的电势为

$$V = \int_r^\infty \boldsymbol{E} \cdot \mathrm{d}\boldsymbol{l}$$

球壳空腔中($r<R_1$)

$$V = \int_r^\infty \boldsymbol{E} \cdot \mathrm{d}\boldsymbol{l} = \int_r^{R_1} \boldsymbol{E}_1 \cdot \mathrm{d}\boldsymbol{r} + \int_{R_1}^{R_2} \boldsymbol{E}_2 \cdot \mathrm{d}\boldsymbol{r} + \int_{R_2}^\infty \boldsymbol{E}_3 \cdot \mathrm{d}\boldsymbol{r}$$

把式(1)、式(2)和式(3)代入上式,有

$$V = \frac{q}{4\pi\varepsilon_0} \int_r^{R_1} \frac{\mathrm{d}r}{r^2} + \frac{q}{4\pi\varepsilon_0} \int_{R_2}^\infty \frac{\mathrm{d}r}{r^2}$$

得

$$V = \frac{q}{4\pi\varepsilon_0} \left(\frac{1}{r} - \frac{1}{R_1} + \frac{1}{R_2} \right) \quad (r<R_1)$$

球壳内($R_1<r<R_2$)

$$V = \int_r^\infty \boldsymbol{E} \cdot \mathrm{d}\boldsymbol{l} = \int_r^{R_2} \boldsymbol{E}_2 \cdot \mathrm{d}\boldsymbol{r} + \int_{R_2}^\infty \boldsymbol{E}_3 \cdot \mathrm{d}\boldsymbol{r}$$

把式(2)和式(3)代入上式,有

$$V = \frac{q}{4\pi\varepsilon_0} \int_{R_2}^\infty \frac{\mathrm{d}r}{r^2} = \frac{q}{4\pi\varepsilon_0 R_2} \quad (R_1<r<R_2)$$

球壳外($r>R_2$)

$$V = \int_r^\infty \boldsymbol{E}_3 \cdot \mathrm{d}\boldsymbol{r} = \frac{q}{4\pi\varepsilon_0} \int_r^\infty \frac{\mathrm{d}r}{r^2} = \frac{q}{4\pi\varepsilon_0 r} \quad (r>R_2)$$

作电势分布图,如图 6-1(c)所示.

(3)如图 6-2 所示,把点电荷 $+q$ 从球心 O 移开一小段距离 δ.由于静电感应使球壳内表面的电荷分布发生变化.但由于球壳的屏蔽作用,球壳空腔中电场强度的变化对球壳外部的电场强度和电势分布不产生影响.因此,球壳外表面上的电荷分布不发生变化,仍保持均匀分布.

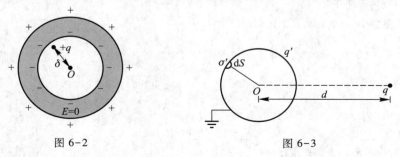

图 6-2   图 6-3

例 2 如图 6-3 所示,使一个半径为 R 的导体球接地,并在距球心为 d 处放一电荷量为 q 的点电荷.求导体球表面因静电感应而具有感生电荷的电荷量 q'.

解　我们知道,点电荷 q 所激发的电场是非均匀电场.因此导体球在这个电场中因静电感应而在球表面上产生的感生电荷 q',则是非均匀分布的,即球表面上各处的电荷面密度 σ' 不同.此外,由于导体球接地,球的电势与大地的电势相等.设大地的电势为零.这样,球心 O 的电势也应为零,即 $V_0 = 0$.由电势叠加原理可知,球心 O 的电势应是空间所有电荷在该点各自产生的电势的叠加,即由点电荷 q 和感生电荷 q' 产生的电势的叠加. q 在点 O 产生的电势为

$$\frac{1}{4\pi\varepsilon_0}\frac{q}{d}$$

由于感生电荷都分布在球面上,设球面上面积元 dS 处的电荷面密度为 σ',则它在球心的电势为

$$\frac{1}{4\pi\varepsilon_0}\frac{\sigma'dS}{R}$$

考虑球的半径是一常量,故整个球面上的感生电荷在球心 O 处产生的电势为

$$\frac{1}{4\pi\varepsilon_0 R}\int_S \sigma'dS = \frac{q'}{4\pi\varepsilon_0 R}$$

所以,球心 O 的电势为

$$V_O = \frac{q}{4\pi\varepsilon_0 d} + \frac{q'}{4\pi\varepsilon_0 R} = 0$$

得

$$q' = -\frac{R}{d}q$$

上述结果表明,在电场中接地导体上常带有感生电荷.正是由于接地导体上存在感生电荷,才使导体的电势为零.不要错误地认为,接地导体的电势为零,其上就没有电荷.

例3　如图6-4(a)所示,一接地的无限大导体平板附近有一正点电荷 q,它与板垂直距离为 d.求:(1)距垂足点 O 为 r 处的板外附近一点 P 处的电场强度;(2)导体平板上的感生电荷.

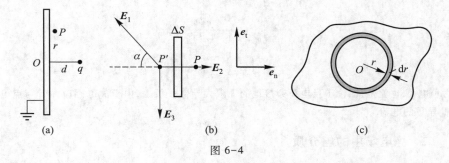

图 6-4

解　(1)与例2一样,导体板表面感生电荷的分布是不均匀的.设点 P 附近导体板面积元 ΔS 上的感生电荷面密度为 σ',则点 P 的电场强度为

$$E_P = \frac{\sigma'}{\varepsilon_0} \tag{1}$$

为了求 σ',可以根据导体静电平衡条件,考虑在导体内与点 P 邻近的一点 P' 处的电场强

度为零.而点 P' 处的电场强度,由叠加原理知,应是点电荷 q 激发的 $\boldsymbol{E}_1$、面密度为 σ' 的面积元 ΔS 所激发的 $\boldsymbol{E}_2$ 和导体板上除 ΔS 以外其他感生电荷所激发的 $\boldsymbol{E}_3$ 的矢量和,即 $\boldsymbol{E}_{P'} = \boldsymbol{E}_1 + \boldsymbol{E}_2 + \boldsymbol{E}_3 = 0$[图 6-4(b)].设 $\boldsymbol{e}_n$ 为平板外法线方向,$\boldsymbol{e}_t$ 为平板的切线方向,则有

$$E_{P'n} = 0 \tag{2}$$

$$E_{P't} = 0 \tag{3}$$

下面利用式(2)来求 σ'.

$$E_{1n} = E_1 \cos \alpha = \frac{1}{4\pi\varepsilon_0} \frac{q}{r^2+d^2} \frac{d}{(r^2+d^2)^{1/2}} = \frac{1}{4\pi\varepsilon_0} \frac{qd}{(r^2+d^2)^{3/2}}$$

因为点 P' 在 ΔS 附近,E_2 可看成是无限大带电平板的场,于是

$$E_{2n} = E_2 = \frac{\sigma'}{2\varepsilon_0}$$

根据式(2),有

$$\frac{1}{4\pi\varepsilon_0} \frac{qd}{(r^2+d^2)^{3/2}} - \frac{\sigma'}{2\varepsilon_0} = 0$$

σ' 的值为

$$\sigma' = \frac{1}{2\pi} \frac{qd}{(r^2+d^2)^{3/2}} \tag{4}$$

从图 6-4(b) $\boldsymbol{E}_2$ 的方向,可以判定 σ' 为负.

将式(4)代入式(1),得

$$E_P = \frac{1}{2\pi\varepsilon_0} \frac{qd}{(r^2+d^2)^{3/2}}$$

$\boldsymbol{E}_P$ 的方向为 $-\boldsymbol{e}_n$ 方向,即垂直平板向左.

(2) 导体平板上的感生电荷是以垂足 O 为中心呈圆对称分布的.取如图 6-4(c)所示的圆环面积为 dS,则导体平板上的感生电荷的值为

$$q' = \int_S \sigma' dS$$

$$= \int_0^\infty \frac{1}{2\pi} \frac{qd}{(r^2+d^2)^{3/2}} 2\pi r dr$$

$$= qd \int_0^\infty \frac{r dr}{(r^2+d^2)^{3/2}} = q$$

q' 为负电荷.也就是说,位于点电荷旁接地的无限大导体平板上,由于静电感应而带与点电荷等量异号的电荷.

二、静电场中的电介质

1. 电介质的极化

电介质按极化机理的不同分为无极分子介质和有极分子介质.无极分子介质在无外电场时,其分子的正、负电荷中心是重合的.在外电场作用下,分子的正、负电荷中心发生相对位移,形成电偶极子.有极分子介质在无外电场时,其分子的正、负电荷中心是不重合的,它相当于一个电偶极子.在外电场作用下,电偶

极子的电偶极矩有转向外电场方向的趋向.无论哪种介质,在外电场作用下,其表面都产生极化电荷,这种现象叫做电介质的极化.

2. 电位移矢量 D　电介质中的高斯定理

电介质在电场中要极化,由极化产生的极化电荷也要产生电场.因此,电介质中某点的电场强度 E 是自由电荷 Q_0 产生的电场强度 E_0 与极化电荷 Q' 产生的电场强度 E' 的叠加,即

$$E = E_0 + E'$$

按照此式计算有电介质时电场中某点的电场强度,必须要同时知道自由电荷和极化电荷的分布,这往往是很困难的.为此,引入一个新的辅助量——电位移 D.

电介质中的高斯定理为

$$\oint_S D \cdot \mathrm{d}S = Q_0 \tag{6-2}$$

它指出,通过闭合曲面 S 的电位移通量等于此闭合面内所包含的自由电荷 Q_0,而与极化电荷 Q' 无关.

在均匀各向同性的电介质中,电位移与电场强度的关系是

$$D = \varepsilon E = \varepsilon_0 \varepsilon_r E \tag{6-3}$$

式中 ε_r 是电介质的相对电容率,$\varepsilon_r \geqslant 1$,是一个量纲为 1 的量.$\varepsilon$ 称为电介质的电容率,它与相对电容率的关系是

$$\varepsilon = \varepsilon_0 \varepsilon_r \tag{6-4}$$

如果已知自由电荷的分布,要求电介质中的电场强度,那么可以利用式(6-2),先求出电位移 D,然后再利用式(6-3),即可求出电场强度.然而,应当指出,只有对自由电荷和电介质的极化电荷分布都具有一定对称性的带电系统,才可能简便地求解.

当均匀的各向同性的电介质充满电场空间时,电介质中某点的电场强度 E 与由自由电荷产生的电场强度 E_0 的关系是

$$E = \frac{E_0}{\varepsilon_r} \tag{6-5}$$

由于 $\varepsilon_r \geqslant 1$,所以 $E \leqslant E_0$.这是由于极化电荷 Q' 产生的电场强度 E' 的方向总是与自由电荷产生的电场强度 E_0 的方向相反.

例 4　如图6-5所示,在半径为 R 的金属球之外,有一与金属球同心的均匀各向同性的电介质球壳,其外半径为 R',球壳外面为真空.电介质的相对电容率为 ε_r,金属球所带电荷为 Q.求:(1)电介质内、外的电场强度分布;(2)电介质内、外的电势分布.

解　如图6-5所示,金属球上的自由电荷是均匀对称分布的.电介质球壳由均匀各向同性的电介质构成,它与金属球是同心的.因此,电介质内、外的电场强度分布亦具有对称性.设任一场点 P 到球心 O 的距离为 r.以 r 为半径,O 为球心作球形高斯面,球面上各点电位移 D

的方向均沿径矢,大小相等.由电介质中的高斯定理得

$$\oint_S \boldsymbol{D} \cdot \mathrm{d}\boldsymbol{S} = D \cdot 4\pi r^2 = q$$

所以

$$D = \frac{q}{4\pi r^2}, \quad E = \frac{q}{4\pi \varepsilon_0 \varepsilon_r r^2} \tag{1}$$

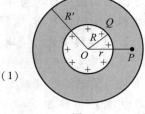

图 6-5

(1) 求电场强度分布

在金属球内,$r<R$,电场强度为

$$E_1 = 0 \tag{2}$$

在电介质球壳内,$R<r<R'$,高斯面内含有自由电荷 $q=Q$.由式(1)可得电介质中的电场强度为

$$E_2 = \frac{Q}{4\pi \varepsilon_0 \varepsilon_r r^2} \quad (R<r<R') \tag{3}$$

在电介质球壳外面,$r>R'$,高斯面内含有自由电荷 $q=Q$,且因球壳外面为真空,其相对电容率 $\varepsilon_r = 1$.由式(1)可得球壳外面的电场强度为

$$E_3 = \frac{Q}{4\pi \varepsilon_0 r^2} \quad (r>R') \tag{4}$$

(2) 求电势分布

金属球($r \leqslant R$):取"无限远"处的电势为零,由电势定义 $V_a = \int_a^\infty \boldsymbol{E} \cdot \mathrm{d}\boldsymbol{l}$,得金属球的电势 V_1 为

$$V_1 = \int_R^\infty \boldsymbol{E} \cdot \mathrm{d}\boldsymbol{l} = \int_R^{R'} \boldsymbol{E}_2 \cdot \mathrm{d}\boldsymbol{r} + \int_{R'}^\infty \boldsymbol{E}_3 \cdot \mathrm{d}\boldsymbol{r}$$

把式(3)和式(4)代入上式,有

$$V_1 = \frac{Q}{4\pi \varepsilon_0 \varepsilon_r} \int_R^{R'} \frac{\mathrm{d}r}{r^2} + \frac{Q}{4\pi \varepsilon_0} \int_{R'}^\infty \frac{\mathrm{d}r}{r^2}$$

$$= \frac{Q}{4\pi \varepsilon_0 \varepsilon_r} \left(\frac{1}{R} + \frac{\varepsilon_r - 1}{R'} \right)$$

介质球壳内($R<r<R'$)的电势 V_2 为

$$V_2 = \int_r^\infty \boldsymbol{E} \cdot \mathrm{d}\boldsymbol{l} = \int_r^{R'} \boldsymbol{E}_2 \cdot \mathrm{d}\boldsymbol{r} + \int_{R'}^\infty \boldsymbol{E}_3 \cdot \mathrm{d}\boldsymbol{r}$$

把式(3)和式(4)代入上式,积分得

$$V_2 = \frac{Q}{4\pi \varepsilon_0 \varepsilon_r} \left(\frac{1}{r} + \frac{\varepsilon_r - 1}{R'} \right)$$

介质球壳外($r>R'$)的电势 V_3 为

$$V_3 = \int_r^\infty \boldsymbol{E}_3 \cdot \mathrm{d}\boldsymbol{r} = \frac{Q}{4\pi \varepsilon_0 r}$$

三、电容

电容器的电容定义为

$$C = \frac{Q}{V_1 - V_2} = \frac{Q}{U} \tag{6-6}$$

式中 $U = V_1 - V_2$ 为电容器两极板的电势差,Q 为一个极板所带电荷量的数值,其中一个带正电,另一个带负电.电容器的主要特点是:当电容器的两极板分别带有等量而异号的电荷时,电场集中在两极板之间的空间,如两同心球壳组成的电容器,其电场在两球壳之间的空间,两"无限大"平行平板电容器的电场在两平行平板之间,等等.此外,我们知道,电容器两极板之间的距离较之极板的线度要小很多,所以外电场对电容器内电场的影响可以不计.对于由给定导体组和电介质构成的电容器,其电容的值是确定的,只取决于导体组的几何形状和电介质的电容率.

计算电容器电容的步骤是:

(1)设电容器的两极板分别带电荷量为 $+Q$ 和 $-Q$.

(2)求出两极板间的电场强度分布.

(3)利用电势差定义 $U = V_1 - V_2 = \int_1^2 \boldsymbol{E} \cdot \mathrm{d}\boldsymbol{l}$,求出两极板间的电势差.

(4)利用电容定义式 $C = Q/U$,求出电容.

例 5 在图6-6的平行平板电容器中放入相对电容率为 ε_r、厚度为 b 的电介质,电容器两极板间的距离为 d,面积为 S.试求此电容器的电容.

解 设想在把电介质放入电容器之前,电容器极板上的电荷面密度为 σ.电介质放入极板之间以后,极板上的电荷面密度并没有改变,仍为 σ.设极板与电介质之间的电场强度为 $\boldsymbol{E}_0$,电介质中的电场强度为 $\boldsymbol{E}$.分别作底面积为 S_1 和 S_2 的正圆柱形高斯面(图 6-6),于是由电介质中的高斯定理,有

$$\oint_S \boldsymbol{D} \cdot \mathrm{d}\boldsymbol{S} = \oint_S D_1 \mathrm{d}S = D_1 S_1 = \varepsilon_0 E_0 S_1 = q = \sigma S_1$$

因此得

$$E_0 = \frac{\sigma}{\varepsilon_0} \tag{1}$$

及

$$\oint_S D_2 \mathrm{d}S = D_2 S_2 = \varepsilon_0 \varepsilon_\mathrm{r} E S_2 = \sigma S_2$$

因此得

$$E = \frac{\sigma}{\varepsilon_0 \varepsilon_\mathrm{r}} \tag{2}$$

而两极板之间的电势差为

$$V_1 - V_2 = \int_0^{d-b} \boldsymbol{E}_0 \cdot \mathrm{d}\boldsymbol{r} + \int_{d-b}^d \boldsymbol{E} \cdot \mathrm{d}\boldsymbol{r}$$

$$= \frac{\sigma}{\varepsilon_0}(d-b) + \frac{\sigma}{\varepsilon_0 \varepsilon_\mathrm{r}} b$$

由电容定义式可得此电容器的电容为

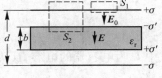

图 6-6

$$C = \frac{Q}{V_1 - V_2} = \frac{\sigma S}{\frac{\sigma}{\varepsilon_0}(d-b) + \frac{\sigma}{\varepsilon_0 \varepsilon_r} b} = \frac{\varepsilon_r \varepsilon_0 S}{(1-\varepsilon_r) b + \varepsilon_r d}$$

这个电容器也可看成三个电容器的串联,故可利用教材中平行平板电容器的计算结果,根据串联电容器总电容来计算.

三个电容器为:上极板和电介质上表面之间,电容 C_1;电介质上下表面之间,电容 C_2;电介质下表面和下极板之间,电容 C_3.设上极板和电介质上表面之间距离为 a,根据平行平板电容器的电容有

$$C_1 = \varepsilon_0 \frac{S}{a}; \quad C_2 = \varepsilon_0 \varepsilon_r \frac{S}{b}; \quad C_3 = \varepsilon_0 \frac{S}{d-a-b}$$

根据串联电容器的总电容有

$$\frac{1}{C} = \frac{1}{C_1} + \frac{1}{C_2} + \frac{1}{C_3}$$

可得

$$C = \frac{\varepsilon_r \varepsilon_0 S}{(1-\varepsilon_r) b + \varepsilon_r d}$$

若将电介质换成同样大小的导体板,则电容器的电容将为多少?

可作如下计算:此时,极板与导体板之间(空气中)电场强度为

$$E_0 = \frac{\sigma}{\varepsilon_0} = \frac{Q}{S \varepsilon_0}$$

而导体中电场强度为零.所以,电容器两极板之间的电势差为

$$V_1 - V_2 = E_0 (d-b) = \frac{Q}{S \varepsilon_0} (d-b)$$

所以此电容器的电容为

$$C = \frac{Q}{V_1 - V_2} = \frac{\varepsilon_0 S}{d-b}$$

当然,此时也可用电容器串联来计算.

四、电容器贮存的能量　电场能量

电容器贮存的能量为

$$W_e = \frac{1}{2} \frac{Q^2}{C} = \frac{1}{2} C U^2 = \frac{1}{2} Q U \tag{6-7}$$

式中 C 为电容器的电容,Q 为电容器极板上电荷的值,U 为电容器极板间的电势差.

当电容器贮存有能量时,极板间就同时建立起了电场.因此,电场是能量的携带者或负载者,这种能量称为电场能.不仅电容器中有电场能,凡是存在电场

的空间都具有电场能.在电场中,单位体积所具有的电场能量为

$$w_e = \frac{1}{2}\varepsilon_0\varepsilon_r E^2 \tag{6-8}$$

式中 w_e 称为电场能量密度.

电场能量为

$$W_e = \int w_e \mathrm{d}V = \int \frac{1}{2}\varepsilon_0\varepsilon_r E^2 \mathrm{d}V$$

积分区域遍及场不为零的空间.

例6 有一均匀带电球体,所带电荷为 Q,球的半径为 R,球体的相对电容率 $\varepsilon_r = 1$.求电场能量.

解 电场能量为

$$W_e = \int w_e \mathrm{d}V = \int \frac{1}{2}\varepsilon_0 E^2 \mathrm{d}V \tag{1}$$

而均匀带电球体在球内和球外均有电场,球内的电场强度为

$$\boldsymbol{E}_1 = \frac{Qr}{4\pi\varepsilon_0 R^3}\boldsymbol{e}_r \qquad (r<R) \tag{2}$$

球外的电场强度为

$$\boldsymbol{E}_2 = \frac{Q}{4\pi\varepsilon_0}\frac{1}{r^2}\boldsymbol{e}_r \qquad (r\geqslant R) \tag{3}$$

由于电场具有球对称性,所以我们取体积元为半径是 r、厚度是 $\mathrm{d}r$、与球同心的球壳,于是有

$$\mathrm{d}V = 4\pi r^2 \mathrm{d}r \tag{4}$$

将式(2)、式(3)和式(4)代入式(1),即得电场能量

$$\begin{aligned}
W_e &= \int_0^R \frac{1}{2}\varepsilon_0 E_1^2 \mathrm{d}V + \int_R^\infty \frac{1}{2}\varepsilon_0 E_2^2 \mathrm{d}V \\
&= \int_0^R \frac{1}{2}\varepsilon_0\left(\frac{Qr}{4\pi\varepsilon_0 R^3}\right)^2 4\pi r^2 \mathrm{d}r + \int_R^\infty \frac{1}{2}\varepsilon_0\left(\frac{Q}{4\pi\varepsilon_0 r^2}\right)^2 4\pi r^2 \mathrm{d}r \\
&= \frac{3Q^2}{20\pi\varepsilon_0 R}
\end{aligned}$$

难 点 讨 论

本章的难点是计算带电导体产生的电场的电场强度和电势分布,主要难在确定各种情况下电荷在导体上的分布.解决这个问题要熟练掌握导体的静电平衡条件和导体处于静电平衡时的性质,做到概念清晰、结论明确.据此,来确定导体各面的电荷分布.然后,结合场强叠加原理、高斯定理、电势定义式及电势叠加原理等上一章所讨论的求电场强度和电势的方法与步骤进行计算.要注意静电

平衡的导体内部电场强度为零,电势并不一定等于零;接地的导体电势为零,电荷不一定为零.这些问题初学者易混淆而出错.

教材中有多个这方面的习题,这里再举一例作些分析.

讨论题 如图 6-7 所示,半径为 R_1 的导体球和半径为 R_2 的薄导体球壳同心并相互绝缘,现把 $+Q$ 的电荷给予内球,求:

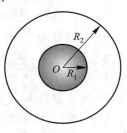

(1)外球所带的电荷及电势;

(2)把外球接地后再重新绝缘,外球所带的电荷及电势;

(3)然后把内球接地,内球所带的电荷及外球的电势.

图 6-7

分析讨论

根据导体静电平衡条件和性质,确定导体各面的电荷分布是正确求解本题的前提和关键.情况发生变化时(如接地)电荷重新分布,导体达到新的平衡状态,电场同时发生改变.

(1)根据静电平衡性质,外球壳内表面带电荷 $-Q$,外表面带电荷 $+Q$,外球电势为

$$V_2 = \frac{Q}{4\pi\varepsilon_0 R_2}$$

(2)外球壳接地,其电势为零,根据电势定义式可知外球壳外空间电场强度为零,可断定外球壳外表面无电荷分布,而内表面仍分布电荷 $-Q$,内球的电场线终止于外球壳的内表面.所以,外球壳接地,并不影响两球之间的电场分布.这时外球壳所带电荷为 $-Q$,达到静电平衡状态,重新绝缘并不引起变化.外球壳电势为

$$V_2' = 0$$

(3)再把内球接地,内球电势为零,意味着内球所带电荷发生变化,设为 Q_1.由静电平衡性质和电荷守恒定律可知,外球的电荷也将重新分布,其内表面分布电荷 $-Q_1$,外表面分布电荷 $(-Q+Q_1)$,达到静电平衡,此时内球电势应为

$$V_1 = \frac{Q_1}{4\pi\varepsilon_0 R_1} + \frac{-Q_1}{4\pi\varepsilon_0 R_2} + \frac{-Q+Q_1}{4\pi\varepsilon_0 R_2}$$

因接地,$V_1 = 0$,即

$$\frac{Q_1}{4\pi\varepsilon_0 R_1} + \frac{-Q_1}{4\pi\varepsilon_0 R_2} + \frac{-Q+Q_1}{4\pi\varepsilon_0 R_2} = 0$$

得

$$Q_1 = \frac{R_1}{R_2}Q$$

即内球表面分布电荷$\dfrac{R_1}{R_2}Q$,此时外球壳电势为

$$V_2'' = \frac{-Q+Q_1}{4\pi\varepsilon_0 R_2} = \frac{(R_1-R_2)Q}{4\pi\varepsilon_0 R_2^2}$$

自 测 题

6-1　处于静电平衡中的导体,若它上面任意面元 dS 的电荷面密度为 σ,那么 dS 所受电场力的大小为（　　）.

(A) $\dfrac{\sigma^2 dS}{2\varepsilon_0}$　　　　(B) $\dfrac{\sigma^2 dS}{\varepsilon_0}$　　　　(C) 0　　　　(D) $\dfrac{\sigma^2 dS}{4\pi\varepsilon_0}$

6-2　一平行板电容器充电后与电源断开,然后将其一半体积中充满电容率为 ε 的各向同性均匀电介质,如图 6-8 所示,则（　　）.

(A) 两部分中的电场强度相等

(B) 两部分中的电位移矢量相等

(C) 两部分极板上的自由电荷面密度相等

(D) 以上三个量都不相等

6-3　一个大平行板电容器水平放置,两极板间的一半空间充有各向同性均匀电介质,另一半为空气,如图 6-9 所示.当两极板带上恒定的等量异号电荷时,有一个质量为 m、带电荷量为 $+q$ 的质点,在极板间的空气区域中处于平衡.此后,若把电介质抽去,则该质点（　　）.

(A) 保持不动　　　　　　　　(B) 向上运动

(C) 向下运动　　　　　　　　(D) 是否运动不能确定

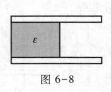

图 6-8

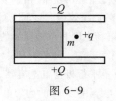

图 6-9

6-4　分子的正、负电荷中心重合的电介质叫做_____电介质.在外电场作用下,分子的正、负电荷中心发生相对位移,形成_____.

6-5　有一无限大的平板均匀带电,其电荷面密度为 $+\sigma$.在平板的附近,平行地放置一具有一定厚度的无限大平板导体,如图 6-10 所示.则导体表面 A、B 上的感生电荷面密度分别为 $\sigma_A =$_____,$\sigma_B =$_____.

6-6 如图 6-11 所示,把一块原来不带电的金属板 B,移近一块已带有正电荷量为 Q 的金属板 A.两者平行放置.设两板面积都为 S,板间距离为 d,忽略边缘效应.当 B 板不接地时,两板间电势差 $U_{AB} = $ _____ ;B 板接地时 $U'_{AB} = $ _____ .

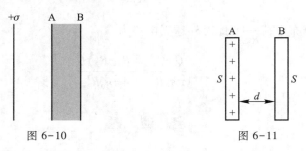

图 6-10   图 6-11

6-7 半径为 R 的均匀带电球面,所带电荷为 Q.设无限远处的电势为零,则球内距离球心为 $r(r<R)$ 处的点 P 的电场强度的值为 _____ ,电势为 _____ .

若球面内充满均匀电介质,电介质的相对电容率为 ε_r,球外为真空,则球表面处的电势为 _____ .

6-8 在充电后的平板电容器中,放置一块厚度为 d 的均匀电介质.试在图 6-12(a)中画出电场线;在图(b)中画出电位移线;若电介质用铜皮包起来,在图(c)中画出电场线.

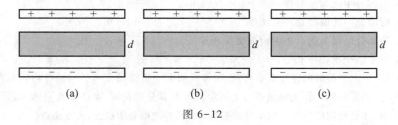

(a)   (b)   (c)

图 6-12

6-9 在一电场强度 $E = 1\ \text{kV} \cdot \text{m}^{-1}$ 的匀强电场中,垂直放置一扁平大金属盒,盒内充满相对电容率为 ε_r 的均匀电介质(图 6-13).忽略边缘效应,试画出盒内、外沿 Ox 轴方向(沿电场强度方向)的电场强度和电势随 x 的变化关系曲线(设 $x=0$ 处电势 $V=0$).

6-10 有一平行板空气电容器,它的两极板接上恒定电源,然后注入相对电容率为 ε_r 的均匀电介质.则注入介质后,下述各物理量与未注入介质前之比分别为

(A)电容器的电容 $C/C_0 = $ ____ ;

(B)电容器中的电场强度 $E/E_0 = $ ____ ;

(C)电容器中的电位移 $D/D_0 = $ ____ ;

(D)电容器贮存的能量 $W_e/W_{e0} = $ ____ .

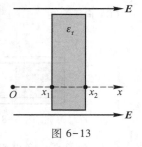

图 6-13

6-11　一平板空气电容器,极板面积为 S,两板相距为 d,两极板的电势分别维持在 $V_A = V$,$V_B = 0$ 不变.现把一块带有电荷 q 的导体薄片平行地放在两极板的正中,薄片的面积也是 S,厚度可忽略不计(图6-14).不考虑边缘效应,求薄片的电势.

6-12　如图6-15所示,在相对电容率 $\varepsilon_r = 3$ 的无限大均匀电介质中,放置一个金属球壳,其内半径 $R_1 = 0.2$ m,外半径 $R_2 = 0.3$ m,金属球壳带电 $Q = -2 \times 10^{-9}$ C,球壳内部为真空.在球心处再放一个点电荷 $q = 4 \times 10^{-9}$ C.试求:(1) 离球心 $r_a = 0.1$ m 的点 a 处的电场强度 E_a 的值;(2) 离球心 $r_b = 0.4$ m 的点 b 处的电场强度 E_b 的值;(3) b、a 两点的电势差 U_{ba};(4) 介质中电场的能量.

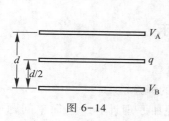

图 6-14

图 6-15

6-13　如图6-16所示,一电容器由两个同轴圆筒组成,内筒半径为 a,外筒半径为 b,筒长都是 L,中间充满相对电容率为 ε_r 的各向同性均匀电介质.内、外筒分别带有等量异号电荷 $+Q$ 和 $-Q$,设 $b-a \ll a$,$L \gg b$,忽略边缘效应.试求:(1) 圆柱形电容器的电容;(2) 电容器贮存的能量.

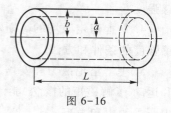

图 6-16

自测题答案

第七章

恒 定 磁 场

基 本 要 求

1. 理解恒定电流、电流密度和电动势的概念.

2. 掌握描述磁场的物理量——磁感强度的概念.

3. 掌握毕奥－萨伐尔定律,能利用它和叠加原理计算一些简单问题中的磁感强度.

4. 掌握恒定磁场的高斯定理和安培环路定理.掌握用安培环路定理计算磁感强度的条件和方法.

5. 理解洛伦兹力和安培力的公式,能分析电荷在均匀电场和磁场中的受力和运动.了解磁矩的概念,能计算简单几何形状载流导体和载流平面线圈在磁场中所受的力和力矩.

6. 了解磁介质的磁化现象及其微观解释.了解磁场强度的概念以及在各向同性介质中 H 和 B 的关系.理解磁介质中的安培环路定理.了解铁磁质的特性.

思 路 与 联 系

静止电荷的周围存在着电场,前两章讨论了静止电荷激发的静电场.运动电荷(电流)的周围不仅有电场,还有磁场,这一章讨论电荷作恒定流动即恒定电流激发的恒定磁场.

本章主要研究恒定磁场及其对运动电荷和电流的作用.在介绍恒定电流和电动势等概念之后,着重讨论了真空中的恒定磁场.包括描述磁场的重要物理量磁感强度、电流激发磁场的规律、磁场的性质、磁场对运动电荷及电流的作用等.讨论了毕奥－萨伐尔定律、磁场的高斯定理、安培环路定理、洛伦兹力和安培定律以及它们的应用.然后,简要介绍了磁介质及其对磁场的影响.

恒定磁场和静电场虽然性质不同,但同为矢量场,在对场的描述上有许多相似之处,研究方法上也有许多相同地方.因此,在学习描述磁场的物理量及其计算和磁场的有关规律时,可与电场进行类比.采用类比的方法,既便于理解,又利于掌握.

学 习 指 导

一、恒定电流

1. 电流和电流密度

电流是在单位时间内通过导体内某一截面的电荷,即 $I = \mathrm{d}q/\mathrm{d}t$,电流的方向是正电荷流动的方向.电流虽有方向,但它是标量,不是矢量.通过垂直于电流方向单位面积的电流,叫电流密度,用 j 表示.j 是矢量,它的方向是正电荷漂移速度 v_d 的方向.电流与电流密度的关系是

$$I = \int_S j \cdot \mathrm{d}S \tag{7-1}$$

式中 $\mathrm{d}S$ 是面积元,它的方向是其法线 e_n 的方向(图 7-1),S 是电流通过的截面.对截面积相同的导体,其中任一点的电流密度 j 的值均相同,对不均匀导体或大块导体,各点的电流密度就可能不相同,有一定的分布.例如图 7-1 中,A 处的截面积 S_1 不等于 B 处的截面积 S_2,所以 S_1 上各点的电流密度与 S_2 上的电流密度就不相同.

电流、电流密度与漂移速度的关系分别是

$$I = env_\mathrm{d}S \tag{7-2}$$

$$j = env_\mathrm{d} \tag{7-3}$$

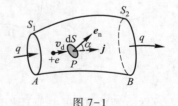

图 7-1

式中 e 是电子电荷的绝对值,n 是电子数密度.I 与 j 都不随时间而变化的电流是恒定电流.

*2. 产生恒定电流的条件

导体中的电荷之所以作定向运动,是由于导体内有电场的缘故.然而对传导电流来说,如果导体中的电荷分布不随时间变化,那么导体中的电场分布和电流密度分布也不随时间改变.所以,恒定电流的产生条件就是导体中电荷分布不随时间改变.这个条件的数学表达式为

$$\oint_S j \cdot \mathrm{d}S = 0 \tag{7-4}$$

因为该式表明从闭合曲面 S 的一部分流入的电流,等于从曲面 S 的其他部分流出的电流,闭合曲面内没有电荷积累起来,也就是说闭合曲面内的电荷不随时间而改变.

二、电动势

上面说过要维持导体内有恒定电流,必须使导体内的电荷有稳定的分布.如图 7-2 所示,有两个导体 A 和 B,它们分别带有 $+Q_1$ 和 $-Q_2$ 的电荷,它们的电势分别为 V_1 和 V_2.若在它们之间连接一根截面积为 S 的导线,在电场作用下,导线中就有自由电子从 B 向 A 运动(由于历史原因,可看作正电荷自 A 向 B 运动)正电荷自高电势的导体 A 迁移到低电势的导体 B.当 A、B 间的电势差为零时,导线中电场强度为零,也就没有电荷在导线中运动了.因此,欲使导线中有稳定电流通过,就必须把流向 B 的正电荷不断地搬回到 A,这样就能维持 A、B 之间的电势差.这种把正电荷由低电势移到高电势的装置称为电源.应当注意,静电场力只能把正电荷由高电势移向低电势,这是因为在静电场中,正电荷所受电场力的方向是由高电势指向低电势的.现在要把正电荷自低电势移到高电势,就必须用与静电力本质不同的非静电力才行.图 7-3 给出了一个含有电源的闭合电路.电源内部为内电路,其余为外电路.电源的作用就是依靠非静电力将正电荷从低电势的负极板经内电路迁移到高电势的正极板,以保持两个极板恒定的电势差.

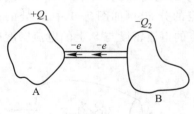

图 7-2

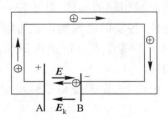

图 7-3 $\boldsymbol{E}$ 是静电电场强度,$\boldsymbol{E}_k$ 是非静电电场强度

在电源内部,正电荷迁移的方向与非静电力的方向是一致的,因此,非静电力做正功,这样由于非静电力做功就把其他形式的能量转化成电能.所以,从能量的观点看,电源的作用是不断把其他形式的能量转化成电能.如用 $\boldsymbol{E}_k$ 表示电源内非静电电场强度($\boldsymbol{E}_k$ 表示单位正电荷受到的非静电力),则把单位正电荷从电源的负极 B 经内电路移向正极 A,非静电力所做的功为

$$\mathscr{E} = \int_B^A \boldsymbol{E}_k \cdot \mathrm{d}\boldsymbol{l} \tag{7-5}$$

$\mathscr{E}$ 就是电源的电动势.

应当注意:① 电源的电动势与外电路的状况无关,与外电路是否接通亦无关.② 不同的电源,把单位正电荷从负电极移向正电极,非静电力做的功不同,故电动势反映电源中非静电力做功的本领,它表征电源本身的特性.③ 电动势是标量,但有正、负之分,规定电动势的方向由负电极经电源内部到正电极.

若非静电力做功不局限于电源内部,而分布在整个闭合回路中(教材第八章电磁感应,由于闭合回路内磁通量变化而产生的感应电动势就属这类问题),那么闭合回路里的电动势就可写成

$$\mathscr{E} = \oint_l \boldsymbol{E}_k \cdot \mathrm{d}\boldsymbol{l} \tag{7-6}$$

此积分是非静电电场强度遍及整个闭合回路的线积分.

三、描述磁场的物理量——磁感强度 *B*

在静电场中,我们利用静电场对电荷有力作用,引入电场强度 **E** 来描述静电场.那么,如何描述磁场呢? 我们知道,磁场对处于其中的载流导线或运动电荷也有力的作用,这种力称为磁力.于是,用与静电场相类比的方法,可以用磁场对运动电荷作用的磁力来定义磁感强度.

在恒定电流的磁场中某点 *P* 上有一个运动正电荷,其电荷为 $+q$,速度为 **v**.当改变运动电荷的速度方向时,从实验中可以发现,这个运动电荷在场点 *P* 所受力的大小是随其速度方向的变化而改变的.我们规定:运动正电荷在场点 *P* 所受磁力为零时,其速度方向为点 *P* 磁场的方向,也就是磁感强度 **B** 的方向.(若在点 *P* 处放一小磁针,小磁针 N 极的指向与 **B** 的方向一致.)实验又发现,当运动正电荷速度 **v** 的方向与磁感强度 **B** 的方向相垂直时,它所受的磁力具有最大值 F_{max},我们定义磁场中点 *P* 的磁感强度 **B** 的大小为

$$\frac{F_{max}}{qv} = B$$

四、恒定电流磁场的基本定律——毕奥-萨伐尔定律

在静电学中欲求带电体所激发静电场的电场强度分布,可以先在带电体上取一电荷元 $\mathrm{d}q$,然后利用点电荷的电场强度公式求出电场中任意点的电场强度,再根据叠加原理求得电场强度的分布.对于恒定电流所激发的磁场,如果能找到电流元 $I\mathrm{d}\boldsymbol{l}$($\mathrm{d}\boldsymbol{l}$ 为导线上线元的长度,I 为通过 $\mathrm{d}\boldsymbol{l}$ 的电流)在空间某点激起的磁感强度 $\mathrm{d}\boldsymbol{B}$,那么我们就可以利用叠加原理,求出导线上各个电流元在该点磁感强度的矢量和,从而得出磁感强度的分布.

电流元 $I\mathrm{d}\boldsymbol{l}$ 在空间某点激发的磁感强度 $\mathrm{d}\boldsymbol{B}$ 为多少呢? 1820 年 10 月 30 日,

法国两位物理学家毕奥和萨伐尔在法国科学院发表了论文,从实验分析了电流与磁效应之间的关系.这篇论文与奥斯特首次报道电流磁效应的时间相距不过三个多月.如图 7-4 所示,在一长直通电导线附近悬挂一个小磁针.实验发现,当导线通过电流时,小磁针要发生转动.若通过导线的电流一定,小磁针距直导线愈远,转动愈弱.因此可以说,距直导线愈远,磁场愈弱,即 $B \propto \dfrac{1}{r}$.另外,若小磁针的位置不变,而改变直导线中的电流,电流愈大,小磁针转动愈剧烈,即 $B \propto I$.综合上述两方面实验现象,毕奥和萨伐尔得出

$$B = k\frac{I}{r} \tag{7-7}$$

式中 k 为一常量.毕奥和萨伐尔得出上述实验结果不久,毕奥的导师拉普拉斯在下述三点假设的基础上,给出了电流元磁感强度 dB 的公式,从而也能导出毕奥–萨伐尔从实验得出的式(7-7).拉普拉斯认为,通电导线可看成是由许多连续的电流元 Idl 所构成,他假定:① 电流元 Idl 在点 P 的磁感强度 dB 的大小与电流元中的电流 I 成正比.② dB 的大小与从点 P 来看 dl 的表观长度 d$l\sin\theta$ 成正比(图 7-5).③ dB 的大小与电流元 Idl 到点 P 的距离 r 的平方成反比.归纳上述三条假定,可得电流元的磁感强度公式为

$$dB = k\frac{Idl\sin\theta}{r^2} \tag{7-8}$$

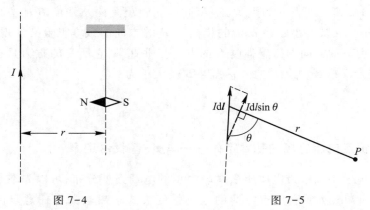

图 7-4   图 7-5

利用式(7-8)确实可以导出式(7-7)所表述的毕奥–萨伐尔的实验结果[①].

———————————

[①] 参阅教材上册第 7-4 节例 1,用毕奥–萨伐尔定律导出载流长直导线磁感强度的公式:

$$B = \frac{\mu_0 I}{2\pi r_0}$$

式(7-8)中各量采用国际单位制,并把它写成矢量式,有

$$d\boldsymbol{B} = \frac{\mu_0}{4\pi} \frac{Id\boldsymbol{l} \times \boldsymbol{e}_r}{r^2} = \frac{\mu_0}{4\pi} \frac{Id\boldsymbol{l} \times \boldsymbol{r}}{r^3} \qquad (7-9)$$

这就是毕奥-萨伐尔定律,有的书上称为毕奥-萨伐尔-拉普拉斯定律.应当注意:① 电流元 $Id\boldsymbol{l}$ 的方向为正电荷运动的方向,即电流的流向.② 由式(7-9)可以看出,$d\boldsymbol{B}$ 的方向沿 $d\boldsymbol{l} \times \boldsymbol{r}$ 的方向(图7-6).③ 对于任意载流导体,可根据磁感强度的叠加原理求得磁场中任意点的磁感强度 $\boldsymbol{B}$ 为

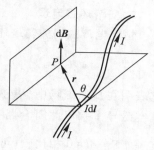

图 7-6

$$\boldsymbol{B} = \int d\boldsymbol{B} = \frac{\mu_0}{4\pi} \int \frac{Id\boldsymbol{l} \times \boldsymbol{r}}{r^3} \qquad (7-10)$$

④ 如同点电荷的电场强度公式是计算电场强度的基本公式一样,毕奥-萨伐尔定律也是求解电流磁场中磁感强度的基本公式,原则上利用它可求解任何恒定载流导体的磁感强度,只不过对有些对称分布的磁场,应用安培环路定理要比用毕奥-萨伐尔定律方便些.这点下面还要提到.

五、表征恒定磁场特性的定理

1. 磁场的高斯定理

如同用电场线(即 $\boldsymbol{E}$ 线)来形象地描述静电场那样,我们可用磁感线(即 $\boldsymbol{B}$ 线)来形象地描述磁场.通过某点磁感线的切线方向为该点磁感强度 $\boldsymbol{B}$ 的方向;而用磁感线的疏密来表示磁感强度的大小,某点附近磁感线的密度愈大,则该点的磁感强度亦愈大.通过某面积 S 的磁通量是

$$\Phi = \int_s \boldsymbol{B} \cdot d\boldsymbol{S} \qquad (7-11)$$

磁感线与电场线的区别在于:静电场中电场线起于正电荷,止于负电荷,是有头有尾的;而磁感线则是闭合的,是无头无尾的.如果在磁场中取一个闭合曲面,由于磁感线是闭合的,所以进入闭合曲面的磁通量,与穿出闭合曲面的磁通量应相等.也就是说,通过磁场中任意闭合曲面的磁通量应等于零,其数学表达式为

$$\oint_s \boldsymbol{B} \cdot d\boldsymbol{S} = 0 \qquad (7-12)$$

这就是磁场中的高斯定理.它与静电场中的高斯定理 $\oint_s \boldsymbol{E} \cdot d\boldsymbol{S} = \sum q_i / \varepsilon_0$ 相比较,形式上虽相似,但本质上不同.这是因为磁感线是闭合的,它总是环绕着电流成涡旋状,故磁场常认为是有旋场.而静电场的电场线则有始点和终点,静电场是

有源场.

2. 安培环路定理

恒定电流磁场的安培环路定理的数学形式为

$$\oint_l \boldsymbol{B} \cdot \mathrm{d}\boldsymbol{l} = \mu_0 \sum_{i=1}^n I_i \qquad (7-13)$$

它表明在真空磁场中,磁感强度沿任意闭合路径的线积分(即 $\boldsymbol{B}$ 的环流)等于真空磁导率乘以此闭合路径所包围的各电流的代数和.把它与静电场的环路定理 $\oint_l \boldsymbol{E} \cdot \mathrm{d}\boldsymbol{l} = 0$ 相比较,可以看出两者的数学形式亦相似.但静电场中电场强度的环流为零,而磁感强度的环流则不为零.这说明恒定电流磁场的性质与静电场的性质不相同.静电场具有 $\oint_l \boldsymbol{E} \cdot \mathrm{d}\boldsymbol{l} = 0$ 的特点,表明单位电荷沿闭合路线一周,电场力所做的功为零,故静电场为保守场,电场强度沿闭合路径的积分与积分路径无关;而恒定电流磁场中磁感强度的环流则不为零,即 $\oint_l \boldsymbol{B} \cdot \mathrm{d}\boldsymbol{l} = \mu_0 \sum I_i$,故恒定电流的磁场是非保守场.磁感强度沿闭合路径的积分则与积分路径有关.

在理解安培环路定理时,还应注意:① 在式(7-13)中,$\sum I_i$ 是闭合路径内包围的电流的代数和,而不是算术和,这是因为电流是有流向的.我们规定:若电流的流向与 $\boldsymbol{B}$ 的积分回路成右手螺旋关系时,电流就取正值,反之就取负值.在图7-7 中,I_1 取正值,I_2 取负值.此闭合路径上 $\boldsymbol{B}$ 的环流为

$$\oint_l \boldsymbol{B} \cdot \mathrm{d}\boldsymbol{l} = \mu_0(I_1 - I_2)$$

② 在式(7-13)中,$\sum I_i$ 是闭合路径所包围的电流,而闭合路径上任意点的磁感强度 $\boldsymbol{B}$,则是由空间所有电流所产生的,这些电流既可以在闭合路径内,也可以在闭合路径外.恒定磁场的这一情况,与静电场的高斯定理是相类似的,在高斯定理 $\oint_S \boldsymbol{E} \cdot \mathrm{d}\boldsymbol{S} = \sum q_i / \varepsilon_0$ 中,$\sum q_i$ 是闭合曲面(即高斯面)所包围的电荷,而 $\boldsymbol{E}$ 则是空间所有电荷产生的电场强度.在图7-7 中,闭合路径上点 A 的磁感强度是由电流 I_1、I_2 和 I_3 共同产生的,而闭合路径所包围的电流则只有 I_1 和 I_2.③ 当闭合路径内不含有电流,或者闭合路径内所含电流的代数和为零时,由式(7-13)可以看出,$\boldsymbol{B}$ 沿闭合路径的线积分为零,即 $\oint_l \boldsymbol{B} \cdot \mathrm{d}\boldsymbol{l} = 0$.但应注意,$\boldsymbol{B}$ 的环流为零,并不意味着闭合路径上每一点的 $\boldsymbol{B}$ 都为零.如图7-8 所示,闭合路径所包围的电流虽然为零,但闭合路径上任意点的 $\boldsymbol{B}$ 并不为零.

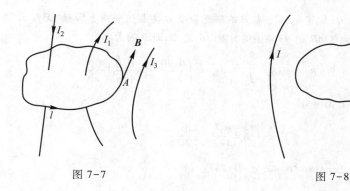

图 7-7　　　　　　　　　　　　　　　　图 7-8

六、磁感强度的计算

1. 用毕奥-萨伐尔定律和叠加原理求解磁感强度

上面曾指出,用毕奥-萨伐尔定律可以计算任何电流的磁感强度.与利用点电荷的电场强度公式和叠加原理计算电场强度一样,用毕奥-萨伐尔定律和叠加原理计算磁感强度的步骤大致为:① 选取合适的电流元 $I d \boldsymbol{l}$.② 根据毕奥-萨伐尔定律及其用于载流直导线、圆环等典型电流的结果写出电流元 $I d \boldsymbol{l}$ 在场点 P 的磁感强度 $d \boldsymbol{B}$,并作图表示 $d \boldsymbol{B}$ 的方向.③ 选取合适的坐标系,将 $d \boldsymbol{B}$ 分解到各坐标轴上,从而把矢量积分变为标量积分.④ 如果积分号内的变量不止一个,应利用各变量之间的关系,统一为一个变量,然后确定积分上、下限.⑤ 最后求出 $\boldsymbol{B}$ 的大小和方向.

例 1　如图7-9(a)所示,电流 I 均匀地流过宽为 $2d$ 的"无限长"薄金属板.试求通过板的中线并与板面垂直的平面上一点 P 的磁感强度 $\boldsymbol{B}$.

解　此"无限长"载流薄板可看成由许多与薄板中心线相平行,彼此紧挨着的"无限长"载流直导线所构成.取如图 7-9(a)所示的坐标系,原点 O 在薄板的中心线上,Oy 轴与板面垂直,Ox 轴与薄板中心线垂直.在中心线左侧,距原点 O 为 x 处取一宽度为 dx 的"无限长"载流直导线,通过这根直导线的电流为 $dI = I dx/(2d)$.这"无限长"载流直导线在 Oy 轴上点 P 所激发的磁感强度为 $d \boldsymbol{B}$.如这"无限长"载流直导线与点 P 之间的垂直距离为 r,那么,$d \boldsymbol{B}$ 的大小为

$$d B = \frac{\mu_0}{2\pi} \frac{d I}{r} \text{①} \tag{1}$$

$d \boldsymbol{B}$ 的方向垂直于 r 和细长条上电流流向所构成的平面.显然,由于对称性,在薄板中心线的右侧距原点为 x 处也可以取宽度为 dx 的"无限长"直载流导线,它在点 P 的磁感强度为 $d \boldsymbol{B}'$,而且 $d \boldsymbol{B}$ 和 $d \boldsymbol{B}'$ 在 Oy 轴上的分量方向相反,故相互抵消,但它们在 Ox 轴上的分量 $d B_x$ 和 $d B'_x$ 的

---

① 关于式(1)的导出,可参阅教材上册第 7-4 节例 1.

方向却相同,均沿着 Ox 轴正向.所以点 P 的磁感强度 $\boldsymbol{B}$ 为载流平板上所有"无限长"载流直导线在点 P 的磁感强度 $\mathrm{d}\boldsymbol{B}$ 在 Ox 轴上的分量 $\mathrm{d}\boldsymbol{B}_x$ 之和,即 $\boldsymbol{B}$ 的大小为

$$B = B_x = \int \mathrm{d}B_x = \int \mathrm{d}B\cos\theta = \int \frac{\mu_0 \mathrm{d}I}{2\pi r} \frac{y}{r} = \frac{\mu_0 I}{4\pi d} \int \frac{y\mathrm{d}x}{r^2} \tag{2}$$

由于 $r^2 = y^2\sec^2\theta$,则上式化为

$$B = \frac{\mu_0 I}{4\pi d} \int \frac{\mathrm{d}x}{y\sec^2\theta}$$

又考虑到 $x = y\tan\theta, \mathrm{d}x = y(\sec^2\theta)\mathrm{d}\theta$,上式可写成

$$B = \frac{\mu_0 I}{4\pi d} \int_{-\arctan d/y}^{+\arctan d/y} \mathrm{d}\theta = \frac{\mu_0 I}{2\pi d}\arctan\frac{d}{y} \tag{3}$$

讨论:

如场点 P 距载流平板较近,即 $y \ll d$,这时 $\arctan d/y \approx \pi/2$.此载流平板可视为一"无限大"的载流平板.若仍维持电流 I 不变,则式(3)的积分为

$$B = \frac{\mu_0 I}{4\pi d} \int_{-\pi/2}^{+\pi/2} \mathrm{d}\theta = \frac{\mu_0 I}{4d} = \frac{\mu_0}{2}i \tag{4}$$

i 为单位宽度上的电流.式(4)表明,当一"无限大"的平面上有电流均匀地流过时,在载流平面附近的磁场可视为均匀磁场,$\boldsymbol{B}$ 的方向与 Ox 轴平行,如图 7-9(b)所示.

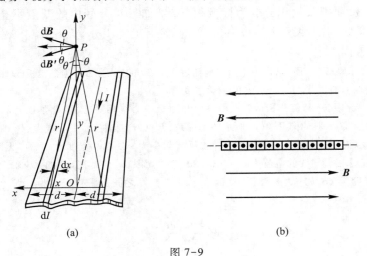

(a)   (b)

图 7-9

 例 2 将一根载流导线弯成 n 个边的正多边形,这多边形的外接圆半径为 R,导线中通以电流 I.求外接圆中心处磁感强度的大小.

 解 如图 7-10 所示,设正多边形的边长为 l,它与圆心 O 的垂直距离为 d,电流的流向如图所示,则载流导线在圆心 O 的磁感强度的方向垂直纸面向外.长为 l 的载流导线,在圆心 O

激发的磁感强度 $\boldsymbol{B}_0$ 的大小为①

$$B_0 = \frac{\mu_0 I}{4\pi d}\left[\cos\theta - \cos(\pi-\theta)\right] = \frac{\mu_0 I}{2\pi d}\cos\theta$$

由于正多边形载流导线上，每边载流导线在圆心 O 的磁感强度大小均相等，方向亦相同，所以圆心 O 的磁感强度 $\boldsymbol{B}$ 的大小为

$$B = nB_0 = \frac{n\mu_0 I}{2\pi d}\cos\theta = \frac{\mu_0 nI}{2\pi R}\frac{l}{2d}$$

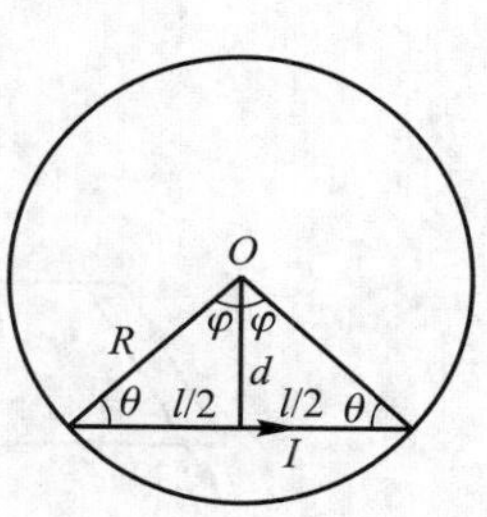

从图可见 $\tan\varphi = l/2d$，且 $\varphi = \pi/n$，所以上式亦可写成

$$B = \frac{\mu_0 nI}{2\pi R}\tan\frac{\pi}{n}$$

图 7-10

讨论：

若 $n\to\infty$，此 n 边正多边形可近似看作是半径为 R 的圆形电流，这时圆心的磁感强度为

$$\tan\frac{\pi}{n}\approx\frac{\pi}{n},\quad B\approx\frac{\mu_0 nI}{2\pi R}\frac{\pi}{n}=\frac{\mu_0 I}{2R}$$

此即圆电流中心磁感强度的公式（见教材上册第 7-4 节例 2.）

2. 用安培环路定理求解磁感强度

利用安培环路定理可以求某些对称分布磁场的磁感强度，它比用毕奥–萨伐尔定律求解，数学运算上要简便些.用安培环路定理求解磁感强度的步骤大致为：① 根据电流的分布来确定磁场的分布是否具有对称性，如磁场具有对称性，可以用安培环路定理来求解.② 选取合适的闭合路径，此路径要经过待求 $\boldsymbol{B}$ 的场点.在此闭合路径的各段上，$\boldsymbol{B}$ 或者与之垂直，或者平行，或者成一定的角度，总之是使积分 $\oint_l \boldsymbol{B}\cdot\mathrm{d}\boldsymbol{l}$ 为可积的.③ 选好积分回路的取向，并根据这个取向来确定回路内电流的正、负值.

例 3　如图 7-11(a)所示，电流均匀流过"无限大"薄导体平板，设单位宽度上的电流（又称电流面密度）为 i，用安培环路定理求载流平面外任意点的磁感强度.

解　在本章例 1 的讨论中，我们已用毕奥–萨伐尔定律求得"无限大"通以均匀电流的薄板的磁感强度为 $\frac{\mu_0}{2}i$.现在，用安培环路定理来求解.最后把这两种解法比较一下，看一看对于对称性磁场来说，哪一种解法简便些.

在图 7-11(a)中，我们把"无限大"通电平薄板看成是由许多"无限长"载流直导线构成的，这些导线彼此平行.因此，它们激发的磁场具有对称性.可以设想，距平面相等距离的各点，其 $\boldsymbol{B}$ 的大小应相等，面左和面右的磁感强度 $\boldsymbol{B}$ 的方向均与板面平行，但指向相反，如图所示.按以上分析，取如图 7-11(a)的闭合路径 abcda，其中 ab 和 cd 与 $\boldsymbol{B}$ 平行，bc 和 da 则与 $\boldsymbol{B}$ 垂直.所以，安培环路定理可写成

① 参阅教材上册第 7-4 节例 1 中的式(1).

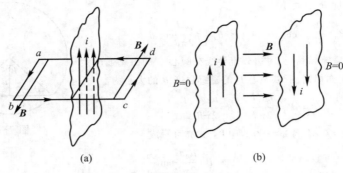

图 7-11

$$\oint_l \boldsymbol{B} \cdot \mathrm{d}\boldsymbol{l} = \int_a^b \boldsymbol{B} \cdot \mathrm{d}\boldsymbol{l} + \int_b^c \boldsymbol{B} \cdot \mathrm{d}\boldsymbol{l} + \int_c^d \boldsymbol{B} \cdot \mathrm{d}\boldsymbol{l} + \int_d^a \boldsymbol{B} \cdot \mathrm{d}\boldsymbol{l}$$

$$= \mu_0 I = \mu_0 i \, | \, ab \, |$$

有

$$B \, | \, ab \, | + B \, | \, cd \, | = \mu_0 i \, | \, ab \, |$$

因 $| \, ab \, | = | \, cd \, |$,所以得

$$B = \frac{\mu_0}{2} i$$

这与例 1 用毕奥-萨伐尔定律得到的结果相同,但数学运算则简单多了.

如有两块面积很大,而彼此相距很小的金属薄板,两板中都有电流均匀流过,但电流的流向相反,单位宽度的电流为 i,如图 7-11(b)所示,图中金属板与纸面垂直.这两块载流金属板可视为"无限大"载流平面.由磁感强度的叠加原理及式(1)可得两金属板之间的磁感强度为

$$B = \mu_0 i$$

而两金属板之外的磁感强度为

$$B = 0$$

若上述两金属板的电流流向相同,你知道两板之间和两板之外的磁感强度有多大吗?

七、磁场对运动电荷和电流的作用

运动电荷或电流不仅激发磁场,而且处于磁场中的运动电荷或电流也要受到磁场力作用.

1. 磁场对运动电荷的作用力——洛伦兹力

运动电荷在磁场中所受的磁场力为

$$\boldsymbol{F} = q\boldsymbol{v} \times \boldsymbol{B} \tag{7-14}$$

式中 q 为运动电荷的电荷量,可为正值,也可为负值.应当注意:① 力 $\boldsymbol{F}$ 的方向垂直于 $\boldsymbol{v}$ 和 $\boldsymbol{B}$ 所成的平面,当 q 为正电荷时,$\boldsymbol{F}$ 的方向与 $\boldsymbol{v} \times \boldsymbol{B}$ 的方向相同;当 q 为负电荷时,$\boldsymbol{F}$ 的方向与 $\boldsymbol{v} \times \boldsymbol{B}$ 的方向相反.② 式(7-14)中的 $\boldsymbol{v}$ 和 $\boldsymbol{B}$ 是运动电荷

在磁场中某一位置时的速度和磁感强度.③ 运动电荷在磁场中所受的磁力与静止电荷在电场中所受的静电力不同,静电力不仅可以改变电荷的速度大小,而且还改变其速度方向;而由于磁力始终与运动电荷的速度相垂直,故它只能改变运动电荷速度的方向.正是由于磁力有这个特点,在许多电子仪器如质谱仪、e/m测定仪以及回旋加速器中,都利用磁力来改变电荷的运动方向.

例 4 证明在霍耳效应中,如果载流子带负电,产生的霍耳电压与载流子带正电产生的霍耳电压的正负恰好相反.

证 如果产生霍耳效应的半导体薄片水平放置,电流的方向从右向左,磁场方向垂直向上,如图 7-12 所示.

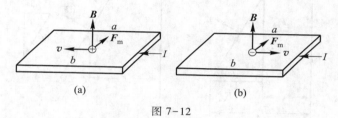

图 7-12

若载流子带正电,载流子运动速度 v 的方向与电流方向相同,亦从右向左,它受到的洛伦兹力的方向与 $v \times B$ 的方向一样,垂直纸面向里,载流子向 a 端漂移,因而 a 端电势高,b 端电势低[图 7-12(a)].

若载流子带负电,载流子运动速度 v 的方向与电流方向相反,即从左向右,它受到的洛伦兹力的方向为($-v \times B$)的方向,仍然垂直纸面向里,载流子还是向 a 端漂移,但因载流子带负电,所以 a 端电势低,b 端电势高[图 7-12(b)],与载流子带正电的情况恰好相反.

2. 磁场对载流导线的作用力——安培力

电流元 $I\mathrm{d}l$ 在磁场中所受的力为

$$\mathrm{d}\boldsymbol{F} = I\mathrm{d}\boldsymbol{l} \times \boldsymbol{B} \tag{7-15}$$

$\boldsymbol{B}$ 为电流元所在处的磁感强度,$\mathrm{d}\boldsymbol{F}$ 的方向垂直于 $I\mathrm{d}\boldsymbol{l}$ 和 $\boldsymbol{B}$ 所组成的平面,与 $I\mathrm{d}\boldsymbol{l} \times \boldsymbol{B}$ 的方向一致.式(7-15)为安培定律的数学表达式.

对有限长载流导线,它在磁场中所受的安培力,由力的叠加原理,有

$$\boldsymbol{F} = \int \mathrm{d}\boldsymbol{F} = \int I\mathrm{d}\boldsymbol{l} \times \boldsymbol{B} \tag{7-16}$$

用安培定律计算载流导体在磁场中所受力的步骤为:① 根据磁场的分布情况选取合适的电流元.② 由安培定律给出电流元 $I\mathrm{d}\boldsymbol{l}$ 在磁场中所受的力 $\mathrm{d}\boldsymbol{F}$,并作图表示 $\mathrm{d}\boldsymbol{F}$ 的方向.③ 按力的叠加原理给出载流导体所受的力 $\boldsymbol{F}$,并把矢量积分变为标量积分.

可以证明:在均匀磁场中,任意形状的平面载流导线所受的磁场力,跟与其始点和终点相同的载流直导线所受的磁场力相等.平面闭合回路所受的磁场

力为零.

例 5 如图7-13(a)所示,在一通以电流 I_1 的"无限长"直导线的右侧,放置一个三角形线圈.线圈中的电流为 I_2,它与直导线在同一平面内.试分别求三角形线圈各边所受的作用力.

解 "无限长"载流导线所激发的磁场具有对称性,与导线相等距离的各点,其磁感强度大小也相等.在 ab 段导线上,由 I_1 激发的磁感强度 B 的大小为

$$B = \frac{\mu_0 I_1}{2\pi r_1}$$

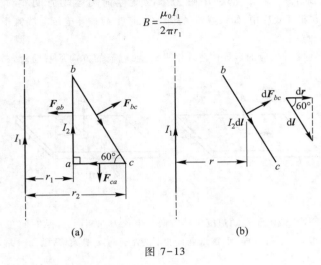

图 7-13

B 的方向垂直纸面向里,故 ab 段载流导线所受的力 F_{ab} 的大小为

$$F_{ab} = BI_2 l = \frac{\mu_0 I_1 I_2}{2\pi r_1} l \tag{1}$$

F_{ab} 的方向向左,指向"无限长"直导线.

在 bc 段导线上,由 I_1 激发的磁感强度 B 的大小不同.在 bc 段上任取一电流元 $I_2 d\mathbf{l}$,它与 I_1 的距离为 r,则由 I_1 产生的磁感强度 B 的大小为

$$B = \frac{\mu_0 I_1}{2\pi r} \tag{2}$$

B 的方向垂直纸面向里.$I_2 d\mathbf{l}$ 所受力的大小为

$$dF_{bc} = I_2 dl \cdot B \tag{3}$$

根据几何关系,有

$$dl = \frac{dr}{\cos 60°} \tag{4}$$

各电流元所受力的方向相同,均与 bc 垂直向右上方[图7-13(b)],所以矢量积分可变为标量积分.由式(2)、式(3)和式(4)得

$$F_{bc} = \int dF_{bc} = \int_{r_1}^{r_2} \frac{\mu_0 I_1 I_2}{2\pi \cos 60°} \frac{dr}{r} = \frac{\mu_0 I_1 I_2}{\pi} \ln \frac{r_2}{r_1} \tag{5}$$

类似地分析可得 ca 段导线受力的大小为

$$F_{ca} = \int dF_{ca} = \int_{r_1}^{r_2} \frac{\mu_0 I_1 I_2}{2\pi} \frac{dr}{r} = \frac{\mu_0 I_1 I_2}{2\pi} \ln \frac{r_2}{r_1} \tag{6}$$

F_{ca} 的方向与 ca 垂直，向下.

例 6 如图7-14(a)所示，在一半径为 R 的"无限长"半圆柱面导体的轴线上放置一根"无限长"的直导线.通过直导线和半圆柱面的电流均为 I，流向相反，而且在半圆柱面上的电流是均匀分布的.试求长直导线单位长度所受的力.

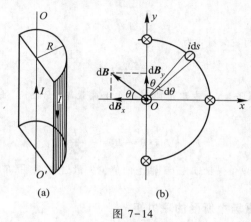

图 7-14

解 图 7-14(b)是图 7-14(a)的俯视图.使半圆柱面的截面在平面直角坐标系 Oxy 内."无限长"直导线过原点 O 并与纸面垂直.半圆柱面上的电流是垂直纸面向里的，直导线的电流是垂直纸面向外的.

要求长直导线所受的磁场力，需先求半圆柱面上的电流在长直导线处激发的磁场.在半圆柱面的截面上取一小段圆弧 ds，$ds = Rd\theta$.由于半圆柱面上的电流是均匀分布的，所以单位弧长上的电流为 $i = I/R\pi$.于是圆弧 ds 上的电流则为 $dI = ids = Id\theta/\pi$.另外，我们可以把载流半圆柱面看成是许多连续分布的、电流均为 dI 的"无限长"直导线构成的，载流半圆柱面在轴线上产生的磁感强度是这些长直导线在轴线上激发磁感强度的矢量和.在图 7-14(b)中，半圆柱面上，电流为 dI 的"无限长"直导线在轴线上点 O 激发的磁感强度 $d\boldsymbol{B}$ 的大小为

$$dB = \frac{\mu_0 dI}{2\pi R} = \frac{\mu_0 I}{2\pi^2 R} d\theta$$

$d\boldsymbol{B}$ 在 Ox 轴上的分量为

$$dB_x = dB\cos\theta = \frac{\mu_0 I}{2\pi^2 R}\cos\theta d\theta$$

所以，载流半圆柱面在其轴线上的磁感强度 $\boldsymbol{B}$ 在 Ox 轴上的分量为

$$B_x = \int dB_x = \frac{\mu_0 I}{2\pi^2 R}\int_0^\pi \cos\theta d\theta = 0 \tag{1}$$

d$\boldsymbol{B}$ 在 Oy 轴上的分量为

$$\mathrm{d}B_y = \mathrm{d}B\sin\theta = \frac{\mu_0 I}{2\pi^2 R}\sin\theta\mathrm{d}\theta$$

于是,$\boldsymbol{B}$ 在 Oy 轴上的分量为

$$B_y = \int \mathrm{d}B_y = \frac{\mu_0 I}{2\pi^2 R}\int_0^\pi \sin\theta\mathrm{d}\theta = \frac{\mu_0 I}{\pi^2 R} \qquad (2)$$

由式(1)和式(2)可得,载流圆柱面在其轴线上一点的磁感强度 $\boldsymbol{B}$ 的大小为

$$B = \frac{\mu_0 I}{\pi^2 R}$$

$\boldsymbol{B}$ 的方向沿 Oy 轴正向.写成矢量式为

$$\boldsymbol{B} = \frac{\mu_0 I}{\pi^2 R}\boldsymbol{j} \qquad (3)$$

$\boldsymbol{j}$ 为 Oy 轴上的单位矢量.于是,由安培定律可得作用在载流"无限长"直导线上单位长度的力为

$$\boldsymbol{F} = \int_l I\mathrm{d}\boldsymbol{k}\times\boldsymbol{B} = -IB\boldsymbol{i} = -\frac{\mu_0 I^2}{\pi^2 R}\boldsymbol{i} \qquad (4)$$

式中 $\boldsymbol{k}$ 为沿长直导线的单位矢量,$\boldsymbol{i}$ 为 Ox 轴上的单位矢量.上式表明,$\boldsymbol{F}$ 的方向与 Ox 轴的正方向相反.

3. 载流线圈在磁场中所受的磁力矩

平面载流线圈在均匀磁场中受到的磁力矩 $\boldsymbol{M}$ 为

$$\boldsymbol{M} = \boldsymbol{m}\times\boldsymbol{B} \qquad (7-17)$$

式中 $\boldsymbol{B}$ 是线圈所在处的磁感强度,$\boldsymbol{m}$ 是线圈的磁矩.若线圈有 N 匝,线圈中的电流为 I,线圈所包围的面积为 S,其单位正法线矢量为 $\boldsymbol{e}_n$,则

$$\boldsymbol{m} = NIS\boldsymbol{e}_n \qquad (7-18)$$

注意上式与线圈的形状无关,无论什么形状的平面载流线圈,只要它所包围的面积是 S,其磁矩都可用该式表示.

若载流线圈的磁矩 $\boldsymbol{m}$ 与磁感强度 $\boldsymbol{B}$ 之间的夹角为 θ,当 $\theta = 0°$ 或 $\theta = 180°$ 时,$M = 0$,磁力矩均为零.但 $\theta = 0°$ 时,线圈处于稳定平衡状态;而 $\theta = 180°$ 时则为非稳定平衡状态.当 $\theta = 90°$ 时,$M = M_{max} = mB$,此时磁力矩具有极大值.应当注意,不管线圈在磁场中起始时处于何方位,磁场对它作用的磁力矩总是试图使线圈转到稳定平衡位置.

若载流线圈放在不均匀磁场中,就不能直接应用式(7-17),而要分析线圈中各段电流元 $I\mathrm{d}\boldsymbol{l}$ 所受的力,根据力矩定义来求解.

例 7 如图7-15所示,长度为 l,均匀带电荷 q 的细棒,以角速度 ω 绕棒的一端 O,且与棒垂直的轴匀速转动.求此棒的磁矩.

解 将棒转动时形成的电流看成是由很多紧靠着的圆形电流所组成的,那么总的磁矩就

是这些圆电流磁矩的总和.在棒上距端点 O 为 r 处,取一电荷元 dq,则

$$dq = \frac{q}{l}dr$$

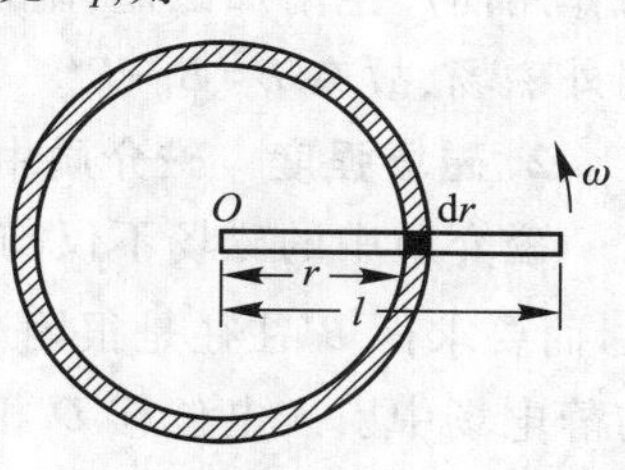

dq 转动形成的电流为

$$dI = \frac{dq}{2\pi/\omega} = \frac{\omega q}{2\pi l}dr$$

dI 产生的磁矩为

$$dm = \pi r^2 dI = \frac{\omega q}{2l}r^2 dr$$

因此,整个棒的磁矩为

$$m = \int dm = \int_0^l \frac{\omega q}{2l}r^2 dr = \frac{1}{6}q\omega l^2$$

图 7-15

八、磁介质

1. 磁介质对磁场的影响

电介质放在静电场中能被极化,极化了的电介质要产生附加电场,从而电介质中的电场强度为 $E = E_0 + E'$.极化电荷所产生的 E' 与自由电荷的 E_0 方向相反.故有电介质存在时,介质中的电场强度要减小,即 $E = E_0/\varepsilon_r$,ε_r 是大于 1 的数.但磁介质放在磁场中对磁场的影响要复杂多了.磁介质中的磁场,虽然仍为

$$B = B_0 + B'$$

B_0 为外磁场的磁感强度,但磁介质因磁化而产生的附加磁感强度 B',却随磁介质的性质不同差异很大.有的磁介质的 B' 与 B_0 方向相同,但 $B' \ll B_0$,这种叫顺磁质.有的 $B' \ll B_0$,但 B' 与 B_0 的方向相反,这种叫抗磁质.还有 B' 与 B_0 的方向相同,B' 比 B_0 大得很多,这种叫铁磁质,通常变压器、电机中的铁芯,都是由铁、镍、钴这些铁磁质及其合金制成的.

对顺磁质和抗磁质磁性的起因,我们用安培分子电流在磁场中的取向来解释,而对铁磁质则需用磁畴来说明.按照分子电流的假说,磁介质中的分子作为一个整体来说,其中所有运动电子对外所产生的磁效应可以用一个等效圆电流 I 来替代.这个等效圆电流的磁矩又称为分子磁矩,用符号 m 来表示,其值为 $m = IS$,S 为等效圆电流的面积.分子磁矩 m 与电流的流向组成右手螺旋关系(图7-16).

对顺磁质来说,在外磁场作用下,所有分子磁矩都力图转到外磁场方向,这样附加磁感强度 B' 的方向就与外磁场 B_0 相同,从而使磁介质中磁感强度 B 有所增强,并为 $B = B_0 + B'$.对抗磁质来说,由于分子内的电子受到外磁场的洛伦兹

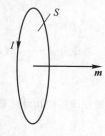

图 7-16

力作用而产生附加磁矩,附加磁矩的方向与外磁场方向相反,这样附加磁场要削弱外磁场,故有 $B=B_0-B'$.

2. 磁场强度　磁介质中的安培环路定理

磁介质中的磁场不仅与外磁场 $\boldsymbol{B}_0$ 有关,而且还与磁介质的附加磁场 $\boldsymbol{B}'$ 有关.而要求得 $\boldsymbol{B}'$ 往往是很困难的.为此,引入一个新的辅助量——磁场强度 $\boldsymbol{H}$(这与静电场中引入电位移 $\boldsymbol{D}$ 相似).关于 $\boldsymbol{H}$ 的环流为

$$\oint_l \boldsymbol{H} \cdot \mathrm{d}\boldsymbol{l} = \sum I_i \qquad (7-19)$$

这就是磁介质中的安培环路定理,它表明磁场强度沿任何闭合回路的线积分,等于通过该回路所包围的各传导电流的代数和,而与磁介质无关.

在各向同性介质中磁场强度 $\boldsymbol{H}$ 与磁感强度 $\boldsymbol{B}$ 的关系是

$$\boldsymbol{B} = \mu\boldsymbol{H} \qquad (7-20)$$

式中 μ 叫做磁介质的磁导率,其值为

$$\mu = \mu_0\mu_r \qquad (7-21)$$

μ_r 叫做相对磁导率.对顺磁质 $\mu_r>1$,对抗磁质 $\mu_r<1$,而铁磁质 $\mu_r \gg 1$.

在求解磁介质中的磁感强度 $\boldsymbol{B}$ 时,可以先用式(7-19)求出磁介质中某点的磁场强度 $\boldsymbol{H}$,然后再利用式(7-20)求出该点的磁感强度 $\boldsymbol{B}$.这就好像在电介质中,通过求解电位移 $\boldsymbol{D}$ 来求电场强度 $\boldsymbol{E}$ 一样.

例8　一"无限长"圆柱形直导线外包有一层相对磁导率为 μ_r 的圆筒形磁介质,导线半径为 R_1,磁介质的外半径为 R_2.若直导线中通以电流 I,求磁介质内、外的磁感强度分布.

解　在与直导线相垂直的平面上,以圆柱形导线轴线为中心作一闭合圆形回路,其半径为 r.由于磁场具有对称性,所以磁介质中的安培环路定理为

$$\oint_l \boldsymbol{H} \cdot \mathrm{d}\boldsymbol{l} = 2\pi r H = I$$

对于磁介质内一点($R_1<r<R_2$)的磁场强度为

$$H_1 = \frac{I}{2\pi r}$$

得磁介质内的磁感强度 B_1 为

$$B_1 = \frac{\mu_0\mu_r I}{2\pi r}$$

对磁介质外一点($R_2<r$)的磁场强度为

$$H_2 = \frac{I}{2\pi r}$$

因磁介质外的相对磁导率 $\mu_r=1$,可得磁介质外的磁感强度 B_2 为

$$B_2 = \frac{\mu_0 I}{2\pi r}$$

3. 铁磁质的特性

铁磁质的主要特性有:① 相对磁导率非常大,即 $\mu_r \gg 1$.② μ_r 不是常量,随外磁场而改变,由 $B = \mu H$,可知铁磁性物质的 B 与 H 之间不是线性关系.由实验得知,铁磁质的 B-H 曲线如图 7-17 所示,图中表明,当外磁场 H 达到一定值时,磁介质中的磁感强度增加很少,逐渐逼近极大值 $B_{\max}$,这时,磁介质达到饱和磁化.③ 磁滞回线.当外磁场逐步减小时,磁感强度 B 沿另一条曲线 ab 比较缓慢地减小,这种 B 的变化落后于 H 变化的现象,叫做磁滞.当外磁场减小到零时,磁感强度 $B = B_r$,B_r 叫做剩磁.当外磁场反向增加到 H_c 时,磁感强度 $B = 0$,H_c 叫做矫顽力.外磁场来回反复变化,B-H 的关系形成如图 7-18 所示的曲线,这个曲线叫磁滞回线.④ 铁磁质的磁化和温度有关,当温度升到某一值时,铁磁性完全消失,并退化成顺磁质,这个温度叫居里温度或居里点.不同磁介质,居里点不同,例如铁的居里点是 770 ℃,78%的坡莫合金的居里点是550 ℃.

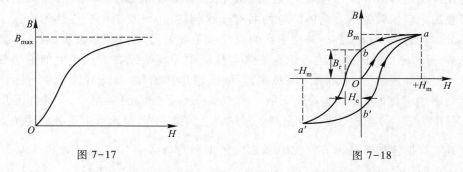

图 7-17　　　　　　　　　　　　　　图 7-18

不同的铁磁质其磁滞回线的形状不同,图 7-19 是软磁材料和硬磁材料的磁滞回线,图 7-20 是矩磁材料的磁滞回线.软磁材料适宜制作变压器和电机中的铁芯;硬磁材料适宜制造永久磁铁;矩磁材料可用来制作计算机中的记忆元件.

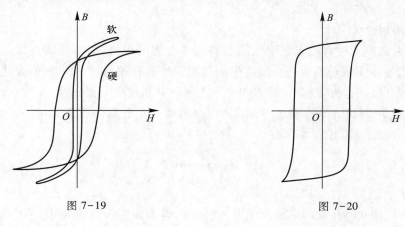

图 7-19　　　　　　　　　　　　　　图 7-20

铁磁质的特性可用磁畴来解释.铁磁质内原子间相互作用异常强烈,致使在一些微小区域内原子磁矩排列得很整齐,从而使这个小区域具有很强的磁性,这都是自发磁化.这种自发磁化的小区域称为磁畴.在无外磁场作用时,铁磁质中的磁畴是混乱排列的,故不显磁性;在外磁场作用下,各磁畴的磁矩趋于与外磁场方向一致,由于磁畴具有很强的磁性,故铁磁质中各磁畴产生的磁感强度 B' 要比外磁场的磁感强度 B_0 大得多.用磁畴还可以解释铁磁质的其他特性.

难 点 讨 论

本章的难点是利用叠加原理求磁感强度.利用叠加原理求磁感强度的一般方法和步骤在学习指导部分已有叙述,但对于较复杂的或连续的电流分布,初学者往往感到难以处理.其实仍可运用"微元法"来解决问题.具体地说,与利用场强叠加原理求较复杂带电体的电场强度步骤相同,将较复杂的或连续的电流分布分解为若干个或无数个典型形状的载流单元或微元,如载流细直线、载流细圆环等.所求场点的磁感强度等于这些典型载流单元或微元在该点产生的磁感强度的矢量和或积分.例如求无限长载流平板、带电体旋转、密绕载流线圈等所产生的磁感强度时,可将其看成无数个典型载流单元(微元)的组合,每个单元电流强度为 dI,利用典型载流单元产生磁感强度的结论,可写出所求点处的磁感强度 $d\boldsymbol{B}$,根据叠加原理得 $\boldsymbol{B} = \int d\boldsymbol{B}$.前面的例 1 和教材 7-4 节的例 4 均属于此类.为加深理解,这里再讨论两例.

讨论题 1 如图 7-21(a)所示,一半径为 R 的无限长 1/4 圆柱形金属薄片,沿轴向通有电流 I,电流在金属片上均匀分布,求圆柱轴线上任意一点 P 的磁感强度 $\boldsymbol{B}$.

分析讨论

此金属薄片可看成无数根无限长载流细直线的组合,每根载流直线电流大小为 dI,根据无限长载流直导线产生的磁感强度的结论,可写出 dB 的表达式并定出其方向,进行矢量积分,即求得整个金属薄片所产生的磁感强度.

如图 7-21(b)所示,建立坐标系,在金属薄片上任取一宽度为 dl 的无限长窄条作为微元,其电流大小 dI 为

$$dI = \frac{I}{\frac{1}{2}\pi R} dl$$

设图 7-21(b)中 dl 处的半径与 y 轴夹角为 θ,dl 所张的圆心角为 $d\theta$,则

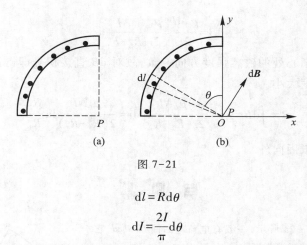

图 7-21

$$dl = Rd\theta$$

$$dI = \frac{2I}{\pi}d\theta$$

根据无限长载流直导线产生的磁感强度的结论,该微元产生的磁感强度大小

$$dB = \frac{\mu_0 dI}{2\pi R} = \frac{\mu_0 I}{\pi^2 R}d\theta$$

方向如图 7-21(b)所示,将 dB 分解到 x 和 y 方向分别积分

$$B_x = \int dB_x = \int dB\cos\theta = \int_0^{\frac{\pi}{2}} \frac{\mu_0 I}{\pi^2 R}\cos\theta d\theta = \frac{\mu_0 I}{\pi^2 R}$$

$$B_y = \int dB_y = \int dB\sin\theta = \int_0^{\frac{\pi}{2}} \frac{\mu_0 I}{\pi^2 R}\sin\theta d\theta = \frac{\mu_0 I}{\pi^2 R}$$

所以

$$B = \frac{\mu_0 I}{\pi^2 R}(i+j)$$

讨论题 2 如图 7-22 所示,有一密绕平面螺旋线圈,其上通有电流 I,总匝数为 N,它被限制在半径为 R_1 和 R_2 的两个圆周之间.求此螺旋线中心 O 点处的磁感应强度.

分析讨论

将此密绕线圈看成载流圆环的组合,取一半径为 r、宽度为 dr 的细圆环作为微元,其电流大小 dI 为

$$dI = \frac{NI}{R_2 - R_1}dr$$

利用圆形电流在圆心处产生磁感强度的结果,得

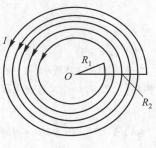

图 7-22

$$\mathrm{d}B = \frac{\mu_0 \mathrm{d}I}{2r} = \frac{\mu_0}{2r} \frac{NI}{R_2 - R_1} \mathrm{d}r$$

每个细圆环在圆心处的磁感强度方向一致,故对 $\mathrm{d}B$ 直接积分即得该线圈中心 O 点处的磁感强度大小.

$$B = \int \mathrm{d}B = \int_{R_1}^{R_2} \frac{\mu_0 NI}{2r(R_2 - R_1)} \mathrm{d}r = \frac{\mu_0 NI}{2(R_2 - R_1)} \ln \frac{R_2}{R_1}$$

其方向为垂直纸面向外.

自 测 题

7-1 如图 7-23 所示,一载有电流 I 的回路 $abcd$,它在 O 点处所产生的磁感强度 B_O 为(   ).

(A) $\dfrac{\mu_0 I\theta}{2\pi}\left(\dfrac{1}{R_1} - \dfrac{1}{R_2}\right)$,方向垂直纸面朝外

(B) $\dfrac{\mu_0 I\theta}{4\pi}\left(\dfrac{1}{R_2} - \dfrac{1}{R_1}\right)$,方向垂直纸面朝里

(C) $\dfrac{\mu_0 I\theta}{4}\left(\dfrac{1}{R_2} - \dfrac{1}{R_1}\right)$,方向垂直纸面朝里

(D) $\dfrac{\mu_0 I\theta}{2}\left(\dfrac{1}{R_2} - \dfrac{1}{R_1}\right)$,方向垂直纸面朝外

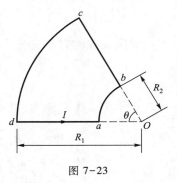

图 7-23

7-2 半径为 a_1 的圆形载流线圈与边长为 a_2 的方形载流线圈通有相同的电流,如图7-24所示,若两线圈中心 O_1 和 O_2 的磁感强度大小相同,则半径与边长之比 $a_1 : a_2$ 为(   ).

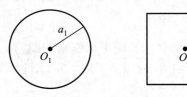

图 7-24

(A) $1 : 1$

(B) $\sqrt{2}\pi : 1$

(C) $\sqrt{2}\pi : 4$

(D) $\sqrt{2}\pi : 8$

7-3 如图7-25所示,有两个完全相同的回路 L_1 和 L_2,回路内包含有无限长直电流 I_1 和 I_2,但在(b)图中 L_2 外又有一无限长直电流 I_3. P_1 和 P_2 是回路上两位置相同的点.请判断正误(   ).

(A) $\oint_{L_1} \boldsymbol{B} \cdot \mathrm{d}\boldsymbol{l} = \oint_{L_2} \boldsymbol{B} \cdot \mathrm{d}\boldsymbol{l}$,且 $B_{P_1} = B_{P_2}$

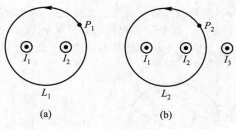

图 7-25

（B）$\oint_{L_1} \boldsymbol{B} \cdot \mathrm{d}\boldsymbol{l} \neq \oint_{L_2} \boldsymbol{B} \cdot \mathrm{d}\boldsymbol{l}$，且 $B_{P_1} = B_{P_2}$

（C）$\oint_{L_1} \boldsymbol{B} \cdot \mathrm{d}\boldsymbol{l} = \oint_{L_2} \boldsymbol{B} \cdot \mathrm{d}\boldsymbol{l}$，且 $B_{P_1} \neq B_{P_2}$

（D）$\oint_{L_1} \boldsymbol{B} \cdot \mathrm{d}\boldsymbol{l} \neq \oint_{L_2} \boldsymbol{B} \cdot \mathrm{d}\boldsymbol{l}$，且 $B_{P_1} \neq B_{P_2}$

7-4　一半导体薄片置于如图7-26所示的磁场中，薄片中电流的方向向右.试判断上下两侧的霍耳电势差（　　）.

（A）电子导电，$V_a < V_b$　　　　（B）电子导电，$V_a > V_b$

（C）空穴导电，$V_a > V_b$　　　　（D）空穴导电，$V_a = V_b$

7-5　磁介质有三种，用相对磁导率 μ_r 表征它们各自的特性时（　　）.

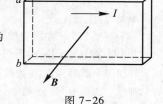

图 7-26

（A）顺磁质 $\mu_r > 0$，抗磁质 $\mu_r < 0$，铁磁质 $\mu_r \gg 1$

（B）顺磁质 $\mu_r > 1$，抗磁质 $\mu_r = 1$，铁磁质 $\mu_r \gg 1$

（C）顺磁质 $\mu_r > 1$，抗磁质 $\mu_r < 1$，铁磁质 $\mu_r \gg 1$

（D）顺磁质 $\mu_r > 0$，抗磁质 $\mu_r < 0$，铁磁质 $\mu_r \gg 1$

7-6　两种不同磁性材料做成的小棒，分别放在磁铁的两个磁极之间，小棒被磁化后在磁极间处于不同的方位，如图7-27所示.可见（　　）.

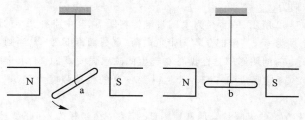

图 7-27

（A）a 棒是顺磁质，b 棒是抗磁质

（B）a 棒是顺磁质，b 棒是顺磁质

（C）a 棒是抗磁质，b 棒是顺磁质

（D）a 棒是抗磁质，b 棒是抗磁质

7-7　将一无限长载流直导线弯曲成图7-28所示的形状.已知电流为 I，圆弧半径为 R，

$\theta = 120°$,则圆心 O 处磁感强度 B 的大小为_____,B 的方向为_____.

7-8 如图 7-29 所示,有一"无限长"通电流的扁平铜片,宽度为 a,厚度不计,电流 I 在铜片上均匀分布.在铜片外与铜片共面、离铜片右边缘为 b 处的 P 点的磁感强度 B 的大小为_____.

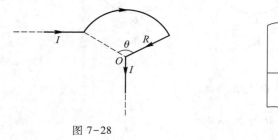

图 7-28   图 7-29

7-9 在无限长载流直导线的外侧,有一个等腰直角三角形线框,线框与直导线共面,直角边长 b 与直导线平行,一端离直导线的距离为 d,如图 7-30 所示.设直导线通过电流 I,则

(1)穿过图示距直导线 x 远处,宽度为 dx 的阴影面积 dS 中的磁通量为_____;

(2)穿过整个三角形中的磁通量为_____.

7-10 在氢原子中,电子绕原子核在半径为 r 的圆周上运动.如果外加一个磁感强度为 B 的磁场(B 的方向与圆轨道平面平行),那么,氢原子受到磁场作用的磁力矩的大小为 $M =$ _____.(设电子质量为 m_e,电子电荷的绝对值为 e.)

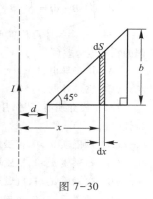

图 7-30

7-11 如图 7-31 所示,一根载流导线被弯成半径为 R 的 $\dfrac{1}{4}$ 圆弧,放在磁感强度为 B 的均匀磁场中,则载流导线 ab 所受磁场的作用力的大小为_____,方向为_____.

7-12 如图 7-32 所示,一半径为 R 的带电塑料圆盘,其中半径为 r 的阴影部分均匀带正电荷,电荷面密度为 $+\sigma$,其余部分均匀带负电荷,电荷面密度为 $-\sigma$,当圆盘以角速度 ω 旋转时,(1)求带正电荷的阴影部分在盘心 O 产生的磁感强度 B_1;(2)求带负电荷的其余部分在盘心 O 产生的磁感强度 B_2;(3)若测得盘心 O 的磁感强度为零,则 R 与 r 满足什么关系?

7-13 在半径为 r 的无限长金属圆柱内部,挖去一个半径为 $r/4$ 的无限长圆柱体,两柱体的轴线平行,中心相距 $OO' = r/4$,如图 7-33 所示.设在挖空后的金属圆柱上通以均匀分布的电流 I,I 的方向沿轴线向下.求在 OO' 的延长线上,离开 O 的距离为 $2r$ 处的点 P 的磁感强度.

7-14 一无限长直线上通有电流 I_1,在其一侧放一载有电流 I_2 的直导线 AB,AB 长 l,与 I_1 共面,且垂直于 I_1,近端与 I_1 相距 d,如图 7-34 所示.若 AB 可视作刚体,将 A 端固定,求磁场力对 A 的力矩.

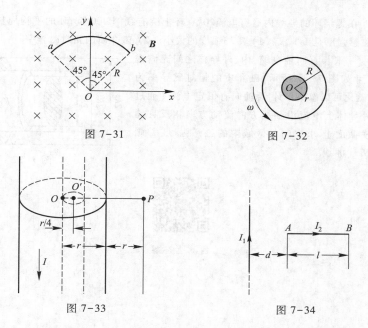

图 7-31

图 7-32

图 7-33

图 7-34

7-15 一无限长直导线 A 和长直空心圆筒中心 O 相距 1.0 m(圆筒内、外半径分别为 $r_1 = 0.50\times10^{-2}$ m, $r_2 = 1.0\times10^{-2}$ m),二者互相平行放置.A 中通有电流 $I_1 = 6.0$ A,方向如图7-35所示.今测得在 AO 延长线上的点 P 的磁感强度 $B_P = 0$.求:(1)圆筒中的电流 I_2 的大小和方向;(2)图中点 S 的磁感强度($OS = 0.60$ m, $AS = 0.80$ m);(3)单位长度导线 A 所受的磁场力的大小和方向.

7-16 如图 7-36 所示,有均匀带电细直线,电荷线密度为 λ,绕垂直于直线的轴 O 以角速度 ω 匀速转动(线形状不变,O 点在细直线的延长线上),试求:(1)O 点处的磁感应强度;(2)O 点处的磁矩.

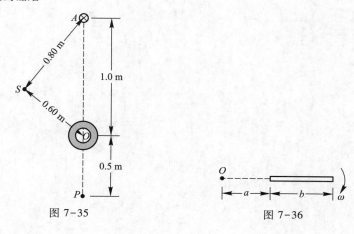

图 7-35

图 7-36

7-17 在螺绕环的导线内通有电流20 A,环上绕有线圈 400 匝,环的平均周长是 0.4 m,测得环内磁感强度是 1 T.求:(1) 磁场强度的大小;(2) 磁介质的相对磁导率.

7-18 一根长直同轴电缆,内、外导体之间充满磁介质,其尺寸如图 7-37 所示,磁介质的相对磁导率为 μ_r,导体的磁化可以忽略不计.沿轴向有恒定电流 I 通过电缆,内、外导体上电流沿轴线方向流动方向相反且均匀分布在横截面上.求空间各区域内的磁感强度,并画出 H-r 和 B-r 曲线.

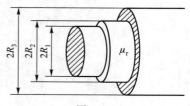

图 7-37

自测题答案

第八章

电磁感应　电磁场

基 本 要 求

1. 掌握并能熟练应用法拉第电磁感应定律和楞次定律来计算感应电动势, 并判明其方向及电势高低.

2. 理解动生电动势和感生电动势的本质, 会计算动生电动势和感生电动势. 理解感生电场的概念.

3. 理解自感和互感的现象, 会计算具有简单几何形状的导体的自感和互感.

4. 理解磁场能量和磁能密度的概念, 会计算均匀磁场和对称磁场的能量.

5. 了解位移电流和麦克斯韦电磁场的基本概念以及麦克斯韦方程组(积分形式)的物理意义.

思 路 与 联 系

前面三章, 我们分别研究了静电场和恒定磁场的基本规律. 从形式上看, 电场和磁场各自独立, 其实, 在关于场的描述和处理方法上它们有许多相似之处. 而且, 激发静电场和恒定磁场的源都是电荷——静止电荷和运动电荷(恒定电流). 由此可见, 电和磁应该存在着相互关系.

1820 年, 丹麦物理学家奥斯特发现电流的磁效应, 从一方面揭示了电与磁的联系. 之后, 英国物理学家法拉第进行了系统的实验研究, 在 1831 年发现了电磁感应现象, 并在楞次、诺伊曼、麦克斯韦等人的共同努力下, 总结出电磁感应定律. 电磁感应现象说明变化的磁场能激发电场. 这一现象的发现进一步揭示了电与磁之间的密切联系, 并为电能的产生和广泛应用开辟了道路, 推动人类社会进入电气化时代.

在此基础上, 麦克斯韦提出了变化的电场产生磁场的概念, 更进一步揭示了电场与磁场的内在联系和依存关系,从而将其统一为一个电磁场整体,并将电磁现象的实验规律归纳成电磁场基本方程——麦克斯韦方程组.至此,一个体系完整的经典电磁理论建立起来了.

本章主要讨论电磁感应现象及其基本规律,包括动生电动势、感生电动势,介绍自感、互感现象及磁场能量,最后简要介绍麦克斯韦方程组的积分形式.

学 习 指 导

一、法拉第电磁感应定律和楞次定律

从电磁感应实验中知道,一个回路无论什么原因,只要回路中磁通量随时间而变化,回路中就有感应电动势,感应电动势为

$$\mathscr{E}_i = -\frac{\mathrm{d}\Phi}{\mathrm{d}t} \tag{8-1}$$

这就是法拉第电磁感应定律.式中 Φ 为穿过回路的磁通量,$\mathrm{d}\Phi/\mathrm{d}t$ 为回路的磁通量对时间的变化率.在一般情况下,穿过回路的磁通量为

$$\Phi = \int_S \boldsymbol{B} \cdot \mathrm{d}\boldsymbol{S} = \int_S \boldsymbol{B} \cdot \boldsymbol{e}_n \mathrm{d}S = \int_S B\cos\theta \mathrm{d}S \tag{8-2}$$

式中 $\boldsymbol{e}_n$ 为回路的单位正法线矢量(简称单位正法矢),θ 为 $\boldsymbol{B}$ 与 $\boldsymbol{e}_n$ 之间的夹角.若回路闭合电阻为 R,则由式(8-1)可得回路中感应电流为

$$I_i = -\frac{1}{R}\frac{\mathrm{d}\Phi}{\mathrm{d}t}$$

还可以算出在时间间隔 $\Delta t = t_2 - t_1$ 内,穿过回路导线上任意截面的电荷为

$$q = \int I_i \mathrm{d}t = -\frac{1}{R}\int_{\Phi_1}^{\Phi_2}\mathrm{d}\Phi = \frac{1}{R}(\Phi_1 - \Phi_2)$$

式中 Φ_1 和 Φ_2 分别为时刻 t_1 和 t_2 穿过回路的磁通量.

至于感应电动势的方向则可由楞次定律确定.楞次定律指出,当穿过闭合导线回路的磁通量发生变化时,回路中感应电流所产生的磁通量要抵偿引起感应电流的磁通量的改变.楞次定律还可表述为:回路中的感应电流总是使它所激起的磁场反抗任何引起电磁感应的变化.这就是式(8-1)中负号的物理意义.

实际计算时可将式(8-1)取绝对值,得到感应电动势的值,再用楞次定律判定其方向.判定方向可分三步进行:① 确定引起电磁感应的磁感强度方向及磁通量的变化情况(增大或减小).② 由楞次定律确定感应电流激发磁场的磁感强度方向(与原磁场相反或相同).③ 由右手螺旋定则确定感应电流及感应电动势

方向.

若回路有 N 匝,则 N 匝中总的感应电动势为

$$\mathcal{E}_i = -N\frac{\mathrm{d}\Phi}{\mathrm{d}t} = -\frac{\mathrm{d}\Psi}{\mathrm{d}t} \tag{8-3}$$

式中 $\Psi = N\Phi$,叫做磁链.

二、动生电动势和感生电动势

1. 动生电动势

导体在磁场中运动时,导体中的自由电子要受到洛伦兹力的作用,这种非静电力使得导体中产生感应电动势,这种电动势是由于导体在磁场中运动所引起的,故称为动生电动势.长为 ab 的导线在磁场中运动时,它所具有的动生电动势为

$$\mathcal{E}_i = \int_a^b (\boldsymbol{v} \times \boldsymbol{B}) \cdot \mathrm{d}\boldsymbol{l} \tag{8-4}$$

式中 $\mathrm{d}\boldsymbol{l}$ 为导线上的线元,$\boldsymbol{B}$ 是外磁场的磁感强度,$\boldsymbol{v}$ 是导线的速度.

如果导线构成一闭合回路,当此回路在磁场中运动时,其动生电动势可以用下述两个方法之一来求解.

(1)对闭合回路来说,式(8-4)的积分应改为对闭合回路的积分,即

$$\mathcal{E}_i = \oint_l (\boldsymbol{v} \times \boldsymbol{B}) \cdot \mathrm{d}\boldsymbol{l} \tag{8-5}$$

(2)应用法拉第电磁感应定律 $\mathcal{E}_i = -\dfrac{\mathrm{d}\Phi}{\mathrm{d}t}$.

例1 如图8-1所示,一金属细棒 ab 以匀速率 $v = 2 \ \mathrm{m \cdot s^{-1}}$ 平行于长直导线运动,导线中的电流为 40 A.问:此棒的感应电动势为多少? 棒中哪一端电势较高?

解法1 用动生电动势定义式(8-4)求解.

由第七章已知,在真空中"无限长"载流直导线的磁感强度 $\boldsymbol{B}$ 的值为

$$B = \frac{\mu_0 I}{2\pi r} \tag{1}$$

在细棒 ab 上各点,$\boldsymbol{B}$ 的方向均垂直纸面向里,但 $\boldsymbol{B}$ 的值并不相等.所以,细棒是在非均匀磁场中运动.

选坐标轴 Or 的正方向沿水平向右(图 8-1).在细棒上取一线元 $\mathrm{d}r$,它在磁场中以速度 $\boldsymbol{v}$ 运动时所产生的动生电动势,由式(8-4)为

$$\mathrm{d}\mathcal{E}_i = (\boldsymbol{v} \times \boldsymbol{B}) \cdot \mathrm{d}r$$

式中 $\boldsymbol{B}$ 为线元 $\mathrm{d}r$ 所在处的磁感强度,由于 $\boldsymbol{v}$ 与 $\boldsymbol{B}$ 垂直,且 $\boldsymbol{v} \times \boldsymbol{B}$ 的方向与 $\mathrm{d}r$ 方向相反,故 $\mathrm{d}r$ 中的动生电动势为

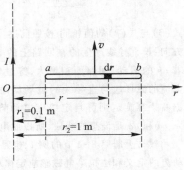

图 8-1

$$\mathrm{d}\mathscr{E}_i = -Bv\mathrm{d}r$$

把式(1)代入上式,有

$$\mathrm{d}\mathscr{E}_i = -\frac{\mu_0 Iv}{2\pi}\frac{\mathrm{d}r}{r}$$

对上式积分,可得细棒 ab 中的动生电动势为

$$\mathscr{E}_i = -\frac{\mu_0 Iv}{2\pi}\int_{r_1}^{r_2}\frac{\mathrm{d}r}{r} = -\frac{\mu_0 Iv}{2\pi}\ln\frac{r_2}{r_1} \tag{2}$$

将已知各量代入,细棒中动生电动势的值为

$$\mathscr{E}_i = -\frac{(4\pi\times10^{-7}\mathrm{N\cdot A^{-2}})\times(40\ \mathrm{A})\times(2\ \mathrm{m\cdot s^{-1}})}{2\pi}\ln\frac{1}{0.1} = -3.68\times10^{-5}\ \mathrm{V}$$

式中负号表明电动势 $\mathscr{E}_i$ 的方向与坐标轴 Or 的方向相反,即由 b 指向 a,端 a 的电势高于端 b 的电势.

电动势 $\mathscr{E}_i$ 的方向,也可以这样判定:因为 $\boldsymbol{v}\times\boldsymbol{B}$ 的方向是由 b 指向 a 的,所以非静电力 $\boldsymbol{F}_k = q\boldsymbol{v}\times\boldsymbol{B}$ 把棒 ab 中的正电荷由端 b 移向端 a,致使端 a 的电势高于端 b,动生电动势 $\mathscr{E}_i$ 的方向亦由 b 指向 a.

解法 2 用法拉第电磁感应定律求解.

如图 8-2 所示,设想有三个线段 bc、cd 和 da,且 $bc = da = l$,使它们与 ab 构成一个矩形回路 $abcda$.于是电流 I 激发的磁场穿过矩形回路的磁通量为

$$\Phi = \int\boldsymbol{B}\cdot\mathrm{d}\boldsymbol{S} = \int Bl\mathrm{d}r = \int\frac{\mu_0 I}{2\pi r}l\mathrm{d}r$$

$$= \frac{\mu_0 Il}{2\pi}\int_{r_1}^{r_2}\frac{\mathrm{d}r}{r} = \frac{\mu_0 Il}{2\pi}\ln\frac{r_2}{r_1}$$

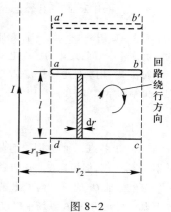

图 8-2

当棒 ab 以速度 $\boldsymbol{v}$ 运动一段时间间隔后,矩形回路由 $abcda$ 变化为 $a'b'cda'$,这时回路中的磁通量要发生变化.故由法拉第电磁感应定律得

$$\mathscr{E}_i = -\frac{\mathrm{d}\Phi}{\mathrm{d}t} = -\frac{\mu_0 I}{2\pi}\ln\frac{r_2}{r_1}\frac{\mathrm{d}l}{\mathrm{d}t}$$

$$= -\frac{\mu_0 Iv}{2\pi}\ln\frac{r_2}{r_1} \tag{3}$$

式(3)与式(2)的值相同.按照前述步骤可判断感应电动势方向:长直导线产生的在回路上的 $\boldsymbol{B}$ 垂直纸面向里,且随着 ab 的运动,回路面积增大,穿过的磁通量增大,故感生电流的磁场应与直导线的磁场反向,即垂直纸面向外,根据右手螺旋定则可判定感应电动势方向沿 $adcba$.考虑到 bc、cd 和 da 是设想的线段,所以此电动势应在金属棒 ab 内,且电动势的方向由 b 端指向 a 端.

教材上册第 8-2 节的例 1,也是一个很典型的求解动生电动势的例题,可分别用动生电动势的定义和法拉第电磁感应定律求解.读者可自行练习.

2. 感生电动势　感生电场

若一闭合导线回路或一段导体静止地处于磁感强度 $\boldsymbol{B}$ 随时间而变化的磁场中,即 $\mathrm{d}\boldsymbol{B}/\mathrm{d}t \neq 0$,则此时回路或导体中激发的感应电动势为感生电动势.

由电动势定义知,感生电动势为

$$\mathscr{E}_i = \oint_l \boldsymbol{E}_k \cdot \mathrm{d}\boldsymbol{l} \tag{8-6}$$

式中 $\boldsymbol{E}_k$ 为由变化磁场激发的非静电场,称为感生电场. $\oint_l$ 遍及闭合回路,$\mathscr{E}_i$ 为回路上的感生电动势.由法拉第电磁感应定律,式(8-6)还可以写成

$$\mathscr{E}_i = \oint_l \boldsymbol{E}_k \cdot \mathrm{d}\boldsymbol{l} = -\frac{\mathrm{d}\boldsymbol{\Phi}}{\mathrm{d}t} \tag{8-7}$$

应注意感生电场与静电场的异同.它们的相同点是:对电荷都有电场力的作用.它们的不同点主要有二:一是静电场是由静止电荷所激发,而感生电场则由变化磁场所激发,恒定电流的磁场就不能激发感生电场;其次,静电场是保守场,它的电场强度 $\boldsymbol{E}$ 沿任意闭合回路的环流均为零,即

$$\oint_l \boldsymbol{E} \cdot \mathrm{d}\boldsymbol{l} = 0$$

而感生电场电场强度 $\boldsymbol{E}_k$ 的环流一般不为零,考虑到 $\boldsymbol{\Phi} = \int_S \boldsymbol{B} \cdot \mathrm{d}\boldsymbol{S}$,故由式(8-7),感生电场电场强度 $\boldsymbol{E}_k$ 的环流为

$$\mathscr{E}_i = \oint_l \boldsymbol{E}_k \cdot \mathrm{d}\boldsymbol{l} = -\frac{\mathrm{d}\boldsymbol{\Phi}}{\mathrm{d}t} = -\int_S \frac{\mathrm{d}\boldsymbol{B}}{\mathrm{d}t} \cdot \mathrm{d}\boldsymbol{S} \tag{8-8}$$

这表明感生电场不是保守场,它的电场线是无头无尾的,故感生电场又称有旋电场.

麦克斯韦把有旋电场加以推广,即无论闭合回路是否由导体所构成,即使真空也罢,只要回路所包围的面积内磁感强度随时间在变化($\mathrm{d}B/\mathrm{d}t \neq 0$),回路中就存在感生电场,就有感生电动势.唯一的差别是,导体回路中有感生电流,而非导体回路中没有感生电流而已.

例2　如图8-3所示,把一导线弯成半径 R 为 1 m 的半圆形,并把它放在磁感强度随时间均匀变化的磁场中,即 $\mathrm{d}B/\mathrm{d}t$ 为一常量.已知半圆形导线上任意点感生电场电场强度的值为 1×10^{-2} V·m^{-1},其方向与半圆形导线相切.求半圆形导线上的感生电动势及磁感强度随时间的变化率 $\mathrm{d}B/\mathrm{d}t$.

解　按题意,半圆形 abc 是一个非闭合回路,故设想有一个半径亦为 R 的半圆形 cda,这样它们就构成一个半径为 R 的圆形回路.按照麦克斯韦所推广的无论回路是否由导体所构成,只要回路中的 $\mathrm{d}B/\mathrm{d}t \neq 0$,回路中总有感生电动势产生的看法.由式(8-8)有

$$\mathscr{E}_i = \oint_l \boldsymbol{E}_k \cdot \mathrm{d}\boldsymbol{l} = E_k \int_0^{2\pi R} \mathrm{d}l = E_k 2\pi R$$

所以,半圆形导线 abc 中的感生电动势为

$$\mathscr{E}_{iabc} = \frac{\mathscr{E}_i}{2} = \pi R E_k = \pi \times (1 \text{ m}) \times (1 \times 10^{-2} \text{ V} \cdot \text{m}^{-1}) = 3.14 \times 10^{-2} \text{ V}$$

上述结果还可以这样得出,若从点 c 过圆心 O 作一直线到点 a,也能构成一闭合回路 $abcOa$.由式(8-8)有

$$\mathscr{E}_i = \oint_l \boldsymbol{E}_k \cdot d\boldsymbol{l} = \int_{abc} \boldsymbol{E}_k \cdot d\boldsymbol{l} + \int_{cOa} \boldsymbol{E}_k \cdot d\boldsymbol{l}$$

考虑到线段 cOa 上各点 E_k 的方向均与 cOa 垂直,故 $\int_{cOa} \boldsymbol{E}_k \cdot d\boldsymbol{l} = 0$,所以半圆形 abc 上的电动势为

$$\mathscr{E}_{iabc} = \int_{abc} \boldsymbol{E}_k \cdot d\boldsymbol{l} = E_k \pi R$$

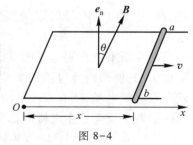

图 8-3

这与前一个方法所得结果一致.

又因对给定回路,有

$$\frac{d\Phi}{dt} = S \frac{dB}{dt}$$

所以

$$\frac{dB}{dt} = \frac{d\Phi}{Sdt} = \frac{\mathscr{E}_{iabc}}{S} = \frac{\pi R E_k}{\frac{1}{2}\pi R^2} = \frac{2E_k}{R} = 2 \times 10^{-2} \text{ T} \cdot \text{s}^{-1}$$

例3 如图8-4所示,均匀磁场 $\boldsymbol{B}$ 与导线回路法线间的夹角为 $\theta = \frac{\pi}{3}$.若此均匀磁场 $\boldsymbol{B}$ 随时间线性增加,即 $B = kt(k>0)$.有一长为 l 的金属杆 ab 以恒定速率 v 向右滑动.求回路中任一时刻感应电动势的大小和方向.

解 由于磁场 $\boldsymbol{B}$ 随时间在变化,同时杆 ab 又在运动,所以在回路中,既有感生电动势,又有动生电动势.如果我们分别计算感生电动势和动生电动势,将是较麻烦的,而用法拉第电磁感应定律求解,就可不必区分感生与动生,在所求结果中,感生电动势与动生电动势都包括在内了.下面我们用法拉第电磁感应定律来求解.

设回路的绕行方向为逆时针,则回路正法线方向如图8-4所示.选如图所示的 Ox 轴,金属杆 ab 距原点 O 的距离为 x,那么在 t 时刻穿过回路所包围面积的磁通量为

$$\Phi = \int_S \boldsymbol{B} \cdot d\boldsymbol{S} = Blx\cos\frac{\pi}{3} = \frac{1}{2}lBx \tag{1}$$

式中 B 与 x 皆是时间 t 的函数.根据法拉第电磁感应定律,有

$$\mathscr{E}_i = -\frac{d\Phi}{dt} = -\frac{l}{2}\frac{\partial B}{\partial t}x - \frac{l}{2}B\frac{\partial x}{\partial t} \tag{2}$$

很显然,式(2)中第一项为感生电动势,第二项为动生电动势.将 $B = kt$ 和 $x = vt$ 代入上式,得回

路中感应电动势为

$$\mathscr{E}_i = -lkvt$$

式中负号说明$\mathscr{E}_i$的绕行方向与原假设的回路绕行方向相反,即为顺时针.

三、自感和互感

由电流的变化而产生的电磁感应现象,不外乎两种原因,一是由于回路本身电流发生变化而引起回路自身磁通量的改变,一是由于邻近回路中电流发生变化而引起回路磁通量的改变,前者为自感现象,后者为互感现象.

1. 自感

自感的定义为

$$L = \frac{\Phi}{I} \tag{8-9}$$

上式的物理意义是:回路的自感在数值上等于回路中的电流为单位电流时,穿过此回路的磁通量.由于穿过回路的磁通量与回路中的电流成正比,所以从式(8-9)可以看出,通过回路的电流I与穿过回路的磁通量Φ之比总是一个给定的常量.这也就是说,一个给定回路的自感是一个常量,它只与组成回路的导体形状、结构和磁介质有关,与回路是否通电无关.自感的这个特点与电容很类似,自感的定义式与电容的定义式$C = q/(V_1 - V_2)$也相似.

若回路中的电流随时间而变化,回路中的自感电动势为

$$\mathscr{E}_L = -L \frac{\mathrm{d}I}{\mathrm{d}t} \tag{8-10}$$

上式也可写成

$$L = \frac{|\mathscr{E}_L|}{\mathrm{d}I/\mathrm{d}t} \tag{8-11}$$

它表明,回路的自感等于回路中自身电流随时间变化率为一个单位时(即$\mathrm{d}I/\mathrm{d}t = 1$),回路中自感电动势的绝对值.

式(8-10)中"-"号是楞次定律的数学表示,它指出自感电动势总是反抗回路中电流的改变.

利用式(8-9)或式(8-11)可以计算自感,但在理论计算上常用式(8-9),而在实验室中常用式(8-11).求解自感的步骤大致是:先设电路中有电流I,取一回路,求出在回路面积上由电流I所激发的磁场的磁感强度分布,再求出穿过此回路面积的磁通量Φ与电流I的关系式,最后由式(8-9)求得此电路的自感.

需注意,若线圈有N匝,穿过N匝线圈的总磁通量为磁链Ψ,则线圈的自感应为

$$L = \frac{\Psi}{I} = \frac{N\Phi}{I}$$

2. 互感

有邻近两个线圈 1 和 2,如通过线圈 1 的电流为 I_1,由于 I_1 在线圈 2 中产生的磁通量为 Φ_{21},那么,线圈 1 对线圈 2 的互感定义为

$$M_{21} = \frac{\Phi_{21}}{I_1} \qquad (8-12)$$

上式的物理意义是:线圈 1 对线圈 2 的互感,在数值上等于线圈 1 中的电流 I_1 为单位电流时,穿过线圈 2 的磁通量.只要线圈 1 和线圈 2 的形状、大小、匝数、相对位置以及周围磁介质都不改变,那么无论线圈 1 中的电流如何变化,式(8-12)的比值都为常量.这也就是说,互感不依赖于线圈中的电流.

同理,若线圈 2 中通以电流 I_2,在线圈 1 中的磁通量为 Φ_{12},它们的比值也为一常量:

$$M_{12} = \frac{\Phi_{12}}{I_2} \qquad (8-13)$$

M_{12} 为线圈 2 对线圈 1 的互感.同样,M_{12} 也与电流无关,只与两线圈的形状、大小、相对位置以及磁介质有关.

理论[①]和实验都证明,M_{21} 和 M_{12} 在数值上是相等的,即 $M_{21} = M_{12} = M$.若线圈 1 有 N_1 匝,线圈 2 有 N_2 匝,则它们的磁链分别是 Ψ_{21} 和 Ψ_{12}.于是式(8-12)和式(8-13)可写成

$$M = \frac{\Psi_{21}}{I_1} = \frac{N_2 \Phi_{21}}{I_1}$$

或

$$M = \frac{\Psi_{12}}{I_2} = \frac{N_1 \Phi_{12}}{I_2}$$

计算两线圈之间互感的步骤与计算自感相似,先设某一线圈中的电流为 I,再求出在此电流影响下另一线圈中的磁通量 Φ(或磁链 Ψ),两者的比值即为它们的互感.

若线圈 1 中的电流 I_1 随时间而变化,回路 2 中的互感电动势为

$$\mathscr{E}_{21} = -M \frac{\mathrm{d}I_1}{\mathrm{d}t} \qquad (8-14a)$$

同样,若线圈 2 中的电流 I_2 随时间而变化,回路 1 中的互感电动势为

---

① 余守宪,等.物理学:电磁学.北京:高等教育出版社,1983:352-353.读者可参阅其中给出的较为简洁的证明.

$$\mathscr{E}_{12} = -M\frac{\mathrm{d}I_2}{\mathrm{d}t} \tag{8-14b}$$

例 4 如图8-5所示,长直导线与直角三角形线圈处于同一平面内,求它们之间的互感.(已知三角形两直角边长分别为 a 和 b,三角形的一端离开长直导线的距离为 d.)

解 取 Oxy 坐标系如图所示.设长直导线中的电流为 I,它在坐标为 x 处的磁感强度的值为

$$B = \frac{\mu_0 I}{2\pi(d+x)}$$

选图中所示的阴影为面积元,其面积为

$$\mathrm{d}S = y\mathrm{d}x = x(\tan\theta)\mathrm{d}x = \frac{a}{b}x\mathrm{d}x$$

穿过三角形线圈的磁通量为

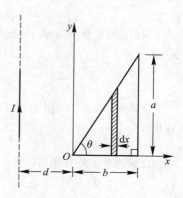

图 8-5

$$\Phi = \int B\mathrm{d}S = \frac{\mu_0 Ia}{2\pi b}\int_0^b \frac{x}{d+x}\mathrm{d}x = \frac{\mu_0 Ia}{2\pi b}\left(b - d\ln\frac{d+b}{d}\right)$$

故长直导线与三角形线圈的互感为

$$M = \frac{\Phi}{I} = \frac{\mu_0 a}{2\pi}\left(1 - \frac{d}{b}\ln\frac{d+b}{d}\right)$$

四、磁场能量

如同电容器能贮存能量一样,自感线圈也能贮存能量.若自感线圈中的电流为 I,自感为 L,则贮存的能量为

$$W_m = \frac{1}{2}LI^2 \tag{8-15}$$

上式与电容器的能量公式 $W_e = \frac{1}{2}\frac{Q^2}{C}$ 很相似.

当自感线圈有电流通过时,在线圈中就建立了磁场,所以自感线圈中的能量实际上是贮存在磁场中的.一般地,凡是存在磁场的空间都具有磁场能量.磁场的能量密度(单位体积中的磁场能量)为

$$w_m = \frac{1}{2}\frac{B^2}{\mu} \tag{8-16}$$

式中 $\mu = \mu_0\mu_r$.上式与电场的能量密度公式 $w_e = \frac{1}{2}\varepsilon E^2$ 相似.

例 5 一根横截面半径为 R 的圆柱形长直载流铜导线,其电流为 I,在导线的横截面上电流是均匀分布的.求半径为 $r(r>R)$,长度为 l,与导线同轴的圆柱体内的磁场能量.

解 将长直导线看成无限长圆柱体,在圆柱体的内、外均有磁场.根据教材上册第7-6节

例 2 可知,圆柱体内的磁感强度分布为

$$B_1 = \frac{\mu I r}{2\pi R^2} \quad (r<R) \tag{1}$$

由于铜的相对磁导率 $\mu_r \approx 1$,故上式中的 $\mu \approx \mu_0$.圆柱体外的磁感强度分布为(空气的磁导率 $\mu \approx \mu_0$)

$$B_2 = \frac{\mu_0 I}{2\pi r} \quad (r>R) \tag{2}$$

取体积元是长为 l,半径分别为 r 和 $r+dr$ 与长直导线共轴的圆柱壳,那么该体积元的体积为

$$dV = 2\pi l r dr \tag{3}$$

利用磁场能量公式,所求圆柱体内的能量为

$$W_m = \int dw_m = \int_0^R \frac{1}{2} \frac{B_1^2}{\mu} dV + \int_R^r \frac{1}{2} \frac{B_2^2}{\mu_0} dV$$

将式(1)、式(2)和式(3)代入上式,得

$$W_m = \frac{\mu_0 I^2 l}{4\pi R^4} \int_0^R r^3 dr + \frac{\mu_0 I^2 l}{4\pi} \int_R^r \frac{dr}{r} = \frac{\mu_0 I^2 l}{16\pi} + \frac{\mu_0 I^2 l}{4\pi} \ln \frac{r}{R}$$

五、麦克斯韦电磁场的基本概念　电磁场方程的积分形式

1. 静电场和恒定电流磁场的比较

静 电 场	恒定电流的磁场
描述静电场的场量:电场强度 E	描述磁场的场量:磁感强度 B
辅助量:电位移 D	辅助量:磁场强度 H
真空电容率 ε_0	真空磁导率 μ_0
电介质的相对电容率 ε_r	磁介质的相对磁导率 μ_r
真空中点电荷的电场强度公式: $$dE = \frac{1}{4\pi\varepsilon_0} \frac{dq}{r^2} e_r$$	真空中电流元的磁感强度公式:毕奥－萨伐尔定律 $$dB = \frac{\mu_0 I}{4\pi} \frac{dl \times e_r}{r^2}$$
静电场中的高斯定理: $\oint_S E \cdot dS = \sum q_i / \varepsilon_0$ 或 $\oint_S D \cdot dS = \sum q_i$,它指出静电场是有源场,其电场线始于正电荷,止于负电荷.	恒定电流磁场中的高斯定理: $\oint_S B \cdot dS = 0$,它指出恒定电流磁场的磁感线总是闭合的,故其磁场为有旋场.

续表

静　电　场	恒定电流的磁场
静电场的环路定理：$\oint_l \boldsymbol{E} \cdot \mathrm{d}\boldsymbol{l} = 0$，它指出静电场是保守场.	恒定电流磁场的安培环路定理：$\oint_l \boldsymbol{B} \cdot \mathrm{d}\boldsymbol{l} = \mu_0 \sum I_i$ 或 $\oint_l \boldsymbol{H} \cdot \mathrm{d}\boldsymbol{l} = \sum I_i$，它指出磁场为非保守场.
电介质中 $\boldsymbol{D}$ 与 $\boldsymbol{E}$ 的关系：$\boldsymbol{D} = \varepsilon_0 \varepsilon_r \boldsymbol{E}$	磁介质中 $\boldsymbol{H}$ 与 $\boldsymbol{B}$ 的关系：$\boldsymbol{H} = \dfrac{\boldsymbol{B}}{\mu_0 \mu_r}$
电场的能量密度：$w_e = \dfrac{1}{2} \varepsilon_0 \varepsilon_r E^2 = \dfrac{1}{2} DE$	磁场的能量密度：$w_m = \dfrac{1}{2} \dfrac{B^2}{\mu_0 \mu_r} = \dfrac{1}{2} HB$

2. 麦克斯韦关于有旋电场和位移电流的假设

麦克斯韦认为只要空间的磁感强度随时间的变化率 $\dfrac{\mathrm{d}\boldsymbol{B}}{\mathrm{d}t} \neq 0$，那么在空间任意闭合回路上就有

$$\oint_l \boldsymbol{E}_k \cdot \mathrm{d}\boldsymbol{l} = -\int_s \frac{\partial \boldsymbol{B}}{\partial t} \cdot \mathrm{d}\boldsymbol{S} \tag{8-17}$$

式中 $\boldsymbol{E}_k$ 是非静电电场强度，其电场称为有旋电场. $\oint_l \boldsymbol{E}_k \cdot \mathrm{d}\boldsymbol{l}$ 为非静电场的环流. 如果把它与静电场的环路定理

$$\oint_l \boldsymbol{E} \cdot \mathrm{d}\boldsymbol{l} = 0 \tag{8-18}$$

加在一起，则有

$$\oint_l (\boldsymbol{E} + \boldsymbol{E}_k) \cdot \mathrm{d}\boldsymbol{l} = -\int_s \frac{\partial \boldsymbol{B}}{\partial t} \cdot \mathrm{d}\boldsymbol{S} \tag{8-19}$$

式(8-19)包含静电场和有旋电场的环流，它比式(8-17)或式(8-18)要普遍些.

除变化磁场产生感生电场外，麦克斯韦还提出位移电流的假设. 他指出：除传导电流和运流电流能激发磁场外，变化的电场也能激发磁场. 在一闭合回路中，如电场的电位移随时间变化率 $\dfrac{\mathrm{d}\boldsymbol{D}}{\mathrm{d}t} \neq 0$，那么在此闭合回路上，就有

$$\oint_l \boldsymbol{H} \cdot \mathrm{d}\boldsymbol{l} = \int_s \frac{\partial \boldsymbol{D}}{\partial t} \cdot \mathrm{d}\boldsymbol{S} \tag{8-20}$$

式中

$$\boldsymbol{j}_d = \frac{\partial \boldsymbol{D}}{\partial t}, \quad I_d = \frac{\mathrm{d}\Psi}{\mathrm{d}t} = \int_s \frac{\partial \boldsymbol{D}}{\partial t} \cdot \mathrm{d}\boldsymbol{S} \tag{8-21}$$

j_d 为位移电流密度，I_d 为位移电流，$\varPsi$ 为电位移通量.式（8-21）的物理意义是：电场中某一点位移电流密度等于该点电位移矢量随时间的变化率；通过电场中某一截面的位移电流等于通过该截面的电位移通量随时间的变化率.如果把式（8-20）与恒定电流磁场的安培环路定理

$$\oint_l \boldsymbol{H} \cdot \mathrm{d}\boldsymbol{l} = I_c \qquad\qquad (8-22)$$

加在一起（I_c 为传导电流），那么就有

$$\oint_l \boldsymbol{H} \cdot \mathrm{d}\boldsymbol{l} = I_c + \frac{\mathrm{d}\varPsi}{\mathrm{d}t} = \int_S \left(\boldsymbol{j}_c + \frac{\partial \boldsymbol{D}}{\partial t} \right) \cdot \mathrm{d}\boldsymbol{S} \qquad (8-23)$$

式（8-23）包含了恒定电流磁场和位移电流磁场的环流，称为全电流定理，它比式（8-20）和式（8-22）都要普遍些.

　　总之，麦克斯韦的有旋电场和位移电流的假设分别指出了变化磁场产生感生电场，而变化电场则产生感生磁场．它们指出，电场和磁场是相互联系的整体.存在交变电场的空间就存在交变磁场，同样，存在交变磁场的空间也存在交变电场．这就是麦克斯韦电磁场的基本概念．

3. 麦克斯韦电磁场方程的积分形式

　　由于麦克斯韦提出有旋电场和位移电流，使电场和磁场的基本方程由

$$\oint_S \boldsymbol{D} \cdot \mathrm{d}\boldsymbol{S} = q$$

$$\oint_l \boldsymbol{E} \cdot \mathrm{d}\boldsymbol{l} = 0$$

$$\oint_S \boldsymbol{B} \cdot \mathrm{d}\boldsymbol{S} = 0$$

$$\oint_l \boldsymbol{H} \cdot \mathrm{d}\boldsymbol{l} = I_c$$

改写成

$$\oint_S \boldsymbol{D} \cdot \mathrm{d}\boldsymbol{S} = q$$

$$\oint_l \boldsymbol{E} \cdot \mathrm{d}\boldsymbol{l} = -\int_S \frac{\partial \boldsymbol{B}}{\partial t} \cdot \mathrm{d}\boldsymbol{S}$$

$$\oint_S \boldsymbol{B} \cdot \mathrm{d}\boldsymbol{S} = 0$$

$$\oint_l \boldsymbol{H} \cdot \mathrm{d}\boldsymbol{l} = \int_S \left(\boldsymbol{j}_c + \frac{\partial \boldsymbol{D}}{\partial t} \right) \cdot \mathrm{d}\boldsymbol{S}$$

这四个方程是电磁场的基本方程，由它们出发可以导出静电场、感生电场、恒定电流磁场以及交变电磁场的所有公式，并能解释电磁场的一些具体现象．

例 6　一平行圆板空气电容器,圆板的半径为 $R = 5.0$ cm. 在充电时,两极板间的电场强度随时间的变化率为 1.0×10^5 V·m^{-1}·s^{-1}. 求:(1)两极板间的位移电流;(2)圆板边缘处感生磁场的磁感强度 B.

解　由于平行圆板间为空气,故 $\varepsilon = \varepsilon_0 \varepsilon_r \approx \varepsilon_0$. 于是 $\boldsymbol{D} = \varepsilon_0 \varepsilon_r \boldsymbol{E} \approx \varepsilon_0 \boldsymbol{E}$. 按位移电流定义,有

$$I_d = \int_s \frac{\partial \boldsymbol{D}}{\partial t} \cdot d\boldsymbol{S} = \varepsilon_0 \frac{dE}{dt} S$$

S 为圆板面积,即 $S = \pi R^2$,所以

$$I_d = \varepsilon_0 \frac{dE}{dt} \pi R^2$$

将已知数据代入上式,得

$$I_d = 7.0 \times 10^{-9} \text{ A}$$

另外全电流定理为

$$\oint_l \boldsymbol{H} \cdot d\boldsymbol{l} = I_c + I_d$$

因电容器内两平行圆板间的传导电流 $I_c = 0$,本题欲求圆板边缘处的磁感强度,故取 $\boldsymbol{H}$ 的环流沿圆板边缘进行. 于是有

$$\oint_l \boldsymbol{H} \cdot d\boldsymbol{l} = H 2\pi R = I_d$$

即

$$H = \frac{I_d}{2\pi R}$$

故得

$$B = \mu_0 H = \frac{\mu_0 I_d}{2\pi R}$$

将 $I_d = 7.0 \times 10^{-9}$ A, $R = 0.050$ m 代入,得

$$B = 2.8 \times 10^{-14} \text{ T}$$

难 点 讨 论

本章的难点是感生电场.初学者常感到感生电场概念抽象,难以理解.对此,这里作些讨论.

磁场中的导体回路运动时,产生的感应电动势叫做动生电动势.导体回路不动而磁场变化时,产生的感应电动势叫做感生电动势.产生动生电动势的原因是洛伦兹力,那么,产生感生电动势的原因是什么呢? 导体回路不动而磁场变化,产生感生电动势,可见,此时导体中的自由电荷由于 $\boldsymbol{B}$ 变化而受到一个力作用发生定向移动.这个力既不是洛伦兹力(因为受力电荷无宏观运动),也不是库仑力(因为库仑力不会与磁场变化有关),而且,很显然这个力与回路无关,可以设想,在存在变化磁场的空间放一个静止电荷,也将会受到这样一个力作用.可见,变化磁场具有一种特殊的性质,它会对静止电荷产生一个作用力.将电场力和电

场的概念进行推广:这种作用于静止电荷上的力(粒子由于带电而受的力)叫做电场力;能提供电场力的空间存在电场.由此可以说,变化的磁场在空间激发了一种电场,称为感生电场.产生感生电动势的原因就是这种感生电场.电子感应加速器就是感生电场的一个应用实例.

感生电场的性质,可按分析一般矢量场性质的方法,从两个方面来看.一是其对任一闭合曲面的通量 $\oint_S \boldsymbol{E}_k \cdot \mathrm{d}\boldsymbol{S}$;二是其沿任一闭合曲线的环流 $\oint_l \boldsymbol{E}_k \cdot \mathrm{d}\boldsymbol{l}$.分析得到 $\oint_S \boldsymbol{E}_k \cdot \mathrm{d}\boldsymbol{S}=0$;$\oint_l \boldsymbol{E}_k \cdot \mathrm{d}\boldsymbol{l}=-\int_S \dfrac{\partial \boldsymbol{B}}{\partial t} \cdot \mathrm{d}\boldsymbol{S}$,由此可见,感生电场的电场线是闭合曲线,感生电场也称为有旋电场,感生电场不是保守场.这些性质是与静电场截然不同的.当然,感生电场与静电场也有相同之处,那就是都对场中电荷有力的作用.读者可将感生电场与静电场进行比较,以便理解掌握.

关于感生电场 $\boldsymbol{E}_k$ 的计算,在许多情况下,从已知 $\dfrac{\partial \boldsymbol{B}}{\partial t}$ 求 $\boldsymbol{E}_k$,数学上较困难,只有少数具有对称性的简单情况(如无限长螺线管)可较简便地求出.这种情况教材中有相关的习题,这里不再举例.

自 测 题

8-1   如图8-6所示,一宽为 l 的矩形线圈,沿 Ox 轴正方向以一恒定速度 v 穿过一均匀磁场区,磁场局限于以边长为 $2l$ 的正方形为底的柱形空间内,磁场方向如图所示.若以正方形底的中心为坐标原点,线圈的顺时针方向为回路绕行方向,并以线圈中心的坐标 x 表示线圈位置,则表示线圈内感应电动势随位置变化关系的 $\mathscr{E}-x$ 图线是(   ).

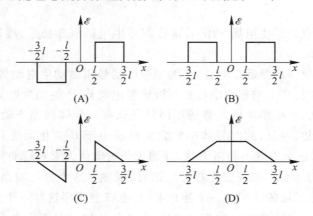

8-2　将导线折成半径为 R 的 $\frac{3}{4}$ 圆弧,然后放在垂直纸面向里的均匀磁场 **B** 里,导线沿 aOe 的分角线方向以速度 v 向右运动,见图 8-7.

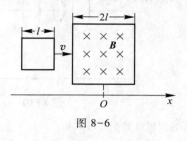

图 8-6

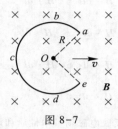

图 8-7

(1) 导线中产生的感应电动势为( ).

(A) 0　　　　　(B) $\frac{\sqrt{2}}{2}BRv$　　　　(C) BRv　　　　(D) $\sqrt{2}BRv$

(2) 导线中电势差最大的两点为( ).

(A) a 与 e　　　　(B) b 与 d　　　　(C) a 与 c　　　　(D) c 与 d

8-3　如图 8-8 所示,两个环形线圈 a、b 互相垂直放置,当它们的电流 I_1 和 I_2 同时发生变化时,则有下列情况发生( ).

(A) a 中产生自感电流,b 中产生互感电流

(B) b 中产生自感电流,a 中产生互感电流

(C) a、b 中同时产生自感和互感电流

(D) a、b 中只产生自感电流,不产生互感电流

8-4　在圆柱形空间内有一磁感强度为 **B** 的均匀磁场,如图 8-9 所示. **B** 的大小以速率 $\frac{dB}{dt}$ 变化,在磁场中有 A、B 两点,其间可放置一直导线和一弯曲的导线,则有下列哪种情况( ).

(A) 电动势只在直导线中产生

(B) 电动势只在弯曲的导线中产生

(C) 电动势在直导线和弯曲的导线中都产生,且两者大小相等

(D) 直导线中的电动势小于弯曲导线中的电动势

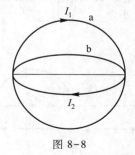

图 8-8

图 8-9

8-5 在图8-10中,有一平板电容器,在它充电时(忽略边缘效应),沿环路 L_1、L_2 磁场强度 H 的环流中,必有以下关系( ).

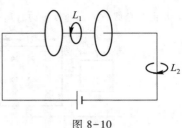

(A) $\oint_{L_1} \boldsymbol{H} \cdot \mathrm{d}\boldsymbol{l} > \oint_{L_2} \boldsymbol{H} \cdot \mathrm{d}\boldsymbol{l}$

(B) $\oint_{L_1} \boldsymbol{H} \cdot \mathrm{d}\boldsymbol{l} = \oint_{L_2} \boldsymbol{H} \cdot \mathrm{d}\boldsymbol{l}$

(C) $\oint_{L_1} \boldsymbol{H} \cdot \mathrm{d}\boldsymbol{l} < \oint_{L_2} \boldsymbol{H} \cdot \mathrm{d}\boldsymbol{l}$

(D) $\oint_{L_1} \boldsymbol{H} \cdot \mathrm{d}\boldsymbol{l} = 0$

图 8-10

8-6 反映电磁场基本性质和规律的麦克斯韦方程组的积分形式是

$$\oint_s \boldsymbol{D} \cdot \mathrm{d}\boldsymbol{S} = q \quad ① \qquad \oint_l \boldsymbol{E} \cdot \mathrm{d}\boldsymbol{l} = -\int_s \frac{\partial \boldsymbol{B}}{\partial t} \cdot \mathrm{d}\boldsymbol{S} \qquad ②$$

$$\oint_s \boldsymbol{B} \cdot \mathrm{d}\boldsymbol{S} = 0 \quad ③ \qquad \oint_l \boldsymbol{H} \cdot \mathrm{d}\boldsymbol{l} = \int_s \left(\boldsymbol{j}_c + \frac{\partial \boldsymbol{D}}{\partial t} \right) \cdot \mathrm{d}\boldsymbol{S} \qquad ④$$

试判断下列结论包含于或等效于哪一个方程式(将方程的编号填入括号内).

(A) 电荷总伴随有电场 ( )
(B) 静电场是保守场 ( )
(C) 磁感线是无头无尾的 ( )
(D) 变化的磁场一定伴随有电场 ( )
(E) 感生电场是有旋场 ( )
(F) 变化的电场总伴随有磁场 ( )
(G) 电场线的头尾在电荷上 ( )

8-7 半径为 L 的均匀导体圆盘绕通过中心 O 的垂直轴转动,角速度为 ω,盘面与均匀磁场 B 垂直,如图 8-11 所示.

(1) 在图上标出 Oa 线段中动生电动势的方向.

(2) 填写下列电势差的值(设 ca 段长度为 d):

$V_a - V_O = \underline{\hspace{2cm}}$;

$V_a - V_b = \underline{\hspace{2cm}}$;

$V_a - V_c = \underline{\hspace{2cm}}$.

8-8 载有恒定电流 I 的长直导线旁有一半圆环导线 cd,半圆环半径为 b,环面与直导线垂直,且半圆环两端点连线的延长线与直导线相交,如图 8-12 所示.当半圆环以速度 $\boldsymbol{v}$ 沿平行于直导线的方向平移时,半圆环上的感应电动势的大小为 $\underline{\hspace{2cm}}$.

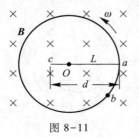

图 8-11

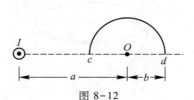

图 8-12

8-9 一半径为 R 没有铁芯的"无限长"密绕螺线管,单位长度上的匝数为 n,通入 $\dfrac{\mathrm{d}I}{\mathrm{d}t}=$ 常量的增长电流.将一导线垂直于磁场放置在管内外,如图 8-13 所示,设 $ab=bc=R$,则导线 ab 上感生电动势的大小为_____,导线 bc 上的感生电动势的大小为_____.

8-10 一宽为 a,长为 b 的矩形导线框与"无限长"直导线共面放置,如图 8-14 所示,则线圈与"无限长"直导线间的互感 $M=$_____.若线圈中通以 $I=I_0\mathrm{e}^{-\alpha t}$ 的电流,式中 I_0、α 均为常量,则在 t 时刻,"无限长"直导线上的感应电动势 $\mathscr{E}_\mathrm{i}=$_____.

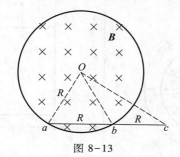

图 8-13

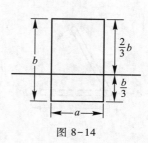

图 8-14

8-11 如图8-15所示,线圈 1 和线圈 2 并联地接到一电动势恒定的电源上.线圈 1 的自感和电阻分别是线圈 2 的三倍,线圈 1 和 2 之间的互感可忽略不计.那么,线圈 1 的磁能与线圈 2 的磁能之比 $W_\mathrm{m1}/W_\mathrm{m2}=$_____.

8-12 在一圆柱形空间,存在着轴向均匀磁场,磁场随时间的变化率 $\mathrm{d}B/\mathrm{d}t>0$.在与 $\boldsymbol{B}$ 垂直的平面内有如图 8-16 所示的回路 $ACDE$.则该回路中感应电动势的值 $\mathscr{E}_\mathrm{i}=$_____;$\mathscr{E}_\mathrm{i}$ 的方向为_____.(已知圆柱形的半径为 r,$OA=r/2$,$\theta=30°$.)

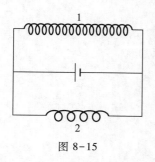

图 8-15

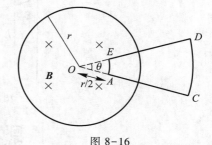

图 8-16

8-13 在一无限长载流(电流为 I)直导线附近,有一根长为 l 的金属棒,此棒可在与直导线共面的平面内,绕其一个端点 O 转动(图 8-17),当棒转到水平位置时,其角速度为 ω,求此时棒两端的电势差 U_{Ob},哪一端电势高?

8-14 如图 8-18 所示,一均匀密绕的长直螺线管半径为 R_1,长为 $L(L\gg R_1)$,单位长度的匝数为 n,导线中通有电流 $I=I_0\sin\omega t$.试求:

(1)螺线管内、外涡旋电场的分布;

（2）套在螺线管外且与螺线管同轴、半径为 R_2 的一个细环中的感应电动势.

8-15 一无限长直导线上通有电流 $I=I_0\mathrm{e}^{-\lambda t}$（式中 I_0、λ 为常量，t 为时间）. 另有一带滑动边的矩形导线框与长直导线共面（图 8-19），滑动边与长直导线垂直，并且以恒定速率 v 平行于长直导线滑动. 若忽略线框中的自感电动势，并设开始时滑动边与对边重合. 试求任意时刻 t，在矩形线框内的感应电动势 $\mathscr{E}_i$，并讨论 $\mathscr{E}_i$ 的方向.

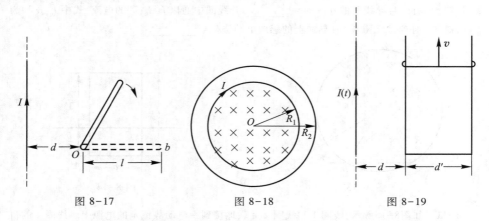

图 8-17   图 8-18   图 8-19

8-16 设一同轴电缆由半径分别为 r_1 和 r_2 的两个同轴薄壁长圆管组成，电流由内筒流入，由外筒流出，如图 8-20 所示. 两筒间介质的相对磁导率 $\mu_r=1$，求同轴电缆（1）单位长度的自感；（2）单位长度内所贮存的磁能.

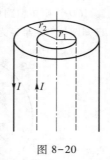

图 8-20

自测题答案

第九章

振　动

基 本 要 求

1. 掌握简谐振动的基本特征,能建立一维简谐振动的微分方程和运动方程,并理解其物理意义.

2. 掌握描述简谐振动的各物理量的物理意义及相互关系.

3. 掌握描述简谐振动的图线和旋转矢量表示法,并能用来分析、求解简谐振动问题.

4. 理解简谐振动的能量转化过程,会计算简谐振动的能量.

5. 理解同方向、同频率简谐振动的合成规律,了解拍和相互垂直简谐振动合成的特点.

*6. 了解阻尼振动、受迫振动和共振的发生条件及规律.

7. 了解电磁振荡的规律.

思 路 与 联 系

振动是物质运动的一种普遍而重要的形式.振动的特征是运动的周期性.任何物理量(如位移、速度、电流、电场强度、磁感强度、温度、压强等)在某一值附近作周期性往复变化时,都可称它们在作振动,并有着相似的运动规律.机械振动是常见而简单的振动,故我们研究振动就从机械振动开始.振动的重要性还在于它是波动的基础,一切波动都是某种振动的传播过程,亦即本章是下一章的基础.

机械振动中最简单、最基本的振动是简谐振动.任何复杂的振动都可以看作是若干个或无数个不同的简谐振动的合成.因此,掌握简谐振动的特征和规律非常重要.本章着重研究的就在于此.

LC 电路的电磁振荡,其规律与简谐振动规律完全相似,故可借鉴简谐振动的规律来描述.

学 习 指 导

一、简谐振动的特征和定义

1. 动力学特征

从动力学角度讨论简谐振动,主要分析简谐振动是在什么性质的力的作用下产生的,以及如何从牛顿运动定律导出简谐振动的运动微分方程.其讨论的步骤为:① 先确定振动系统的平衡位置,并以平衡位置为坐标原点,建立坐标系.② 让振动系统偏离平衡位置,然后分析系统受力情况,求出系统所受的合外力.③ 根据牛顿运动定律,导出简谐振动的运动微分方程.

简谐振动系统受力必有以下形式:

$$F = -kx \tag{9-1}$$

式中 F 是振动系统所受的合外力,x 是相对平衡位置的位移,k 为常量(对弹簧振子而言,就是弹簧的弹性系数),负号表明力的方向始终指向平衡位置.

简谐振动的运动微分方程(又叫简谐振动的动力学方程)的形式为

$$\frac{\mathrm{d}^2 x}{\mathrm{d}t^2} + \omega^2 x = 0 \tag{9-2}$$

式中 ω 是由系统动力学性质所决定的常量,恒大于零.对于弹簧振子,有

$$\omega^2 = \frac{k}{m} \tag{9-3}$$

式中 m 是振子的质量.所以简谐振动的动力学特征是振动系统所受的力满足式(9-1).

2. 运动学特征

从运动学角度讨论简谐振动,主要是找出振动系统的运动方程 $x = f(t)$.求解式(9-2)可得

$$x = A\cos(\omega t + \varphi) \tag{9-4}$$

式中 A、φ 为微分方程待定常量,它们由振动系统的初始条件决定.式(9-4)就是简谐振动的运动方程,简称简谐振动方程.由该式可得简谐振动的速度:

$$v = \frac{\mathrm{d}x}{\mathrm{d}t} = -A\omega\sin(\omega t + \varphi) = -v_{\mathrm{m}}\sin(\omega t + \varphi) \tag{9-5}$$

加速度:

$$a = \frac{\mathrm{d}v}{\mathrm{d}t} = \frac{\mathrm{d}^2 x}{\mathrm{d}t^2} = -A\omega^2 \cos(\omega t + \varphi) = -a_{\mathrm{m}}\cos(\omega t + \varphi) \tag{9-6}$$

式中 $v_{\mathrm{m}} = A\omega$，$a_{\mathrm{m}} = A\omega^2$，分别为简谐振动的速度幅和加速度幅，式(9-6)还可以表示为

$$a = -\omega^2 x \tag{9-7}$$

上式说明简谐振动过程中，加速度永远与位移成正比，且与位移反向．式(9-4)、(9-5)、(9-6)、(9-7)表征了简谐振动的运动学特征．简谐振动系统的位置 x（即相对平衡位置的位移）、速度 v 和加速度 a 都是时间 t 的周期函数，从而体现了简谐振动的周期性．要注意的是，简谐振动是周期运动，但周期运动不一定都是简谐振动．

3. 能量特征

简谐振动系统的动能 E_{k} 和势能 E_{p} 都随时间作周期性变化，当势能达到最大值时，动能为零；当动能达到最大值时，势能为零，但系统的总能量 $E = E_{\mathrm{k}} + E_{\mathrm{p}} =$ 常量．所以简谐振动的能量特征是振动系统的动能和势能可以相互转化，但它们的总和保持不变，即总能量守恒．

关于振动势能，需要说明的是，教材中以弹簧振子为例，认为振动势能就是弹簧的弹性势能，那么，对于非弹簧振子的简谐振动系统，振动势能又指什么呢？实际上，很容易证明，凡满足式(9-1)的力，都是保守力，因此就有相应的势能，以平衡位置为势能零点，与力 $F = -kx$ 相应的势能和弹性势能有相同的形式，即 $E_{\mathrm{p}} = \frac{1}{2}kx^2$，式中 x 是以平衡位置为坐标原点的位置坐标．所以一般来说，振动势能是与振动系统所受合外力相应的势能．

4. 简谐振动的定义

简谐振动常见的定义有下面几种：

（1）在满足式 $F = -kx$ 的力作用下的运动；

（2）满足微分方程 $\frac{\mathrm{d}^2 x}{\mathrm{d}t^2} + \omega^2 x = 0$ 的运动，式中的 ω^2 是由系统本身性质决定的常量．

（3）满足 $x = A\cos(\omega t + \varphi)$ 的运动．

在机械运动范围内，前面两种定义是一致的，等价的，它们都反映了简谐振动的动力学特征．超出机械运动范围，在电子学、电工学和光学等领域内，用定义(1)就不再有效了，但是定义(2)仍然适用，只要任何物理量随时间的变化关系满足式(9-2)，而且 ω^2 取决于系统本身的性质，那么该物理量将作简谐振动．可见式(9-2)具有更普遍的意义．

二、描述简谐振动的物理量

1. 振幅 A

振幅是物体相对于平衡位置最大位移的绝对值,表示物体在平衡位置附近振动的幅度 . A 就是式(9-4)中的待定常量,恒为正值 .

A 可由初始条件即 $t=0$ 时的位置 x_0 和速度 v_0 来确定:

$$A = \sqrt{x_0^2 + \frac{v_0^2}{\omega^2}} \tag{9-8}$$

也可由任意时刻 t 的位置 x 和速度 v 确定:

$$A = \sqrt{x^2 + \frac{v^2}{\omega^2}} \tag{9-9}$$

2. 周期 T、频率 ν 和角频率 ω

(1)周期 T 是物体作一次完全振动所经历的时间 . 周期是体现振动周期性的物理量,每经过一个周期,振动状态就重复一次 .

(2)频率 ν 是单位时间内振动系统作完全振动的次数,它与周期的关系是

$$\nu = \frac{1}{T} \tag{9-10}$$

(3)角频率 ω 又叫圆频率,用角频率描述简谐振动的周期性,有时比频率更简便,这在用旋转矢量表示简谐振动时可体会到 . 角频率与频率的关系是

$$\omega = 2\pi\nu = \frac{2\pi}{T} \tag{9-11}$$

角频率的单位是弧度每秒($\mathrm{rad \cdot s^{-1}}$),这与角速度单位相同 .

周期、频率和角频率都是描述周期性运动的物理量,它们与振动系统本身的动力学性质有关 . 例如,对弹簧振子来说

$$\omega = \sqrt{\frac{k}{m}}, \quad T = 2\pi\sqrt{\frac{m}{k}}, \quad \nu = \frac{1}{2\pi}\sqrt{\frac{k}{m}} \tag{9-12}$$

对单摆来说

$$\omega = \sqrt{\frac{g}{l}}, \quad T = 2\pi\sqrt{\frac{l}{g}}, \quad \nu = \frac{1}{2\pi}\sqrt{\frac{g}{l}} \tag{9-13}$$

式中 l 为摆长,g 为重力加速度 . 由于它们均由振动系统本身的性质所决定,因此可把 T 和 ν 称为振动系统的固有周期和固有频率 .

3. 相位和初相位

（1）相位

与描述质点运动状态需要位矢和速度这两个物理量一样,描述简谐振动在某时刻的运动状态仍然需要这两个物理量. 但从式(9-4)和式(9-5)中可以看出,在 A 和 ω 已知的前提下,还有一个量是十分重要的,那就是 $\Phi = \omega t + \varphi$,这个量叫相位. "相"即相貌的意思,相位在英文中是"phase",意思是状态. 对一个给定的振动系统,只要知道某时刻的相位,就可以立即求出其位置和速度,即知道此时系统的运动状态,可见,相位($\omega t + \varphi$)是确定简谐振动状态的物理量. 此外,在比较两个振动系统的不同状态时,用它们之间的相位差来表示就非常方便和一目了然.

（2）初相位

φ 是 $t = 0$ 时的相位,称为初相位,简称初相. 它是在 A、ω 已知的条件下,决定振动系统初始时刻运动状态的量. 即当 $t = 0$ 时,$x_0 = A\cos\varphi$,$v_0 = -A\omega\sin\varphi$. 可见 x_0、v_0 均由 φ 确定. 反过来 φ 可由初始的 x_0 和 v_0 来决定,即

$$\varphi = \arctan\left(-\frac{v_0}{\omega x_0}\right) \tag{9-14}$$

（3）相位差

两振动相位之差称为相位差,即

$$\Delta\Phi = \Phi_2 - \Phi_1$$

$\Delta\Phi$ 的值不同,表示两振动步调不同. 当 $\Delta\Phi = 2k\pi$($k = 0, \pm 1, \pm 2, \cdots$)时,则表示两振动相位相同,步调一致. 当 $\Delta\Phi = (2k+1)\pi$($k = 0, \pm 1, \pm 2, \cdots$)时,则表示两振动相位相反,步调相反. 若 $\Delta\Phi > 0$,$\Phi_2 > \Phi_1$,就说振动 2 超前于振动 1,或振动 1 落后于振动 2. 很显然,对于两个频率相同的振动来说,相位差就是初相之差,即 $\Delta\Phi = \varphi_2 - \varphi_1$.

A、ω、φ 这三个量对描述简谐运动来说是至关重要的,常把它们称为简谐振动的三个特征量.

三、简谐振动的描述

1. 数学方程

简谐振动的运动微分方程式(9-2),简谐振动的运动方程(简谐振动方程)式(9-4).

2. 旋转矢量

旋转矢量表示法的优点是直观、简便,使抽象的相位和初相有了形象的表示.在确定初相、比较两振动的相位差、求时间以及求振动合成等问题上,都体现

了优越性.但应当注意,旋转矢量本身并不作简谐振动,而是矢量 **A** 的端点在过圆心的轴上的投影点在作简谐振动.旋转矢量是为直观形象地描述简谐振动而采用的一种手段或工具.

3. 图线表示

跟直线运动中的图线表示法相似,在简谐振动中我们也采用 x-t 图、v-t 图、a-t 图等图线来直观地反映简谐振动的周期性和振动规律.x-t 图称为振动曲线.下面我们将结合例题说明表征简谐振动特征的三个物理量 A、ω、φ 都可以由振动曲线 x-t 图得出.所以,x-t 图也可以完整而充分地描述简谐振动.

例 1 已知简谐振动曲线 x-t 如图 9-1 所示,试写出此振动的运动方程.

解 由图可以看出:$A = 0.10$ m,$T = \dfrac{7}{3}$ s $-\dfrac{1}{3}$ s $= 2$ s,所以

$$\omega = \frac{2\pi}{T} = \pi \text{ rad} \cdot \text{s}^{-1}$$

又由图知:$t = 0$ 时,$x_0 = -0.05$ m,$v_0 < 0$,所以

$$x_0 = A\cos(\omega t + \varphi) = (0.10 \text{ m})\cos\varphi = -0.05 \text{ m} \tag{1}$$

$$v_0 = -A\omega\sin(\omega t + \varphi) = -(0.10 \text{ m})(\pi \text{ rad} \cdot \text{s}^{-1})\sin\varphi < 0 \tag{2}$$

由式(1)得

$$\cos\varphi = -\frac{1}{2}, \qquad \varphi = \pm\frac{2\pi}{3}$$

由式(2)得

$$\sin\varphi > 0$$

所以

$$\varphi = \frac{2}{3}\pi$$

或者用旋转矢量确定 φ(见图 9-2).因为 $x_0 = -\dfrac{A}{2}$,$v_0 < 0$,旋转矢量只能位于第 II 象限,**A** 与 x 轴正向的夹角为

$$\varphi = \frac{2}{3}\pi$$

根据以上所得,简谐振动方程为

$$x = 0.10\cos\left(\pi t + \frac{2}{3}\pi\right) \quad (\text{SI 单位})$$

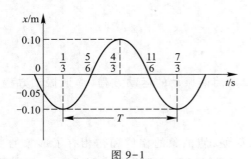

图 9-1　　　　　　　　　　　　　　　图 9-2

例 2 一轻弹簧上端固定,下端与质量为 m_1 的盘连接,此时弹簧伸长 L. 其后有一质量为 m_2 的砂袋从离盘高 h 处自由下落到盘中,与盘作完全非弹性碰撞后随盘一起上下振动 [图 9-3(a)].(1)证明此振动为简谐振动;(2)以碰撞时为计时起点,向下为正方向,写出简谐振动的运动方程.

解 (1)要证明砂袋与盘一起振动是简谐振动,首先需找到振动系统的平衡位置. 原来弹簧下端与质量为 m_1 的盘连接,伸长 L[图 9-3(b)(2)],现在砂袋落到盘中,平衡时弹簧伸长量必加大,设为 $(L+l)$[图 9-3(b)(3)]. 以平衡位置 O 为坐标原点,向下为 Ox 轴正方向. 将系统从平衡位置向下移至 x 处[图 9-3(b)(4)],此时弹簧伸长量为 $(L+l+x)$,因此系统受到向上的弹性力为 $k(L+l+x)$,此外,系统受向下的重力 $(m_1+m_2)g$,故系统所受合外力为

$$F = (m_1+m_2)g - k(L+l+x) \tag{1}$$

又根据平衡条件[图 9-3(b)(1)、(2)],有

$$m_1 g = kL \tag{2}$$

和

$$(m_1+m_2)g = k(L+l) \tag{3}$$

将式(3)代入式(1),得

$$F = -kx$$

即系统所受合外力为线性恢复力,因此系统作简谐振动.

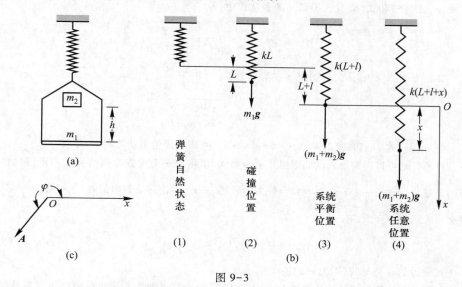

图 9-3

(2)要写出简谐振动的运动方程,就需求出简谐振动的三个特征量 A、ω、φ,下面我们分别来求这三个量.

根据牛顿运动定律,有

$$-kx = (m_1+m_2)\frac{\mathrm{d}^2 x}{\mathrm{d}t^2}$$

即

$$\frac{\mathrm{d}^2 x}{\mathrm{d}t^2} + \frac{k}{m_1 + m_2} x = 0$$

因此有

$$\omega = \sqrt{\frac{k}{m_1 + m_2}}$$

将式(2)代入上式,得

$$\omega = \sqrt{\frac{m_1 g}{(m_1 + m_2)L}} \tag{4}$$

据题意,以碰撞时刻为计时起点,即 $t = 0$ 时,$x_0 = -l$[图9-3(b)(2)]. 由式(2)和式(3),得

$$\frac{m_1}{m_2} = \frac{L}{l}$$

故有

$$x_0 = -\frac{m_2 L}{m_1} \tag{5}$$

根据碰撞时动量守恒,得 $t = 0$ 时的速度:

$$v_0 = \frac{m_2 \sqrt{2gh}}{m_1 + m_2} \tag{6}$$

将式(4)、式(5)和式(6)代入振幅 A 的表达式中,得

$$A = \sqrt{x_0^2 + \frac{v_0^2}{\omega^2}} = \frac{m_2 L}{m_1} \sqrt{1 + \frac{2m_1 g}{(m_1 + m_2)L}} \tag{7}$$

又 $t = 0$ 时,$x_0 < 0, v_0 > 0$,故初相 φ 在第Ⅲ象限[图9-3(c)],由 $\tan\varphi = -\dfrac{v_0}{\omega x_0}$,得

$$\varphi = \pi + \arctan\sqrt{\frac{2m_1 h}{(m_1 + m_2)L}} \tag{8}$$

将式(4)、式(7)和式(8)代入 $x = A\cos(\omega t + \varphi)$ 中,即得简谐振动方程.

讨论　也可以用系统机械能守恒来求振幅 A. 以系统平衡位置为振动势能零点,初始状态的能量包括动能 $\dfrac{1}{2}(m_1 + m_2)v_0^2$ 和合外力的势能 $\dfrac{1}{2}kx_0^2$;当位移达到幅值时,仅有势能 $\dfrac{1}{2}kA^2$,根据系统机械能守恒,有

$$\frac{1}{2}(m_1 + m_2)v_0^2 + \frac{1}{2}kx_0^2 = \frac{1}{2}kA^2 \tag{9}$$

由上式求得的 A 值与式(7)是一致的.

如果分别计算弹簧的弹性势能和重力势能,同样也可以利用系统机械能守恒求振幅 A. 选弹簧自然状态为弹性势能零点,盘运动到最低点为重力势能的零点,则初始状态的能量有动能 $\dfrac{1}{2}(m_1 + m_2)v_0^2$、弹性势能 $\dfrac{1}{2}kL^2$ 和重力势能 $(m_1 + m_2)g(A + l)$;当位移达到幅值时,仅有弹性势能 $\dfrac{1}{2}k(L + l + A)^2$,根据机械能守恒,有

$$\frac{1}{2}(m_1+m_2)v_0^2+\frac{1}{2}kL^2+(m_1+m_2)g(A+l)=\frac{1}{2}k(L+l+A)^2 \tag{10}$$

可以证明,式(9)与式(10)是等价的(请读者自行证明),很明显,式(9)比式(10)要简单.

四、简谐振动的合成

1. 两个同方向、同频率简谐振动的合成

两个同方向、同频率简谐振动方程为

$$x_1=A_1\cos(\omega t+\varphi_1)$$

$$x_2=A_2\cos(\omega t+\varphi_2)$$

用旋转矢量或三角函数运算,可得它们的合振动方程

$$x=A\cos(\omega t+\varphi)$$

合成后的运动仍然是频率不变的简谐振动.合振幅 A 和合振动的初相 φ 分别是

$$A=\sqrt{A_1^2+A_2^2+2A_1A_2\cos(\varphi_2-\varphi_1)} \tag{9-15}$$

$$\tan\varphi=\frac{A_1\sin\varphi_1+A_2\sin\varphi_2}{A_1\cos\varphi_1+A_2\cos\varphi_2} \tag{9-16}$$

从式(9-15)可以看出,合振幅 A 与两个振动的相位差 $(\varphi_2-\varphi_1)$ 有关.下面讨论合振动加强和减弱的条件.

(1)当 $\Delta\varphi=\varphi_2-\varphi_1=2k\pi(k=0,\pm1,\pm2,\cdots)$ 时,$A=A_1+A_2$,合振动最强.

(2)当 $\Delta\varphi=\varphi_2-\varphi_1=(2k+1)\pi(k=0,\pm1,\pm2,\cdots)$ 时,$A=|A_1-A_2|$,合振动最弱.

当 $\Delta\varphi$ 为其他值时,合振幅在 A_1+A_2 和 $|A_1-A_2|$ 之间.

这些结论并不局限于机械振动,对电磁波和光波等其他形式的振动同样适用.因此,同方向、同频率简谐振动合成的原理,在讨论光波和电磁辐射的干涉和衍射时具有重要意义.

例3 有两个同方向、同频率的简谐振动,它们的振动曲线如图9-4(a)所示.求这两个简谐振动合成的运动方程.

解 要求简谐振动合成的运动方程,就需求出合振动的三个特征量 A、ω 和 φ.

我们知道,两个同方向、同频率简谐振动的合振动仍为简谐振动,其角频率不变.从图可以看出振动的周期 $T_1=T_2=T=2.0$ s,故合振动的角频率为

$$\omega=\frac{2\pi}{T}=\pi \text{ rad}\cdot\text{s}^{-1}$$

要求合振动的振幅 A 和初相 φ,就需求出两个分振动的振幅及初相.从图可以看出

$$A_1=A_2=0.10 \text{ m}$$

对于振动1,从图可知,在 $t=0$ 时,$x_{10}=0$,$v_{10}>0$,作旋转矢量[图9-4(b)],得

$$\varphi_1=\frac{3}{2}\pi=\frac{-\pi}{2}$$

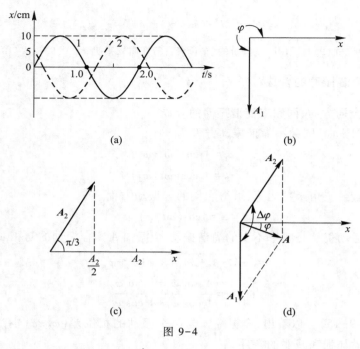

图 9-4

对于振动 2,从图可知,在 $t=0$ 时,$x_{20}=\dfrac{A_2}{2}$,$v_{20}<0$,作旋转矢量[图 9-4(c)],得

$$\varphi_2=\frac{\pi}{3}$$

求 A 和 φ 可以有两种解法:

解法 1 用旋转矢量法求合矢量

作旋转矢量图[图 9-4(d)],从图可见

$$\Delta\varphi=\frac{\pi}{2}+\frac{\pi}{3}=\frac{5\pi}{6}=150°$$

从几何关系可得到

$$A=2A_2\cos\frac{\Delta\varphi}{2}=2\times(0.10\ \text{m})\times\cos75°=0.052\ \text{m}$$

$$\varphi=-(75°-60°)=-15°=-\frac{\pi}{12}$$

故合振动方程为

$$x=0.052\cos\left(\pi t-\frac{\pi}{12}\right)\quad(\text{SI 单位})$$

解法 2 利用式(9-15)和式(9-16)计算

将已知数据分别代入式(9-15)和式(9-16)可得

$$A=0.052\ \text{m}$$

和

$$\varphi=-15°$$

比较这两种方法,可见用旋转矢量法比较直观、简便.

*2. 同方向、同频率多个简谐振动的合成

对于同方向、同频率多个简谐振动的合成,我们关心的问题是,在什么情况下合振幅最大,在什么情况下合振幅最小.如果有 N 个简谐振动,它们除振动方向相同、频率相同而外,振幅也相同,而且依次间的相位差恒为 $\Delta\varphi$,则:

(1)当 $\Delta\varphi = 2k\pi(k=0,\pm1,\pm2,\cdots)$ 时,合振幅最大,为原来振幅的 N 倍;

(2)当 $\Delta\varphi = \dfrac{2k'\pi}{N}(k'=\pm1,\pm2,\cdots,$ 但不含 N 的整数倍)时,合振幅最小,为零.

以上结论在第十一章中讨论衍射光栅时要用到.

3. 同方向频率相近的两个简谐振动的合成

同方向频率相近的两个简谐振动所形成的合振动,不再是等幅振动,其振幅时而加强,时而减弱,这个现象叫做拍.其振幅变化的频率,叫拍频.

$$\nu = \nu_2 - \nu_1 \tag{9-17}$$

式中 ν_1、ν_2 分别为原来两个简谐振动的频率.

4. 两个相互垂直的同频率简谐振动的合成

两个相互垂直的同频率简谐振动所形成的合振动的轨迹,一般情况下是椭圆(特殊情况下是直线或圆),椭圆的形状取决于两个分振动的相位差和振幅.

*五、阻尼振动、受迫振动和共振

1. 阻尼振动

当有阻尼存在时,振动系统的能量将不断减小,因而振幅也将随时间而减小,这种振幅随时间减小的振动,叫阻尼振动.在弱阻尼的情况下,阻尼振动的运动方程为

$$x = Ae^{-\delta t}\cos(\omega t+\varphi) \tag{9-18}$$

式中 δ 为阻尼系数,$\omega = \sqrt{\omega_0^2 - \delta^2}$,$\omega_0$ 是振动系统的固有角频率.

2. 受迫振动

在周期性外力(驱动力)作用下的振动,叫受迫振动.受迫振动稳定后,外力做功提供的能量等于系统克服阻尼所消耗的能量,因而受迫振动的振幅能保持不变,也是等幅振动.受迫振动与简谐振动的区别在于,简谐振动的角频率由系统本身的性质所决定,而受迫振动的角频率等于驱动力的角频率.

3. 共振

当驱动力的角频率为某一定值时,受迫振动的振幅达到极大的现象,称为共振.共振时的角频率叫共振角频率,用 ω_r 表示:

$$\omega_r = \sqrt{\omega_0^2 - 2\delta^2} \tag{9-19}$$

式中 ω_0 为系统固有角频率, δ 为阻尼系数.

六、电磁振荡

1. LC 振荡电路

在电路中电荷和电流以及与之相伴随的电场和磁场随时间作周期性变化的现象,叫做电磁振荡. 产生电磁振荡的电路叫振荡电路. 振荡电路所遵循的欧姆定律,称为振荡方程. 振荡电路的种类很多,其中最基本、最简单的振荡电路是由电感线圈 L 和电容 C 组成的 LC 振荡电路. 在电路中电感和电容是储能元件,它们之间的能量转化是可逆的,而电阻是耗散性元件,它的能量只能单向地转化为焦耳热. 因此,不含电阻而只含电感和电容的电路,是一种理想的无阻尼自由振荡电路. 实际上,任何电路都含有电阻,振荡过程中总有一部分能量消耗在电阻上,这种含有电阻的振荡称为阻尼振荡. 但是,在电阻比较小的情况下,可以近似地看作无阻尼自由振荡. 这对电磁振荡规律的研究带来了极大的方便,为研究较复杂的电磁振荡提供了一个基础.

LC 电路振荡方程为

$$\frac{d^2 q}{dt^2} + \omega^2 q = 0 \tag{9-20}$$

解得

$$q = Q_0 \cos(\omega t + \varphi) \tag{9-21}$$

$$i = \frac{dq}{dt} = -\omega Q_0 \sin(\omega t + \varphi) = -I_0 \sin(\omega t + \varphi) \tag{9-22}$$

电荷 q 和电流 i 都随时间作周期性变化,即产生电磁振荡. $\omega = \dfrac{1}{\sqrt{LC}}$ 称为 LC 电路的自由振荡角频率.

2. LC 电磁振荡和弹簧振子简谐振动类比

由于 LC 电磁振荡的振荡方程与弹簧振子的简谐振动微分方程在形式上完全相似,因此可以把它们作一类比.

(1)振动过程的类比

时间	LC 振荡	弹簧振子振动
$t = 0$	电容器上电荷具有正的最大值:$Q = Q_0$ 线圈中电流为零:$i = 0$	振子位移具有正的最大值:$x = A$ 振子速度为零:$v = 0$

续表

时间	LC 振荡	弹簧振子振动
$t=\dfrac{T}{4}$	电容器上电荷为零：$Q=0$ 线圈中电流负向最大： $i=-Q_0\omega=-I_0$	振子处于平衡位置：$x=0$ 振子速度负最大： $v=-A\omega=-v_m$
$t=\dfrac{T}{2}$	电容器上电荷负最大：$Q=-Q_0$ 线圈中电流为零：$i=0$	振子位移负最大：$x=-A$ 振子速度为零：$v=0$
$t=\dfrac{3T}{4}$	电容器上电荷为零：$Q=0$ 线圈中电流正向最大： $i=Q_0\omega=I_0$	振子处于平衡位置：$x=0$ 振子速度 v 最大： $v=A\omega=v_m$
$t=T$	电容器上电荷正最大：$Q=Q_0$ 线圈中电流为零：$i=0$	振子位移正最大：$x=A$ 振子速度为零：$v=0$
全过程	电磁能守恒：$W=W_e+W_m$ $=\dfrac{1}{2}\dfrac{Q_0^2}{C}$	机械能守恒：$E=E_p+E_k$ $=\dfrac{1}{2}kA^2$

（2）物理量的类比

LC 电路	电荷量 q	电流 $i=\dfrac{\mathrm{d}q}{\mathrm{d}t}$	角频率 $\omega=\dfrac{1}{\sqrt{LC}}$	周期 $T=2\pi\sqrt{LC}$	电场能 $W_e=\dfrac{q^2}{2C}$	磁场能 $W_m=\dfrac{1}{2}Li^2$
弹簧振子	位移 x	速度 $v=\dfrac{\mathrm{d}x}{\mathrm{d}t}$	角频率 $\omega=\sqrt{\dfrac{k}{m}}$	周期 $T=2\pi\sqrt{\dfrac{m}{k}}$	势能 $E_p=\dfrac{1}{2}kx^2$	动能 $E_k=\dfrac{1}{2}mv^2$

难 点 讨 论

本章的难点首先在于相位概念的理解和建立简谐振动方程时初相位的确定.

在简谐振动方程 $x=A\cos(\omega t+\varphi)$ 中，角量 $(\omega t+\varphi)$ 称为相位，由它可决定振动物体任意时刻的位置、速度和加速度，即决定简谐振动物体的运动状态，也就是运动的"相貌".

$t=0$ 时的相位 φ，称为初相位.它决定初始时刻的运动状态.建立简谐振动方程时，正确求出初相位是很关键的.

对角频率 ω 已知的简谐振动系统，φ 可由初始条件确定.确定 φ 的方法有：

方法一　由 $x_0 = A\cos\varphi$ 的值得到 $\cos\varphi$ 的值,再由 $v_0 = -\omega A\sin\varphi$ 的正负号得到 $\sin\varphi$ 的正负,这样就可唯一地确定 φ 了.注意不要死代教材中的公式(9-14),仅由此式不能唯一确定 φ.

方法二　由 x_0 的值和 v_0 的正负号,可确定 $t=0$ 时旋转矢量的位置,该矢量与 x 轴正向的夹角即 φ.

上述方法的具体运用参见后面例 4.如果已知的是简谐振动的 x-t 图线,由图可得初始条件,用上述方法可求出 φ,具体参见前面例 1.若已知的是某一时刻 t_1 的运动状态 (x_1, v_1),即

$$x_1 = A\cos(\omega t_1 + \varphi)$$

$$v_1 = -\omega A\sin(\omega t_1 + \varphi)$$

也可用类似方法,先求出 $\omega t_1 + \varphi$ 的值,从而确定 φ.

其次,本章的另一难点在于时间计算,即计算简谐振动物体从某一状态到另一状态所需时间.解决此类问题可用解析法(三角函数),但最简便的方法是利用旋转矢量图.先确定两个状态对应的旋转矢量位置,然后确定从一位置(状态 1)到另一位置(状态 2)矢量需转过的角度(即相位差)$\Delta\varphi$,就可求出时间

$$\Delta t = \frac{\Delta\varphi}{\omega}$$

例 4　一物体作简谐振动,其振幅为 24 cm,周期为 4 s,当 $t=0$ 时,位移为 -12 cm 且向 x 轴负方向运动.试求:(1)简谐振动方程;(2)由起始位置运动到 $x=0$ 处所需的最短时间.

解法 1　用解析法求解.

(1)设简谐振动方程为 $x = A\cos(\omega t + \varphi)$.将 $A = 0.24$ m,$\omega = \dfrac{2\pi}{T} = \dfrac{\pi}{2}$ rad·s^{-1},$t=0$ 时 $x = -0.12$ m代入方程,得

$$\cos\varphi = -\frac{1}{2}, \quad \varphi = \pm\frac{2\pi}{3}$$

φ 的取舍由 $t=0$ 时刻的运动状态决定:

$$v = \frac{\mathrm{d}x}{\mathrm{d}t} = -A\omega\sin(\omega t + \varphi)$$

由于 $t=0$ 时,$v = -A\omega\sin\varphi < 0$(向 x 轴负方向运动),故 $\sin\varphi > 0$,取初相 $\varphi = \dfrac{2\pi}{3}$,简谐振动方程为

$$x = 0.24\cos\left(\frac{\pi}{2}t + \frac{2}{3}\pi\right) \quad \text{(SI 单位)}$$

(2)$x=0$ 时,有

$$0 = 0.24\cos\left(\frac{\pi}{2}t + \frac{2}{3}\pi\right)$$

$$\frac{\pi}{2}t+\frac{2}{3}\pi=\frac{\pi}{2}+k\pi$$

解得 $t=2k-\frac{1}{3}(k=1,2,3,\cdots)$，取 $k=1$，得最短时间为

$$t_{min}=2 \text{ s}-\frac{1}{3}\text{s}=\frac{5}{3}\text{s}$$

解法 2 用矢量图法求解.

（1）作半径为 A 的参考圆，如图 9-5(a)所示.对应于 $x=-0.12$ m，$v<0$ 的振动状态为图中 ①，相应的初相位为 $\varphi=\frac{2\pi}{3}$，故简谐振动方程为

$$x=0.24\cos\left(\frac{\pi}{2}t+\frac{2}{3}\pi\right) \quad （\text{SI 单位}）$$

（2）如图 9-5(b)所示，对应于 $x=0$，在图中有③、④两个可能的状态，由于求的是从①状态运动到 $x=0$ 处所需的最小时间，所以末状态应选③，由图可得，初、末两状态相位差为 $\Delta\varphi=\frac{5\pi}{6}$，故

$$t_{min}=\frac{\Delta\varphi}{\omega}=\frac{5}{3}\text{s}$$

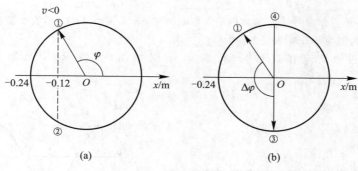

图 9-5

自 测 题

9-1 一水平放置的弹簧振子，它作简谐振动的固有角频率为 ω_0，若把它放在固定的光滑斜面上（图 9-6），则它（ ）.

（A）能作简谐振动，其角频率 $\omega>\omega_0$ （B）能作简谐振动，其角频率 $\omega=\omega_0$

（C）能作简谐振动，其角频率 $\omega<\omega_0$ （D）不能作简谐振动

9-2 一物体悬挂在一质量可忽略的弹簧下端，使物体略有位移，测得其振动周期为 T，然后将弹簧分割为两半，并联地悬挂同一物体（图 9-7），再使物体略有位移，测得其周期为 T'，则 T'/T 为（ ）.

（A）2 （B）1 （C）$1/\sqrt{2}$ （D）1/2

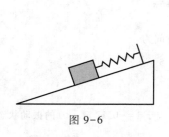

图 9-6

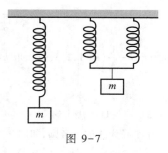

图 9-7

9-3 一弹簧振子作简谐振动,当位移为振幅的一半时,其动能为总能量的( ).

(A) 1/2　　　　(B) $1/\sqrt{2}$　　　　(C) $\sqrt{3}/2$　　　　(D) 1/4　　　　(E) 3/4

9-4 两个同方向、同频率的简谐振动,振幅均为 A,若合成振幅也为 A. 则两分振动的初相位差为( ).

(A) $\pi/6$　　　　(B) $\pi/3$　　　　(C) $2\pi/3$　　　　(D) $\pi/2$

9-5 一质点在 Ox 轴上的 A、B 之间作简谐振动,O 为平衡位置,质点每秒钟往返三次. 若分别以 x_1 和 x_2 为起始位置,箭头表示起始时的运动方向(见图 9-8),则它们的振动方程为(1)＿＿＿＿＿＿;(2)＿＿＿＿＿＿.

9-6 一质点作简谐振动,速度的最大值 $v_m = 50$ cm/s,振幅 $A = 2$ cm.若令速度具有正最大值的那一时刻为 $t = 0$,则振动方程为＿＿＿＿.

9-7 已知质点作简谐振动,其 x-t 图如图 9-9 所示,则其振动方程为＿＿＿＿＿＿＿＿＿.

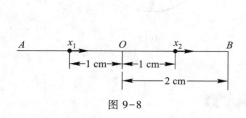

图 9-8

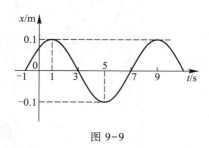

图 9-9

9-8 有两个简谐振动,其振动曲线如图 9-10 所示,从图可知振动 A 的相位比振动 B 的相位＿＿＿＿,$\varphi_A - \varphi_B = $＿＿＿＿.

9-9 有一振动系统,按 $x = 0.005\cos\left(8\pi t + \dfrac{\pi}{3}\right)$ (SI 单位)的规律作简谐振动,试分别画出位移、速度、加速度与时间的关系曲线.

9-10 一质点作周期为 T 的简谐振动,质点由平衡位置运动到最大位移一半处所需的最短时间为＿＿＿＿.

9-11 某振动质点的 x-t 曲线如图 9-11 所示.试求:(1)质点的运动方程;(2) P 点对应的相位;(3)到达 P 点相应位置所需的时间.

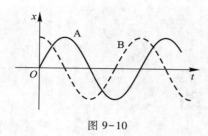

图 9-10

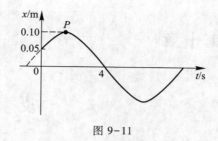

图 9-11

9-12 在一竖直悬挂的轻弹簧下端挂一小球,弹簧被拉长 $l_0 = 5$ cm 而平衡.经推动后,该小球在竖直方向作振幅 $A = 2$ cm 的振动,取平衡位置为坐标原点,向下为正建立坐标系,并选小球在正最大位移处开始计时.(1)证明此振动为简谐振动;(2)写出简谐振动方程.

9-13 两个同方向简谐振动的运动方程分别为

$$x_1 = 5 \times 10^{-2} \cos\left(10t + \frac{3\pi}{4}\right)$$

$$x_2 = 6 \times 10^{-2} \cos\left(10t + \frac{\pi}{4}\right)$$

x_1、x_2 均采用 SI 单位,求合振动方程.

自测题答案

第十章

波　　动

基 本 要 求

1. 掌握描述简谐波的各个物理量及其相互关系.

2. 理解机械波产生的条件、振动与波动的关系.掌握建立平面简谐波的波函数的方法.理解波函数的物理含义.掌握波形图.

3. 理解波的能量传播特征及能流、能流密度概念.

4. 理解惠更斯原理和波的衍射,理解波的叠加原理和波的相干条件,能应用相位差和波程差分析、确定干涉加强和减弱的条件.

5. 理解驻波特点及其形成条件,理解半波损失.

6. 了解机械波的多普勒效应,在波源或观察者沿两者连线运动的情况下,能计算多普勒频移.

7. 了解电磁波产生的条件和传播规律以及电磁波的特性.

思 路 与 联 系

与振动密切相关的波动,也是自然界常见的、重要的物质运动形式.

波的种类很多,按物理性质来分有机械波、电磁波等;按波的传播方向和振动方向间的关系来分有横波和纵波;按波传播方向来分有一维波、二维波和三维波;按介质中质点振动的规律来分有简谐波与非简谐波;按波传播过程中波面形状来分有平面波、柱面波、球面波等.此外还有其他的分类方法.

机械波是机械振动在弹性介质中的传播,在振动传播过程中,介质本身并没产生宏观迁移,传播的仅仅是振动状态.形成机械波,必须具备两个条件:振源和能够传播振动的弹性介质.

电磁波是变化的电磁场在空间的传播,电磁波的传播不需要介质,可在真空中传播,这是它与机械波的重要区别,但其传播规律与机械波是相似的.电磁波具有波动的特性,是横波.

各种类型的波各有特性但更有共性.本章着重研究机械波,目的在于通过对简单直观的平面简谐波的研究,认识波动的基本规律,这对分析研究其他形式的波动有重要意义,尤其对波动光学的学习具有直接帮助.

本章的主体思路是:在正确理解机械波产生和传播机理的基础上,由质点简谐振动方程建立平面简谐波的波函数,进而讨论其特性.

学 习 指 导

一、描述波动的物理量

1. 周期 T 和频率 ν

介质中各质元振动的周期和频率即为波的周期和频率.波的周期和频率等于振源的周期和频率.所以,波的周期和频率由振源的状况决定,与介质的性质无关.在时间上,每经过一个周期,介质中各质元的振动状态重复一次.可见,周期 T 体现了波动过程在时间上的周期性.

2. 波长 λ

波长是波动过程所特有的物理量.振源的振动在一个周期内传播的距离称为波长.介质中的质元每经过一个周期,振动状态重复一次,与此同时,振动状态传播了一个波长.所以,沿着波传播的方向,相隔一个波长的两点,它们的振动状态相同,即振动相位相同,或者说相位差为 2π.因此反过来说,振动相位相同的相邻两点间的距离是一个波长.在空间,每经过一个波长,介质中各质元的振动状态重复一次.可见,波长 λ 体现了波动过程在空间的周期性.

3. 波速 u

振动状态在介质中传播的速度称为波速.振动状态的传播也就是振动相位的传播,所以波速又可以称为相速.机械波的传播速度 u 完全取决于介质的性质,即取决于介质的弹性性质和惯性性质.表征介质弹性性质的物理量是弹性模量,表征其惯性性质的物理量是密度.对各向同性的介质来说,波速是常量,与波的频率及振源的状况无关.如女高音和男低音的频率相差很大,但他们在剧场中二重唱所发出的声音,是以相同速度送到听众的耳朵中,绝不会有先有后.否则,你想会是怎样的情景?!

必须注意波速 u 与介质中质元的振动速度 v 的区别:① u 是相位传播的速度,不是质元在平衡位置附近振动的速度,质元相对于平衡位置振动的速度的大

小是 $v=\dfrac{\partial y}{\partial t}$ (y 是质元相对平衡位置的位移).② 在同一种各向同性的介质中 **u** 是常量,而 **v** 是时间 t 的周期函数.③ **u** 与 **v** 的方向不一定相同.

4. u 与 λ、T(或 ν)的关系

u 与 λ、T(或 ν)的关系为

$$u=\frac{\lambda}{T}=\lambda\nu \tag{10-1}$$

由于 $\nu=\dfrac{\omega}{2\pi}$,所以上式又可写成

$$u=\frac{\omega\lambda}{2\pi}=\frac{\omega}{k} \tag{10-2}$$

式中 $k=\dfrac{2\pi}{\lambda}$,表示 2π 长度上波的数目,称为角波数.

式(10-1)把表征波的空间周期性的 λ 和表征时间周期性的 T 联系在一起,是波动现象中一个很重要的普遍关系式.它不仅适用于机械波,也适用于其他的波.

二、波的数学描述

1. 波函数的建立思路

要描述波,需给出任意质元(平衡位置坐标为 x)在任意时刻 t 的位移 $y(x,t)$,这个函数就是描述波的波函数,也称为波动方程.

根据波的传播机理,x 处的振动由某一已知点 x_0 处传来,t 时刻 x 处的振动状态就是 $t-\Delta t$ 时刻 x_0 处的振动状态.即

$$y(x,t)=y(x_0,t-\Delta t)$$

而

$$\Delta t=\frac{x-x_0}{u}$$

即振动从 x_0 处传到 x 处所需时间.由此,可建立平面简谐波的波函数.

2. 平面简谐波的波函数

若波沿 Ox 轴正方向传播,且已知在 x_0 处质元(此质元可能是波源,也可以是 Ox 轴上的任一质元)作简谐振动的方程是

$$y_0=A\cos(\omega t+\varphi)$$

则此列波的波函数为

$$y=A\cos\left[\omega\left(t-\frac{x-x_0}{u}\right)+\varphi\right] \tag{10-3}$$

它表示任意 x 处质元的位置 y 随时间 t 的变化关系.式中 $\dfrac{x-x_0}{u}$ 是波从 x_0 处传到 x 处所需的时间,也就是 x 处质元的振动比 x_0 处质元振动滞后的时间.而 $\omega\left(\dfrac{x-x_0}{u}\right)=\dfrac{2\pi}{\lambda}(x-x_0)$ 则表示 x 处质元比 x_0 处质元落后的相位,或者说 x 处质元与 x_0 处质元的相位差.

若波沿 Ox 轴负方向传播,则波函数为

$$y=A\cos\left[\omega\left(t+\frac{x-x_0}{u}\right)+\varphi\right] \tag{10-4}$$

三、描述波的几何方法及图线方法

1. 几何表示法

为了形象地描绘波在空间的传播情况,常采用几何图形.

（1）波线（或射线）

这是一些自波源沿波的传播方向所作的有向线段.箭头指向波的传播方向,它用来表示波的传播路径和方向.这种表示方法在几何光学和波动光学中被广泛采用,如一束光用一条有向线段来表示,而平行光则用一组平行有向线段来表示.

（2）波面（或同相面）和波前（或波阵面）

在波的传播过程中,所有振动相位相同的点连成的面称为波面.在某时刻所有的波面中,最前面的波面,也就是与开始时刻波源振动状态相同的最前面的那个波面,称为波前,又叫波阵面.显然,波面可以画出许多个,但某一时刻波前只有一个.为了表示波在不同介质中的传播情况,一般使任意两相邻波面之间的距离等于一个波长.这样,波面密处波长短,波面疏处波长长.

在各向同性的介质中,波线与波面总是垂直的,见教材下册图 10-2.

这种几何表示方法在光学中讨论折射、反射、干涉和衍射时,是非常有用的.

2. 图线表示法

与描述简谐振动相似,在波动中,也可用图线表示波的特征和传播过程.与简谐振动不同的是,波动除了有 y-t 图线,还有 y-x 图线.

（1）y-t 图线

这是介质中某一质元的振动图线.对于用式（10-3）表示的波动方程,若 $x_0=0$,当 $x=x'=$ 常量时,它转化为介质中 $x=x'$ 处质元的简谐振动方程

$$y=A\cos\left(\omega t-\frac{2\pi}{\lambda}x'+\varphi\right)$$

式中 $\left(-\dfrac{2\pi}{\lambda}x'+\varphi\right)$ 为 x' 处质元振动的初相. y-t 图线见教材下册图 10-5.

(2) y-x 图线

这是波在介质内传播过程中某一瞬时的波形图.对于波动方程式(10-3),当 $x_0=0$,$t=t'=$ 常量时,它转化为 t' 时刻的波形方程

$$y=A\cos\left(\frac{2\pi}{T}t'-\frac{2\pi}{\lambda}x+\varphi\right)$$

式中 $\left(\dfrac{2\pi}{T}t'+\varphi\right)$ 是 $x=0$ 处的质元在 t' 时刻的相位.同一时刻,相距为 Δx(叫波程差)的两质元的相位差为

$$\Delta\varphi=\frac{2\pi}{\lambda}\Delta x \tag{10-5}$$

教材下册图 10-6 描绘了不同时刻的波形图.随着时间的推移,波形图以速度 u 沿波的传播方向向前移动,因此这种波也称为行波,或前进波.

对于横波,例如绷紧的长绳上传播的横波,$t=t'$ 时刻的 y-x 图线,就表示该时刻绳的外形.那么,对于纵波,y-x 图线如何表示它的外形特征呢? 此时由于质元沿 Ox 轴运动,虽然曲线上的纵坐标仍能从数值上表示质元的位移,但曲线上的点并不代表质元的位置所在.不过,我们可以用下述方法,找出纵波传播时质元的瞬时位置.如图 10-1(a)所示,根据波形曲线可知,平衡位置在 $x=a$ 处的质元,位移为 y_a,因为 y_a 为正,故以 a 为圆心,以 y_a 为半径,朝 x 正方向画圆交 x 轴于 a' 点,a' 即平衡位置在 a 处的质元发生位移后的位置;同理可画出 b 点发生位移 y_b 后的位置 b';按照这种方法可画出原来等间距的各质元的相应位置,如

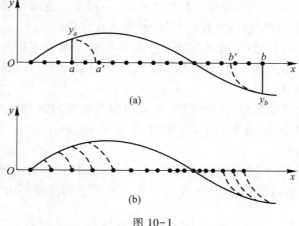

图 10-1

图 10-1(b)所示,从中即可看出,纵波传播时,介质密度呈现疏密交替相间分布的情形,所以纵波又称为疏密波.

例1　一平面简谐波沿 Ox 轴负方向传播,$t=\dfrac{T}{4}$ 时刻的波形图如图 10-2 所示.若波速 u、振幅 A 和波长 λ 是已知的,求:(1) 波动方程;(2) $x=\dfrac{3}{8}\lambda$ 处的质元的简谐振动方程;(3) $x=\dfrac{\lambda}{8}$ 处的质元在 $t=0$ 时的振动速度.

解　(1) 要写出波动方程,就需要知道坐标原点 O 的简谐振动方程,也就是要知道 A、ω、φ 三个物理量.现在 A 是已知的,而

$$\omega=2\pi\nu=2\pi\frac{u}{\lambda}$$

至于点 O 的初相 φ,需根据它在 $t=0$ 时的振动状态来确定,为此可将图 10-2 所示的波形图沿波传播的反方向,即沿 Ox 轴的正方向移动 $\dfrac{\lambda}{4}$,从而得到 $t=0$ 时的波形曲线,如图 10-3 所示.从图可以看出,在 $t=0$ 时,点 O 位于平衡位置,且正沿着 Oy 轴的正方向运动,由此知道点 O 的初相 $\varphi=-\dfrac{\pi}{2}$.故点 O 的简谐振动方程为

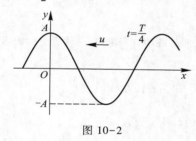

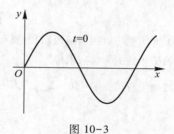

图 10-2　　　　　　　　　　　　　　　图 10-3

$$y=A\cos\left(\frac{2\pi}{\lambda}ut-\frac{\pi}{2}\right) \tag{1}$$

那么,波动方程为

$$y=A\cos\left[\frac{2\pi}{\lambda}(ut+x)-\frac{\pi}{2}\right] \tag{2}$$

(2) 将 $x=\dfrac{3}{8}\lambda$ 代入式(2),即得该处质元的简谐振动方程

$$y=A\cos\left[\frac{2\pi}{\lambda}\left(ut+\frac{3}{8}\lambda\right)-\frac{\pi}{2}\right]$$

$$=A\cos\left(\frac{2\pi}{\lambda}ut+\frac{\pi}{4}\right)$$

(3) 对波动方程式(2)求时间 t 的一次偏导数,得各质元的振动速度

$$v=\frac{\partial y}{\partial t}=-Au\frac{2\pi}{\lambda}\sin\left[\frac{2\pi}{\lambda}(ut+x)-\frac{\pi}{2}\right] \tag{3}$$

把 $x=\dfrac{\lambda}{8}$ 和 $t=0$ 代入式(3),即得到所求的振动速度

$$v=\sqrt{2}\,\pi A\,\frac{u}{\lambda}$$

例 2 有一平面简谐波,其波动方程为

$$y=5.0\times10^{-2}\cos\left(50t+2.0\times10^{-2}x-\frac{\pi}{2}\right)\quad\text{(SI 单位)}$$

试问:(1)在什么时刻,在坐标原点 $x=0$ 处会第一次出现波峰?(2)当 $t_2=1.0$ s 时,最靠近坐标原点的波峰的位置距原点多远?

解 (1)所谓出现波峰,即位移等于正最大.将 $x=0$ 和 $y=5.0$ cm 代入波动方程中,有

$$5.0=5.0\cos\left(50t-\frac{\pi}{2}\right)$$

于是

$$\cos\left(50t-\frac{\pi}{2}\right)=1$$

$$50t-\frac{\pi}{2}=\pm2k\pi$$

题意要求第一次出现波峰,故取 $k=0$,由此得原点处第一次出现波峰的时刻为

$$t_1=\frac{\pi}{100}\text{ s}=0.031\ 4\text{ s}$$

(2)此问题可以用与问题(1)相类似的方法,即从波动方程求解,请读者自行去求.现在我们用波形传播的方法来求解.

从波动方程可知 $\omega=50$ rad $\cdot$ s^{-1},$\dfrac{2\pi}{\lambda}=2.0$ cm^{-1},于是波长为

$$\lambda=\frac{2\pi}{2.0}\text{ cm}=3.14\text{ cm}$$

周期为

$$T=\frac{2\pi}{\omega}=\frac{2\pi}{50}\text{ s}=0.125\ 7\text{ s}$$

从原点处第一次出现波峰的时间 $t_1=0.031\ 4$ s 到 $t_2=1.0$ s,经过的时间是

$$\Delta t=t_2-t_1=0.968\ 6\text{ s}$$

经过的周期数为

$$\Delta N=\frac{\Delta t}{T}=7.71$$

又从波动方程知波向 Ox 轴的负方向传播,所以原点处的波峰向 Ox 轴的负方向移过了 7.71λ 的距离,如图 10-4 所示.因此,$t_2=1.0$ s 时,靠近原点最近的两个波峰,其位置离原点的距离分别为

$$\text{左边:}x=7.71\lambda-7\lambda=0.71\times3.14\text{ cm}=2.23\text{ cm}$$

$$\text{右边:}x'=\lambda-x=3.14\text{ cm}-2.23\text{ cm}=0.91\text{ cm}$$

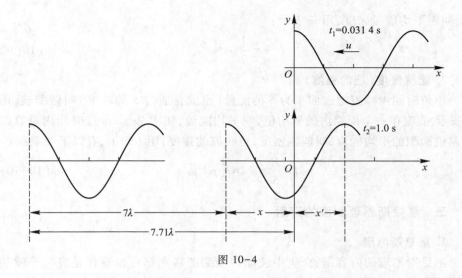

图 10-4

四、波的能量

1. 波的能量

波动过程也是能量传播的过程.若波沿 Ox 轴正方向传播,在波线上,任一体积元 dV 所具有的能量为

动能:
$$dW_k = \frac{1}{2}(\rho dV) A^2 \omega^2 \sin^2 \omega\left(t - \frac{x}{u}\right) \tag{10-6}$$

势能:
$$dW_p = \frac{1}{2}(\rho dV) A^2 \omega^2 \sin^2 \omega\left(t - \frac{x}{u}\right) \tag{10-7}$$

机械能:
$$dW = (\rho dV) A^2 \omega^2 \sin^2 \omega\left(t - \frac{x}{u}\right) \tag{10-8}$$

式中 ρ 是介质的密度.从以上各式可以看出能量是时间 t 的函数,且具有 $f\left(t - \frac{x}{u}\right)$ 的形式,所以能量以速度 u 向前传播.

从式(10-6)和式(10-7)还可以看出,动能与势能是同相位的,二者同时达到最大值,同时为零.这是波动能量与振动能量的区别之一.振动的动能与势能相位差为 $\pi/2$,当动能最大时,势能为零;势能最大时,动能为零.

2. 能量密度

单位体积中的能量叫做能量密度,能量密度显然也是时间 t 的函数,在很多情况下,不需要具体地知道不同时刻能量的瞬时值,就取它在一个周期内的平均

值,叫做平均能量密度,用 $\overline{w}$ 表示:

$$\overline{w} = \frac{1}{2}\rho A^2 \omega^2 \qquad (10-9)$$

3. 能流密度(波的强度)

单位时间内垂直通过面积为 S 的能量(也就是通过 S 的功率)叫做能流,用 P 表示.能流在一个周期内的平均值,叫平均能流,用 $\overline{P}$ 表示.单位时间内垂直通过单位面积的平均能流,叫能流密度,也叫波的强度,用 I 表示,有以下关系:

$$I = \frac{\overline{P}}{S} = \overline{w}u = \frac{1}{2}\rho A^2 \omega^2 u \qquad (10-10)$$

五、惠更斯原理和波的衍射

1. 惠更斯原理

惠更斯原理的内容是:介质中波动传播到的各点都可以看作是发射子波的波源,而在其后的任意时刻,这些子波的包络就是新的波前.

2. 波的衍射

波在传播过程中遇到障碍物时,在一定条件下,波能够绕过障碍物的边缘,在障碍物的几何阴影区内继续传播,这种现象称为波的衍射.衍射现象是波动的一个重要特征.

六、波的干涉

1. 波的叠加原理

波的叠加原理包含两个内容,一是波传播的独立性,二是波的可叠加性.具体来说:

(1)几列波相遇之后,仍然保持它们各自原有的特性(频率、波长、振幅、振动方向等)不变,并按照原来的方向继续前进,好像没有遇到过其他波一样.

(2)在相遇区域内任一点的振动位移,为各列波单独存在时在该点所引起的振动位移的矢量和.

2. 波的干涉现象

若有两列波在空间相遇,相遇区域内的某些地方振动始终加强,而另一些地方振动始终减弱,并形成稳定的、有规律的振动强弱分布的现象.

3. 相干条件

不是任意两列波相遇都会产生干涉现象的,能够产生干涉现象的波,叫相干波;它们的波源,叫相干波源.相干波源的条件是:频率相同、振动方向相同、相位相同或相位差恒定.

4. 干涉加强、减弱的条件

设两相干波为

$$y_1 = A_1 \cos \left[2\pi \left(\nu t - \frac{r_1}{\lambda} \right) + \varphi_1 \right]$$

$$y_2 = A_2 \cos \left[2\pi \left(\nu t - \frac{r_2}{\lambda} \right) + \varphi_2 \right]$$

它们的相位差为

$$\Delta \varphi = \varphi_2 - \varphi_1 - \frac{2\pi}{\lambda} (r_2 - r_1)$$

当 $\Delta \varphi = \pm 2k\pi$（$k = 0, 1, 2, \cdots$）时，合振幅 $A = A_1 + A_2$，干涉加强；当 $\Delta \varphi = \pm (2k+1) \pi$（$k = 0, 1, 2, \cdots$）时，合振幅 $A = |A_1 - A_2|$，干涉减弱.

如果 $\varphi_1 = \varphi_2$，并取 $\delta = r_2 - r_1$，称为波程差，则干涉加强、减弱的条件变为

$$\delta = \begin{cases} \pm k\lambda, & k = 0, 1, 2, \cdots \text{干涉加强} \\ \pm (2k+1) \dfrac{\lambda}{2}, & k = 0, 1, 2, \cdots \text{干涉减弱} \end{cases} \tag{10-11}$$

以上结论虽然是在机械波叠加的情况下得出的，但对电磁波（包括光波）也适用. 在波动光学中，将直接引用上述结论来讨论光的干涉等现象.

七、驻波

驻波是由振幅、频率和传播速度都相同的两列相干波，在同一直线上沿相反方向传播时，叠加而成的一种特殊的干涉现象.

1. 驻波波函数

设形成驻波的两列相干波是

$$y_1 = A \cos 2\pi \left(\nu t - \frac{x}{\lambda} \right)$$

$$y_2 = A \cos 2\pi \left(\nu t + \frac{x}{\lambda} \right)$$

叠加后形成驻波的波函数（又称为驻波方程）为

$$y = y_1 + y_2 = 2A \cos 2\pi \frac{x}{\lambda} \cos 2\pi \nu t \tag{10-12}$$

在驻波波函数中没有出现 $\left(\nu t - \dfrac{x}{\lambda} \right)$ 或 $\left(\nu t + \dfrac{x}{\lambda} \right)$ 的因子，这说明驻波没有相位的传播，也就没有波形的移动，这是驻波与行波的区别. 驻波实际上是介质中的全部质元都在作一种特殊形式的振动，这种特殊性表现在其振幅和相位的分布上.

2. 振幅分布

由式(10-12)可以看出,$2A\cos 2\pi\dfrac{x}{\lambda}$是与时间无关的因子,可以把它理解为驻波的振幅.凡满足$\left|\cos 2\pi\dfrac{x}{\lambda}\right|=1$的那些质元,振幅最大,等于$2A$,这些地方称为波腹;凡满足$\cos 2\pi\dfrac{x}{\lambda}=0$的那些质元,振幅为零,处于静止状态,这些地方称为波节.相邻两个波节(或波腹)之间的距离是$\lambda/2$.除波腹与波节外,其余各质元的振幅在0与$2A$之间.

3. 相位分布

在相邻两波节之间,各质元的相位相同,即它们振动步调一致,同时到达各自的最大位移,又同时返回平衡位置.而在波节两侧的质元,相位相反,即它们振动步调相反,一侧沿Oy轴的正方向运动,另一侧则沿Oy轴的负方向运动.

4. 相位跃变

驻波常由入射波和在两种不同介质分界处产生的反射波叠加而成.若在分界处是波节,波在反射时,就出现相位跃变π的现象,这就相当于出现了半个波长的波程差,常称为半波损失.若在分界处是波腹,则没有相位跃变π的现象,也就是说,没有半波损失.

在不同介质的分界处是出现波节,还是出现波腹,与波的种类、两种介质的性质以及入射角大小有关.当波从波疏介质垂直入射到波密介质,又被反射回波疏介质时,在反射处形成波节,例如波在绳子的固定端反射,固定端就是波节;反之,则在反射处形成波腹,例如波在绳子的自由端反射,自由端会形成波腹.

对机械波而言,介质的密度ρ和波速u的乘积ρu大者,称为波密介质;ρu小者,称为波疏介质.对光波而言,光的折射率n大的介质,称为光密介质;n小者,称为光疏介质.相位跃变问题在第十一章讨论光的干涉时是很重要的.

例3 有一入射波,波函数是$y_i=(1.0\times 10^{-2})\cos 2\pi\left(\dfrac{t}{4.0}-\dfrac{x}{8.0}\right)$(SI 单位),在距坐标原点$20$ m 处反射.(1)若反射端是固定端,写出反射波的波函数;(2)写出入射波与反射波叠加形成的驻波波函数;(3)求在坐标原点与反射端之间波节的位置.

解 (1)将$x=20$ m 代入入射波的波函数中,即得入射波在反射端激发的简谐振动方程:

$$y_{20}=1.0\times 10^{-2}\cos 2\pi\left(\frac{t}{4.0}-\frac{20}{8.0}\right)$$

$$=1.0\times 10^{-2}\cos\left(2\pi\frac{t}{4.0}-5\pi\right)$$

由于反射端是固定端,所以反射端是波节,波在反射时会有相位跃变 π,这时反射端就是反射波的波源,那么,反射波波源的简谐振动方程是

$$y'_{20} = 1.0 \times 10^{-2} \cos\left(2\pi \frac{t}{4.0} - 5\pi \pm \pi\right)$$

因为余弦函数是周期为 2π 的周期函数,所以上式又可写成

$$y'_{20} = 1.0 \times 10^{-2} \cos\left(2\pi \frac{t}{4.0}\right)$$

反射波在任意 x 处质元引起的简谐振动方程,也就是反射波的波函数:

$$y_r = 1.0 \times 10^{-2} \cos\left[2\pi\left(\frac{t}{4.0} - \frac{20-x}{8.0}\right)\right]$$

$$= 1.0 \times 10^{-2} \cos\left[2\pi\left(\frac{t}{4.0} + \frac{x}{8.0}\right) - 5\pi\right]$$

同样考虑到余弦函数的周期性,可将上式写成

$$y_r = 1.0 \times 10^{-2} \cos\left[2\pi\left(\frac{t}{4.0} + \frac{x}{8.0}\right) + \pi\right] \quad \text{(SI 单位)}$$

（2）驻波波函数为

$$y = y_i + y_r = 2.0 \times 10^{-2} \cos\left(2\pi \frac{x}{8.0} + \frac{\pi}{2}\right) \cos\left(2\pi \frac{t}{4.0} + \frac{\pi}{2}\right)$$

（3）在 x 满足 $\cos\left(2\pi \frac{x}{8.0} + \frac{\pi}{2}\right) = 0$ 的位置是波节,故有

$$\frac{\pi}{4.0}x + \frac{\pi}{2} = (2k+1)\frac{\pi}{2}, \quad k = 0,1,2,\cdots$$

$$x = 4.0k \text{ m}, \quad k = 0,1,2,\cdots$$

由于 $0 \leqslant x \leqslant 20$ m,故 k 取 $0,1,2,3,4,5$,即波节的位置在 $x = 0,4,8,12,16,20$ m 处.（也可以利用干涉减弱的条件求波节的位置,请读者自己试试.）

八、多普勒效应

在介质中,当波源与观察者在两者连线上有相对运动时,观察者接收到的频率与波源的频率不同的现象,叫做多普勒效应.这是由于当观察者运动时,观察者单位时间内接收到的波的数目发生了变化;当波源运动时,介质中的波长发生了变化,从而使得观察者接收到的频率发生变化.

如果波源和观察者在同一直线上运动,多普勒频移的公式为

$$\nu' = \frac{u \pm v_0}{u \mp v_s} \nu \tag{10-13}$$

式中 ν、ν' 分别是波源的频率和观察者接收到的频率,u、v_0、v_s 分别是波速、观察者相对介质运动的速度、波源相对介质运动的速度.当观察者向着波源运动时,v_0 前取正号,远离时取负号;当波源向着观察者运动时,v_s 前取负号,远离时取正

号.总之,波源与观察者互相接近时,接收到的频率就高于原来波源的频率,两者互相远离时,接收到的频率就低于原来波源的频率.如果波源和观察者的运动并不沿着两者的连线,则将速度在连线上的分量作为 v_0、v_s 的值代入式(10-13)即可.

对于电磁波(包括光波),需考虑相对论效应,若波源与观察者在同一直线上运动,其相对速度为 v,则两者互相接近时

$$\nu' = \sqrt{\frac{c+v}{c-v}}\,\nu \tag{10-14}$$

两者互相远离时

$$\nu' = \sqrt{\frac{c-v}{c+v}}\,\nu \tag{10-15}$$

式中 c 是光速.

例4 公路上车辆速度监测器由微波发射器、探测器及数据处理系统组成.如果发射器对着迎面而来的汽车发射频率 $\nu_0 = 2.0 \times 10^9$ Hz 的微波,探测器接收到从汽车上反射回来的反射波后产生的拍频为 400 Hz.若交通部门限定汽车的最高时速为 $v_m = 120$ km·h^{-1},问该汽车是否违法超速行驶?

解 由于汽车迎着发射器驶来,相当于观察者(汽车)与波源(发射器)互相接近,所以汽车接收到的频率为

$$\nu_1 = \nu_0 \sqrt{\frac{c+v}{c-v}} \tag{1}$$

式中 v 为汽车行驶的速度.反射时,汽车作为波源,反射波的频率就是汽车接收到的频率 ν_1,而此时探测器作为观察者,它与波源还是互相接近,因此探测器接收到的频率为

$$\nu_2 = \nu_1 \sqrt{\frac{c+v}{c-v}} \tag{2}$$

将式(1)代入式(2),得

$$\nu_2 = \nu_0 \left(\frac{c+v}{c-v} \right)$$

拍频就是探测器接收到的微波与发射器发射的微波互相叠加而形成的合成波的振幅变化的频率,用 $\Delta\nu$ 表示拍频,有

$$\Delta\nu = \nu_2 - \nu_0 = \nu_0 \left(\frac{c+v}{c-v} - 1 \right) = \nu_0 \left(\frac{2v}{c-v} \right)$$

由于 $v \ll c$,因而 $\Delta\nu \approx \dfrac{2v\nu_0}{c}$,由此得汽车行驶的速度为

$$v = \frac{1}{2}\frac{\Delta\nu}{\nu_0}c = \frac{1}{2} \times \frac{400 \text{ Hz}}{2.0 \times 10^9 \text{ Hz}} \times 3 \times 10^8 \text{ m·s}^{-1}$$

$$= 30.0 \text{ m·s}^{-1} = 108 \text{ km·h}^{-1} < v_m$$

可见,汽车并没有违法超速行驶.

九、电磁波

1. LC 振荡辐射电磁波的条件

（1）振荡频率足够高

由于辐射能量与频率的四次方成正比,因而频率愈高,辐射能量愈大.

（2）电路开放

L、C 是集中性元件,电场能集中在电容器中,磁场能集中在线圈中,为把电磁能辐射出去,电路必须是开放型的.

为满足上述条件,LC 振荡电路就演变为振荡偶极子,从而使电磁能以电磁波的形式辐射出去.

2. 产生电磁波的物理基础

（1）变化的磁场激发涡旋电场（即感应电场）,即

$$\oint_l \boldsymbol{E} \cdot \mathrm{d}\boldsymbol{l} = -\int_s \frac{\partial \boldsymbol{B}}{\partial t} \cdot \mathrm{d}\boldsymbol{S} \qquad (10-16)$$

（2）变化的电场（即位移电流）激发涡旋磁场,即

$$\oint_l \boldsymbol{H} \cdot \mathrm{d}\boldsymbol{l} = \int_s \left(\boldsymbol{j} + \frac{\partial \boldsymbol{D}}{\partial t} \right) \cdot \mathrm{d}\boldsymbol{S} \qquad (10-17)$$

3. 振荡偶极子辐射电磁能的特点

（1）辐射的平均能流密度 $\bar{S}$ 与频率 ν 的四次方成正比.

（2）平均能流密度 $\bar{S}$ 不是各向同性的,而是

$$\bar{S} \propto p_0^2 \sin^2 \theta$$

式中 p_0 是振荡偶极子电矩的振幅;θ 是 $\boldsymbol{p}$ 与径矢 $\boldsymbol{r}$ 的夹角.

4. 电磁波的基本性质

（1）电磁波是横波,电矢量 $\boldsymbol{E}$、磁矢量 $\boldsymbol{H}$ 和传播速度 $\boldsymbol{u}$ 互相垂直,成右手螺旋关系,并且电磁波具有偏振性.

（2）$\boldsymbol{E}$ 和 $\boldsymbol{H}$ 同相位.

（3）$\boldsymbol{E}$ 和 $\boldsymbol{H}$ 幅值成比例,即

$$\sqrt{\varepsilon_0 \varepsilon_r} E = \sqrt{\mu_0 \mu_r} H_0$$

或
$$\sqrt{\varepsilon} E = \sqrt{\mu} H \qquad (10-18)$$

（4）传播速度由电容率 ε 和磁导率 μ 决定,即

$$u = \frac{1}{\sqrt{\varepsilon \mu}} = \frac{1}{\sqrt{\varepsilon_0 \varepsilon_r \mu_0 \mu_r}} \qquad (10-19)$$

在真空中,$\mu_r = \varepsilon_r = 1$,即

$$c = \frac{1}{\sqrt{\varepsilon_0 \mu_0}} = 3 \times 10^8 \text{ m} \cdot \text{s}^{-1} \qquad (10-20)$$

难 点 讨 论

本章的难点也就是本章的重点,即平面简谐波波函数的建立.要能正确得出各种情况下平面简谐波的波函数,关键是正确理解机械波的产生和传播机理,明确机械波是机械振动在介质中的传播,传播的是振动状态.介质中各个质元的振动是波源振动的重复,不同的仅仅是相位,沿着波的传播方向,各质元振动相位逐点滞后.所以,已知介质中任一质元的振动方程和波的传播方向和波速,就能得出其他任意质元的振动方程,也即得到了任意质元(x 处)在任意时刻(t)的位移 $y(x,t)$,这就是波函数.具体过程已在学习指导部分叙述过.

自 测 题

10-1 如图 10-5 所示,有一横波在时刻 t 的波形沿 Ox 轴负方向传播,则在该时刻(　　).

(A) 质元 A 沿 Oy 轴负方向运动　　　　　(B) 质元 B 沿 Ox 轴负方向运动

(C) 质元 C 沿 Oy 轴负方向运动　　　　　(D) 质元 D 沿 Oy 轴正方向运动

10-2 设有两相干波,在同一介质中沿同一方向传播,其波源 A、B 相距 $\frac{3}{2}\lambda$(图10-6),当 A 在波峰时,B 恰在波谷,两波的振幅分别为 A_1 和 A_2.若介质不吸收波的能量,则两列波在图示的点 P 相遇时,该处质元的振幅为(　　).

(A) $A_1 + A_2$　　　　(B) $|A_1 - A_2|$　　　　(C) $\sqrt{A_1^2 + A_2^2}$　　　　(D) $\sqrt{A_1^2 - A_2^2}$

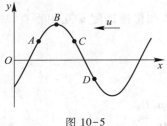

图 10-5

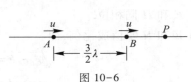

图 10-6

10-3 当波在弹性介质中传播时,介质中质元的最大形变量发生在(　　).

(A) 质元离开其平衡位置最大位移处　　　(B) 质元离开其平衡位置 $A/2$ 处

(C) 质元离开其平衡位置 $A/\sqrt{2}$ 处　　　(D) 质元在其平衡位置处(A 为振幅)

10-4 图 10-7 中实线表示 $t=0$ 时的波形图,虚线表示 $t=0.1$ s 时的波形图.由图可知

该波的角频率 $\omega =$ _____ π rad · s^{-1},周期 $T =$ _____ s,波速 $u =$ _____ m · s^{-1},波函数
$y =$ _____.

10-5 图 10-8 所示为一沿 Ox 轴正方向传播的横波在 $t = T/6$ 时刻的波形图,式中 T 为周期,设波源位于坐标原点,那么波源的初相为 _____.

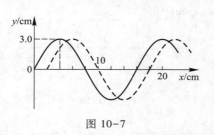 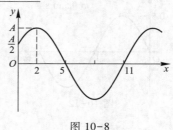

图 10-7   图 10-8

10-6 有一平面简谐波沿 Ox 轴负方向传播,在图 10-9 中的点 P 处质元的振动方程是 $y_P = A\cos\left(2\pi\nu t + \dfrac{\pi}{3}\right)$,则该波的波函数是 _____

_____;P 处质元在 _____ 时刻的振动状态与坐标原点 O 处质元 t_1 时刻的振动状态相同.

10-7 在驻波的相邻两波节间,各质元振动的振幅 _____,相位 _____;在波节的两侧,各质元振动的频率 _____,相位 _____.

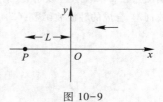

图 10-9

10-8 一警笛发射频率为 1 500 Hz 的声波,并以 25 m · s^{-1} 的速度向前运动,在警笛后方有一人,他在静止时听到警笛的频率是 _____;若他以 6 m · s^{-1} 的速度跟踪警笛,他听到的频率是 _____;在警笛后方空气中声波的波长是 _____.(空气中声速 $u = 330$ m · s^{-1}.)

10-9 图 10-10 所示为一平面简谐波在 $t = 0$ 时刻的波形图,波沿 Ox 轴正方向传播,波速 $u = 20$ m · s^{-1}.试写出图中点 P 和点 Q 处质元的振动方程,并画出它们的振动曲线.

10-10 一平面波以 $u = 0.8$ m · s^{-1} 的速度沿 Ox 轴负方向传播.已知距坐标原点 $x_0 = 0.4$ m 处质元的振动曲线如图 10-11 所示.(1) 求该平面波的波函数;(2) 画出 $t = 0$ 时的波形图.

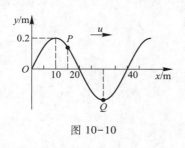 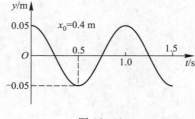

图 10-10   图 10-11

10-11 一平面简谐波沿 Ox 轴负方向传播,$t = 2$ s 时刻的波形如图 10-12 所示,已知波速为 0.5 m · s^{-1},求波函数和 O 点的运动方程.

10-12 如图 10-13 所示,一简谐波沿 x 轴正方向传播,波速 $u = 500$ m · s^{-1}.P 点的振动

方程为 $y = 0.03\cos\left(500\pi t - \dfrac{\pi}{2}\right)$ (SI 单位),$OP = 1$ m.(1)按图示坐标系,写出相应的波函数;

(2)画出 $t = 0$ 时的波形曲线.

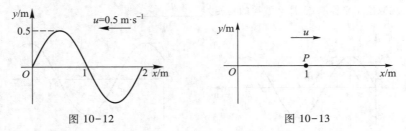

图 10-12   图 10-13

10-13 已知一沿 x 轴负方向传播的平面简谐波波函数为 $y = 0.01\cos\left(2\pi t + \pi x + \dfrac{1}{2}\pi\right)$ (SI

单位),在 $x = 0$ 处发生反射,反射点为一固定端,反射时无能量损失,试求:(1)反射波的波函

数;(2)合成的驻波波函数;(3)波腹和波节的位置.

自测题答案

第十一章

光　学

基 本 要 求

1. 理解光的相干性及获得相干光的方法.

2. 掌握杨氏双缝干涉条件、条纹分布规律.

3. 掌握光程的概念及光程差与相位差的关系.

4. 理解劳埃德镜光干涉规律.掌握半波损失的概念及产生条件.

5. 掌握薄膜等厚干涉(劈尖、牛顿环)干涉条件、条纹分布规律及应用.

6. 了解迈克耳孙干涉仪原理及其应用.

7. 理解惠更斯−菲涅耳原理.

8. 掌握夫琅禾费单缝衍射的规律(明、暗条纹的形成条件,条纹宽度及分布情况,缝宽的影响).

9. 能用光栅衍射公式来确定谱线的位置,会分析光栅常量及波长对光栅衍射谱线分布的影响.

10. 理解夫琅禾费圆孔衍射的结论以及光学仪器的分辨率.

11. 掌握光栅衍射的规律(谱线的形成、位置、光栅常量及波长的影响).

*12. 了解 X 射线的衍射规律.

13. 理解自然光、偏振光、部分偏振光、起偏、检偏等概念.

14. 掌握马吕斯定律.

15. 理解反射光和折射光的偏振,掌握布儒斯特定律.

16. 了解双折射现象.

*17. 掌握光的反射和折射定律及全反射现象.

*18. 理解光在平面上和球面上反射及折射成像的规律.

*19. 掌握薄透镜的成像规律.

*20. 了解显微镜和望远镜的光路和放大率.

思路与联系

本章从光的干涉、衍射现象讨论光的波动性,从光的偏振现象讨论光的横波特性,并介绍几何光学的基本内容.

本章内容的学习要以前一章的相关内容为基础.

一、光的干涉

从一般光源不能产生干涉现象出发,根据波的相干条件,提出获得相干光的原则,进而着重讨论两类获得相干光的方法.一类是分波阵面法,重点讨论了杨氏双缝干涉;另一类是分振幅法,以等厚干涉为重点,讨论了薄膜干涉.对干涉强弱条件和干涉条纹的特点进行了分析,并讨论了一些应用.在此基础上,最后介绍了一种基本的干涉仪——迈克耳孙干涉仪.

二、光的衍射

从衍射现象入手,介绍了菲涅耳衍射和夫琅禾费衍射,在惠更斯-菲涅耳原理的基础上,用波带法讨论了夫琅禾费单缝衍射.在简介夫琅禾费圆孔衍射的基础上,简单讨论了光学仪器的分辨率.然后讨论光栅衍射,简介 X 射线衍射.

三、光的偏振

从自然光和偏振光等概念入手,介绍起偏和检偏等概念,讨论偏振光通过检偏器后强度变化的规律——马吕斯定律.接着讨论反射和折射时的偏振及布儒斯特定律,最后介绍了双折射现象.

四、几何光学

简要介绍了几何光学的一些基本知识.

学 习 指 导

一、光的干涉

1. 相干光的条件及获得相干光的方法
相干光的条件是两束光同频率、同振动方向以及在相遇点上相位差保持恒定.由于原子在一次发光过程中只能发出一段有限长的波列,并且不同原子发出的或者同一原子先后不同时刻发出的两波列,其频率、振动方向以及相位一般都是各不相同的.普通光束是由许多有限长的波列所组成的,所以不同的光源或一个光源上不同部分发出的光是不能产生干涉的.

为了获得相干光,可以把从一个光源同一点发出的一束光分为两束,实际上也就是把这一光束中的每一个波列分成两个分波列,并使它们分别包含在两分光束中.显然,这两个分波列是满足相干条件的.若使这两束光沿两条不同的路径传播,然后再使它们相遇,只要它们的波程差(即几何路程之差)不大于波列的长度,这两束光在相遇区就可能产生干涉现象.

获得相干光的方法有两类:

(1)分波阵面法

从波阵面上分离出两部分或更多部分作为初相位相同的相干光源,使之产生干涉,如杨氏双缝、劳埃德镜等.这类干涉称为双缝干涉.

(2)分振幅法

利用入射光在薄膜界面的依次反射,将入射光的振幅分解为若干部分(实际是将光的能量分为若干部分),经过不同的路径再相遇,如薄膜、劈尖、牛顿环和迈克耳孙干涉仪等.这类干涉称为薄膜干涉.

2. 干涉明暗条纹的条件

(1)基本概念

a. 光程和光程差

介质的折射率 n 和光波经过的几何路程 L 的乘积 nL 叫做光程.两束相干光的光程之差叫光程差.光程差 Δ 与相位差 $\Delta\varphi$ 的关系是

$$\Delta\varphi = \frac{2\pi}{\lambda}\Delta \tag{11-1}$$

b. 相位跃变

当光从折射率 n 较小的介质射向折射率 n 较大的介质,并在分界面上反射时,反射光波的相位跃变 π,相当于出现了半个波长的光程差,常称半波损失.本书为统一起见,在计算光程时,凡有半波损失的光波,都加上 $\lambda/2$ 的光程,即相当于光波多走了半个波长的距离.

(2)干涉明暗条纹的条件

$$\Delta = \begin{cases} \pm k\lambda, & k=0,1,2,\cdots \text{明纹中心} \\ \pm(2k+1)\dfrac{\lambda}{2}, & k=0,1,2,\cdots \text{暗纹中心} \end{cases} \tag{11-2}$$

注意:必须根据具体干涉装置来选择正、负号及 k 的数值,k 并非都从零开始.

处理光的干涉问题,分析、计算具体问题中相干光的光程差(注意有无半波损失),从而列出干涉明暗的具体条件是关键.据此,才能进而讨论干涉条纹的分布规律.

3. 双缝干涉

如图 11-1 所示,设相干光源 S_1 与 S_2 之间的距离为 d,其中点 O_1 到屏幕的距离为 d',屏幕上任一点 P 到屏幕对称中心 O 的距离为 x,点 P 距 S_1 和 S_2 的距离分别为 r_1 和 r_2,PO_1 与 OO_1 之间的夹角为 θ.

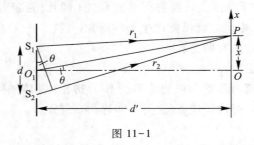

图 11-1

由图可见,从 S_1 和 S_2 所发出的光,到达点 P 的光程差为

$$\Delta = r_2 - r_1 = d\sin\theta \approx d\frac{x}{d'}$$

所以

$$d\frac{x}{d'} = \begin{cases} \pm k\lambda, & k = 0,1,2,\cdots \text{明纹} \\ \pm(2k+1)\dfrac{\lambda}{2}, & k = 0,1,2,\cdots \text{暗纹} \end{cases}$$

明纹中心位置为

$$x = \pm k\frac{d'}{d}\lambda \tag{11-3}$$

$k=0$ 对应中央明纹,$k=1$ 对应上、下两侧第一级明纹,……

暗纹中心位置为

$$x = \pm(2k+1)\frac{d'}{d}\frac{\lambda}{2} \tag{11-4}$$

$k=0$ 对应上、下两侧第一级暗纹(注意:第一级暗纹 $k\neq 1$,而是 $k=0$),$k=1$ 对应第二级暗纹……两相邻明纹(或暗纹)之间的距离为

$$\Delta x = x_{k+1} - x_k = \frac{d'}{d}\lambda$$

例 1 如图 11-2 所示,缝光源 S 发出波长为 λ 的单色光照射在对称的双缝 S_1 和 S_2 上,通过空气后在屏 H 上形成干涉条纹.

(1)若点 P 处为第 3 级明纹,求光从 S_1 和 S_2 到点 P 的光程差.

(2)若将整个装置放于某种透明液体中,点 P 处为第 4 级明纹,求该液体的折射率.

（3）装置仍在空气中,在 S_2 后面放一折射率为 1.5 的透明薄片,点 P' 处为第 5 级明纹,求该透明薄片的厚度.

（4）若将缝 S_2 盖住,在对称轴上放一反射镜 M（图 11-3）,则点 P 处有无干涉条纹？若有,是明的还是暗的？

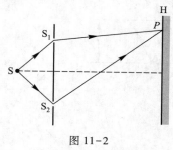

图 11-2

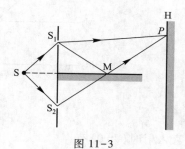

图 11-3

解　这是双光束干涉的问题.

（1）光从 S_1 和 S_2 到点 P 的光程差为

$$\Delta_1 = 3\lambda$$

（2）此时,光从 S_1 和 S_2 到点 P 的光程差为

$$\Delta_2 = n\Delta_1 = 4\lambda$$

所以

$$n = \frac{4\lambda}{\Delta_1} = \frac{4}{3} \approx 1.33$$

（3）设该透明薄片厚度为 d,则此时光从 S_1 和 S_2 到点 P 的光程差为

$$\Delta_3 = \Delta_1 + (n'-1)d = 5\lambda$$

所以

$$d = \frac{2\lambda}{n'-1} = 4\lambda$$

（4）如图所示, S_1 的光线经 M 反射至点 P.两相干光叠加后,在点 P 处产生干涉条纹.此时,两相干光在点 P 的相位差与（1）中相比相差 π（反射时的相位跃变）,所以,此时点 P 处是暗条纹.

4. 薄膜干涉

现以薄膜的反射光干涉为例,说明分析薄膜干涉问题的步骤:

（1）确定相干的两光束

由单色光源 S 上一点发出的光线在薄膜的上、下两界面上分别反射形成两束光（如图 11-4 中的②③两束光）.

（2）计算光程差（需特别注意有无半波损失）,列出干涉明暗条纹的条件:

$$\Delta = 2d\sqrt{n_2^2 - n_1^2 \sin^2 i} + \frac{\lambda}{2}$$

$$= \begin{cases} k\lambda, & k = 1, 2, \cdots \text{明纹中心} \\ (2k+1)\dfrac{\lambda}{2}, & k = 0, 1, 2, \cdots \text{暗纹中心} \end{cases} \tag{11-5}$$

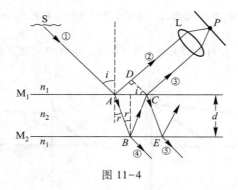

图 11-4

当光垂直入射时($i=0$)有

$$\Delta = 2n_2d+\frac{\lambda}{2}=\begin{cases}k\lambda, & k=1,2,\cdots\text{明纹中心}\\(2k+1)\dfrac{\lambda}{2}, & k=0,1,2,\cdots\text{暗纹中心}\end{cases}\qquad(11\text{-}6)$$

注意：① 式中光程差取正值. ② 上述公式不可死记,可根据具体干涉装置求光程差.

当薄膜和薄膜周围的介质以及入射光的波长(即 n_1、n_2、λ)给定时,干涉条纹的形成取决于膜的厚度 d 和入射光的入射角 i.若膜的厚度 d 均匀,光程差随入射角 i 而改变,由相同的入射倾角所形成的干涉条纹,叫等倾条纹.观察等倾条纹,一般采用面光源,干涉条纹是同心圆环.若用平行光入射,i 一定(常垂直入射,$i=0$),对于厚度不均匀的薄膜(d 为变量),则凡是膜厚相等的地方,光程差相等,形成一条干涉条纹,叫等厚条纹.等厚干涉的两个典型例子是劈尖和牛顿环.

例 2　日光照射到窗玻璃上,也会分别在玻璃的两个界面上反射,为什么观察不到干涉现象?

解　首先,由于每个原子的持续发光时间是有限的,光源发射的每个波列有一定的长度.如果在薄膜干涉中相干的两束光①、②[见图 11-5(a)]的光程差超过了波列的长度,那么由同一波列分解出来的两分光束(图中 a_1 与 a_2 或 b_1 与 b_2)就不能相遇,而相遇的是由前后两个波列分解出来的分光束(如 b_1 与 a_2).这两个分光束不满足相干光的条件,所以不会产生干涉.两个分光束能够产生干涉现象的最大光程差,叫该光源的相干长度,显然相干长度越大越好.

其次,光源的单色性不好会使相干长度大大低于波列的长度.除激光器外,一般光源发射的单色光并非单一波长的光,它总有一定的波长范围.当这样的光产生干涉时,干涉图样是这些不同波长的光各自干涉条纹的叠加,而不同波长的光的干涉条纹间距是不同的. 图 11-5(b)是两个相近波长 λ 与 λ' 的干涉条纹叠加的示意图.由图可见,从点 A 以后,两个波长的干涉条纹将连成一片,因而看不到干涉条纹.

白光光源的相干长度与波长同一数量级,钠光灯和低气压镉灯的相干长度分别约为

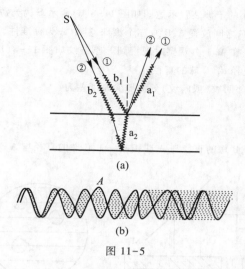

图 11-5

0.058 cm 和 40 cm.

玻璃窗的厚度一般约几毫米,如果相干的两束光的光程差超过光源的相干长度,则观察不到干涉现象.即使能产生干涉,因为干涉条纹的间距很小,实际上也分辨不清楚.

5. 劈尖

如图 11-6 所示,两平玻璃片构成一劈尖.如用平行光垂直照射,①、②两束光相干,在劈的上表面产生干涉条纹.其明、暗纹的条件为(相位跃变发生在劈的下表面)

$$\Delta = 2n_2d + \frac{\lambda}{2} = \begin{cases} k\lambda, & k=1,2,\cdots \text{明条纹} \\ (2k+1)\dfrac{\lambda}{2}, & k=0,1,2,\cdots \text{暗条纹} \end{cases}$$

$$(11-7)$$

(明纹条件中 k 的起始值不能取零,因为 $k=0$,则 $d<0$,厚度为负值,无意义.)干涉条纹是平行于棱边的等间距直条纹,如图 11-7 所示,这种情况下棱边处($d=0$)为暗纹.

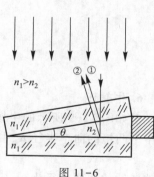

图 11-6

两相邻明纹(或暗纹)处劈尖的厚度差为

$$\Delta d = \frac{\lambda}{2n_2} \qquad (11-8)$$

两相邻明纹(或暗纹)的距离为

$$b = \frac{\lambda}{2n_2\sin\theta} \qquad (11-9)$$

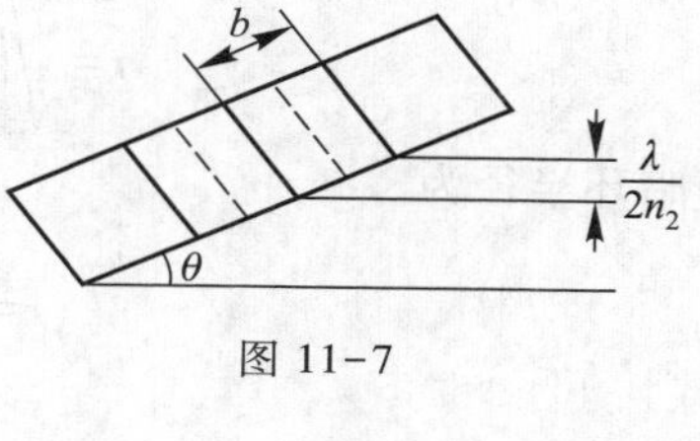

图 11-7

例3 检验滚珠大小的干涉装置示意图如图 11-8(a)所示.S 为光源,L 为会聚透镜,M 为半透半反镜.在平晶 T_1、T_2 之间放置 A、B、C 三个滚珠,其中 A 为标准件,直径为 d_0.用波长为 λ 的单色光垂直照射平晶,在 M 上方观察时观察到等厚条纹如图 11-8(b)所示,轻压 C 端,条纹间距变大.求 B 珠的直径 d_1、C 珠的直径 d_2.

解 等厚干涉两相邻明纹(或暗纹)处的劈尖厚度差为

$$\Delta d = \frac{1}{2}\lambda$$

由图 11-8(b)可知,B 珠的直径与 A 珠相差 $\frac{1}{2}\lambda$,C 珠的直径与 A 珠相差 $\frac{3}{2}\lambda$.

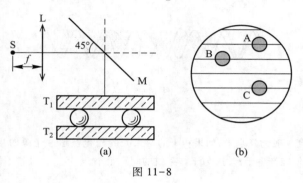

图 11-8

条纹间距为 $b = \dfrac{\lambda}{2\sin\theta}$,$\theta$ 减小时 b 增大.所以轻压 C 端,θ 减小,条纹间距变大.显然,C 珠直径最大,B 珠直径其次,A 珠直径最小,即

$$d_2 > d_1 > d_0$$

所以

$$d_1 = d_0 + \frac{1}{2}\lambda$$

$$d_2 = d_0 + \frac{3}{2}\lambda$$

6. 牛顿环

对如图 11-9 所示的牛顿环装置,干涉条纹是以接触点为中心的同心圆环.图中平凸镜的曲率半径 R、牛顿环的半径 r 与厚度 d 的关系是

$$r^2 = 2Rd \tag{11-10}$$

干涉条纹的明环半径为

$$r = \sqrt{\left(k - \frac{1}{2}\right)\frac{R\lambda}{n_2}}, \quad k = 1, 2, 3, \cdots \tag{11-11a}$$

暗环半径为

$$r = \sqrt{\frac{kR\lambda}{n_2}}, \quad k = 0, 1, 2, \cdots \tag{11-11b}$$

例4　图11-10下方所示是检验透镜曲率半径的牛顿环干涉装置.在波长为 λ 的单色光垂直照射下,显示出如图11-10上方所示的干涉条纹(图上显示的是牛顿环的明纹位置).试判断透镜 L 下表面与标准模具 G 之间气隙的厚度最大不超过多少?若轻轻下压透镜 L,看到干涉条纹扩大,试判断透镜 L 的曲率半径 R_L 比标准模具的曲率半径 R_G 大,还是小?

解　牛顿环的明纹条件为

$$\Delta = 2d + \frac{\lambda}{2} = k\lambda, \quad k = 1,2,3,\cdots$$

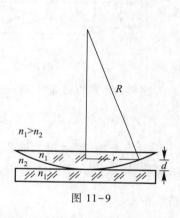

图 11-9

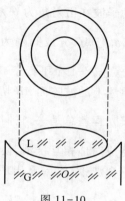

图 11-10

从图看出明纹的最高级数 $k=3$,由上式可得气隙的最大厚度为

$$d = \frac{3\lambda - \dfrac{\lambda}{2}}{2} = \frac{5}{4}\lambda$$

或者根据相邻两明纹对应的气隙厚度为 $\dfrac{\lambda}{2}$,那么三个明纹对应的气隙厚度为 λ,第一级明纹与中心暗斑对应的气隙厚度为 $\dfrac{\lambda}{4}$,同样可得到气隙的最大厚度为 $\dfrac{5}{4}\lambda$.

假设 $R_L < R_G$,则 L 与 G 间的空气隙从切点 O 到边缘逐渐变厚.轻轻下压 L,使空气隙的厚度变小.注意某一特定的干涉条纹,例如第一级明纹,应从原来所处的位置向外移动.所以,若观察到干涉条纹扩大,则可断定 $R_L < R_G$.

二、光的衍射

1. 惠更斯-菲涅耳原理

惠更斯提出,波在介质中传播到的各点都可以看作发射子波的波源.菲涅耳补充说:从同一波阵面上各点发出的子波经传播而在空间某点相遇时,各子波间也可以互相叠加而产生干涉现象.

衍射现象中出现的明暗条纹,正是从同一波阵面上发出的各子波相互干涉的结果.

2. 夫琅禾费单缝衍射

用单色平行光垂直入射在单缝上,在单缝后面放置一透镜,在透镜的焦平面上再放置一屏幕,则在屏幕上可以看到在中央明纹两侧对称地分布着明暗相间的各级条纹.

用波带法解释单缝衍射条纹的分布,可避免复杂的计算.如图 11-11 所示,单缝 AB 上各点发出的子波在衍射角为 θ 方向的最大光程差 $AC = b\sin\theta$.把 AC 分成间隔为半波长 $\frac{\lambda}{2}$ 的 N 个相等部分,作 $N-1$ 个平行于 BC 的平面,这些平

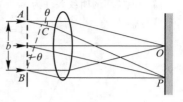

图 11-11

面将把单缝上的波阵面 AB 切割成 N 个半波带.这样,相邻两波带上对应点发出的子波其光程差总是 $\frac{\lambda}{2}$,它们到达点 P 时相互干涉抵消.可见,当 N 为偶数时,所有波带将成对地相互抵消,使点 P 出现暗纹;当 N 为奇数时,成对的波带抵消后还留下一个波带,使点 P 出现明纹.若 N 不是整数,则点 P 介于明暗之间,即

$$b\sin\theta = \begin{cases} \pm 2k\dfrac{\lambda}{2} = \pm k\lambda, & \text{暗条纹中心} \\ & \qquad\qquad k = 1,2,\cdots \quad (11\text{-}12) \\ \pm(2k+1)\dfrac{\lambda}{2}, & \text{明条纹中心} \end{cases}$$

中央明纹 $\qquad\qquad -\lambda < b\sin\theta < \lambda$,其中心 $\theta = 0$

中央明纹宽度为

$$\Delta x_0 = \frac{2\lambda f}{b} \qquad\qquad (11\text{-}13)$$

其他明纹宽度为

$$\Delta x = \frac{\lambda f}{b} \qquad\qquad (11\text{-}14)$$

衍射角 θ 越大,k 越大,半波带的数目越多,因而每个半波带的面积越小,能量越小,明纹的亮度越小(见图 11-12).

例 5 一双缝缝距 $d = 0.4$ mm,两缝宽度都是 $b = 0.080$ mm,用波长 $\lambda = 480$ nm 的平行光垂直照射双缝,在双缝后放一焦距 $f = 2.0$ m 的透镜,试求:

(1) 在透镜焦平面处的屏上,双缝干涉条纹的间距 Δx;

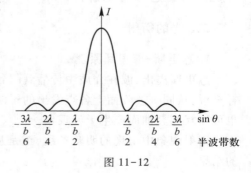

图 11-12

（2）在单缝衍射中央明纹范围内的双缝干涉明纹数目 N 和相应的级次.

解 （1）双缝干涉,相邻明纹（或暗纹）间距为

$$\Delta x = \frac{f}{d}\lambda = 2.4 \text{ mm}$$

（2）单缝衍射中央明纹宽度为

$$\Delta x_0 = 2\frac{\lambda f}{b} = 24 \text{ mm}$$

故单缝衍射中央明纹范围,可有 $\dfrac{\Delta x_0}{\Delta x}+1$ 个双缝干涉明纹,但中央明纹边缘处是两个缺级,所以,实际明纹数目为

$$N = \frac{\Delta x_0}{\Delta x}+1-2 = 9$$

相应级次为:$0,\pm 1,\pm 2,\pm 3,\pm 4(\pm 5$ 级为缺级$)$.

3. 干涉与衍射的区别

干涉与衍射都产生明、暗相间的条纹,那么,它们的区别在哪里呢?

首先,干涉是两束光或有限束光的相干叠加,而衍射是从同一波阵面上各点发出的无数个子波（球面波）的相干叠加,从这个意义上看,衍射本质上也是干涉.

其次,在纯干涉的情况下,不同级次（k 不同）的光强是一样的;而衍射条纹不同级次的光强是不同的,级次越高（k 越大）光强越弱.

再有,若将双缝干涉条纹与单缝衍射条纹比较,双缝干涉条纹是等间距的;而单缝衍射条纹的中央明纹宽度是其他各级条纹宽度的两倍.

最后,需要特别注意的是,单缝衍射明、暗纹的条件与干涉恰好相反.

干涉: $\qquad\qquad \Delta = \pm(2k+1)\dfrac{\lambda}{2},\qquad$ 暗条纹

单缝衍射: $\qquad \Delta = b\sin\theta = \pm(2k+1)\dfrac{\lambda}{2},\qquad$ 明条纹

这是因为前者两束相干光光程差为半波长的奇数倍时,两束光波的相位相反,干涉减弱;而后者,在衍射角 θ 的方向上,无数条衍射光线的最大光程差为半波长的奇数倍时,单缝能分成奇数个半波带,相邻两波带上对应的衍射光彼此相消,最后剩下一个波带的衍射光不能相消,故得明纹.

4. 圆孔衍射　光学仪器的分辨率

单色平行光垂直照射小圆孔时,在透镜 L 的焦平面处的屏幕中央将出现亮圆斑,周围为明、暗相间的环形衍射图样,这称为夫琅禾费圆孔衍射.中央的亮斑称为艾里斑.

对光学仪器而言,任何一个物点都对应着一个像点,只要仪器放大率足够大,任何细小的物点在理论上都应能在像方分辨.但光学仪器的透镜和光阑等相

当于透光的小孔,由于圆孔衍射的原因,像点已不是一个几何点,而是具有一定大小的艾里斑.这就限制了光学仪器的分辨本领.

瑞利判据对光学仪器的分辨能力作了说明:如果一个像点的艾里斑的中心刚好与另一个像点衍射图样的第一级暗纹相重合,则这两个物点刚好被光学仪器所分辨.这两个物点对透镜光心的张角 θ_0 称为最小分辨角(图 11-13),有

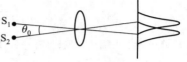

$$\theta_0 = 1.22 \frac{\lambda}{D} \qquad (11-15)$$

式中 λ 是入射单色光的波长,D 是仪器透光孔径.

图 11-13

光学仪器的最小分辨角的倒数称为分辨本领,即

$$\frac{1}{\theta_0} = \frac{D}{1.22\lambda}$$

波长 λ 越小,透光孔径 D 越大,分辨本领越大.

5. 衍射光栅

光栅衍射图样的特点是,明条纹细且亮,两明条纹之间存在很宽的暗区.这种衍射图样是单缝衍射和多缝干涉的综合结果.下面分别加以说明.

（1）单缝衍射效应

由于单缝位置的变化对衍射图样的位置没有影响,所以光栅中各条缝的衍射图样是重叠在一起的.若光栅共有 N 条缝,则衍射图样中的明纹亮度增加 N 倍,所以光栅中狭缝条数越多,明纹就越亮.又因光栅中的狭缝是很窄的,所以单缝衍射的明纹扩展得很宽.多缝干涉的结果将在单缝衍射的明纹中产生暗纹.

（2）多缝干涉效应

若衍射角为 θ,相邻两缝衍射光的光程差为 $(b+b')\sin\theta$(见图 11-14),相位差为

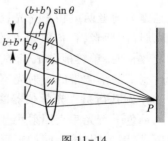

$$\Delta\varphi = \frac{2\pi}{\lambda}(b+b')\sin\theta$$

各条缝的衍射光经透镜会聚于点 P,则点 P 的光振动是 N 个同方向、同频率、同振幅、相邻相位差为 $\Delta\varphi$ 的光振动的合成.从第九章讨论"同方向、同频率多个简谐振动的合成"中,我们知道,

图 11-14

当 $\Delta\varphi = \pm 2k\pi (k=0,1,2,\cdots)$ 时,合振幅最大,为原来振幅的 N 倍.由此得到点 P 为明纹的条件为

$$\frac{2\pi}{\lambda}(b+b')\sin\theta=\pm 2k\pi$$

或
$$(b+b')\sin\theta=\pm k\lambda,\quad k=0,1,2,\cdots \tag{11-16}$$

式(11-16)就是光栅方程.而当 $\Delta\varphi=\pm\dfrac{2k'\pi}{N}(k'\neq 0,k'\neq N$ 的整数倍的其他整数)

时,合振幅为零.因此,点 P 为暗级的条件是

$$\frac{2\pi}{\lambda}(b+b')\sin\theta=\pm\frac{2k'\pi}{N}$$

或
$$(b+b')\sin\theta=\pm\frac{k'}{N}\lambda,\quad k'=1,2,\cdots,N-1,N+1,N+2,\cdots \tag{11-17}$$

可见在相邻两明纹之间,有 $N-1$ 个暗纹.相邻两暗纹之间为次极大,次极大的光强很小,实际上观察不到,所以相邻两明纹之间形成一片暗区,见图 11-15.

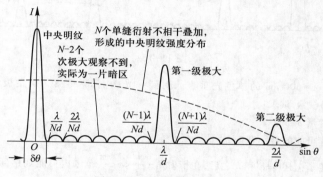

图 11-15　(图中 $d=b'+b$)

取 $b+b'=d$,则从图 11-15 可以看出,各级明纹(包括中央明纹)的角宽度为

$$\delta\theta\approx\frac{2\lambda}{Nd} \tag{11-18}$$

因此,光栅的狭缝数 N 越大,$\delta\theta$ 越小,明纹越细.

相邻明纹间的角距离为

$$\sin\theta_{k+1}-\sin\theta_k=\frac{\lambda}{d}$$

所以,光栅常量 $d=b+b'$ 越小,明纹间相距得越远.

*(3) 缺级

从前面的讨论我们知道,光栅的明纹条件是

$$(b+b')\sin\theta=\pm k\lambda$$

而单缝衍射的暗纹条件是

$$b\sin\theta = \pm k'\lambda$$

所以当 $\dfrac{b+b'}{b} = \dfrac{k}{k'}$ 为整数之比时,发生缺级.缺级为 $k = \dfrac{b+b'}{b}k'$.例如当 $\dfrac{b+b'}{b} = \dfrac{3}{1}$ 时,光栅的 $\pm3, \pm6, \pm9, \cdots$ 级条纹消失,见图 11-16.(图中虚线表示单缝衍射的非相干叠加强度分布.)

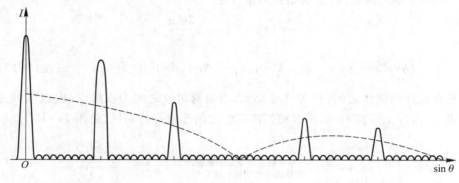

图 11-16

*例 6 波长 $\lambda = 600$ nm 的单色光垂直入射到一光栅上,测得第 2 级主极大的衍射角为 $30°$,且第 3 级是缺级.试求:

(1)光栅常量 $b+b'$;

(2)透光缝可能的最小宽度 b;

(3)在选定了上述 $b+b'$ 和 b 之后,在衍射角 $-\dfrac{\pi}{2} < \varphi < \dfrac{\pi}{2}$ 范围内可能观察到的全部主极大的级次.

解 (1)由光栅方程

$$(b+b')\sin\varphi = k\lambda$$

得

$$b+b' = \frac{k\lambda}{\sin\varphi} = \frac{2\times600\times10^{-7}}{\sin 30°}\,\text{cm} = 2.4\times10^{-4}\,\text{cm}$$

(2)因为 $(b+b')\sin\varphi' = k\lambda$,$k=3$ 缺级,对应于最小的 b,φ' 方向应由单缝衍射第 1 级暗级公式 $b\sin\varphi' = \lambda$ 确定,所以

$$b = \frac{b+b'}{3} = 0.8\times10^{-4}\,\text{cm}$$

(3)因为 $(b+b')\sin\varphi = k\lambda$,$-\dfrac{\pi}{2} < \theta < \dfrac{\pi}{2}$,所以 $k = 0, \pm1, \pm2, \pm3$.

因为 $k = \pm3$ 缺级,所以可观察到的全部主极大级次为:$0, \pm1, \pm2$(明条纹).

*6. X 射线的衍射

如图 11-17 所示,当一束 X 射线射到两原子平面层的间距为 d 的晶体上

时,散射波相互干涉加强的条件为

$$2d\sin\theta = k\lambda, \quad k = 1, 2, 3, \cdots \quad (11-19)$$

上式称为布拉格公式.

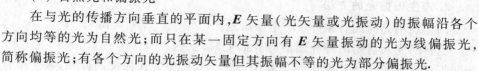

图 11-17

三、光的偏振

1. 基本概念

（1）自然光和偏振光

在与光的传播方向垂直的平面内, E 矢量（光矢量或光振动）的振幅沿各个方向均等的光为自然光;而只在某一固定方向有 E 矢量振动的光为线偏振光,简称偏振光;有各个方向的光振动矢量但其振幅不等的光为部分偏振光.

（2）起偏和检偏

一般光源发出的光都是自然光.通过某种装置使自然光成为偏振光,叫做起偏,其装置叫做起偏器.起偏器也可以用来检查某一光束是否为偏振光,叫做检偏,亦即起偏器也可以作为检偏器.

偏振片是常用的一种起偏器和检偏器.偏振片有一特殊的方向,该方向称为偏振片的偏振化方向.当强度为 I_0 的自然光射到偏振片上时,只有平行于偏振化方向的光振动能透过,使得透射光成为偏振光,这就是起偏,透射光强度 $I = I_0/2$.用偏振片观测线偏振光,在偏振片旋转过程中,光强发生变化,且可有消光现象,这就是检偏.

（3）寻常光和非常光

一束光线进入各向异性的晶体后分解为两束折射光的现象,叫做双折射.其中一束遵循通常的折射定律,叫寻常光或 o 光;另一束不遵守通常的折射定律,叫非常光或 e 光.寻常光在晶体内各方向上的传播速度相同;而非常光的传播速度却随传播方向的变化而变化.

（4）光轴和主截面

在双折射晶体内有一确定方向,光沿这一方向传播时,寻常光和非常光的传播速度（或折射率）相同,不产生双折射现象,这个方向叫光轴,光线入射于晶体表面,表面的法线与晶体光轴构成的平面叫主截面.

2. 基本定律

（1）布儒斯特定律

自然光在折射率分别为 n_1 和 n_2 的两种介质的分界面上反射时,产生线偏振光的条件是

$$\tan i_B = \frac{n_2}{n_1} \quad (11-20)$$

式中入射角 i_B 称为起偏角或布儒斯特角(图 11-18).

（2）马吕斯定律

强度为 I_0 的偏振光,通过检偏器后的强度为

$$I = I_0 \cos^2 \alpha \qquad (11-21)$$

式中 α 为入射偏振光振动方向与出射偏振光振动
方向之间的夹角.

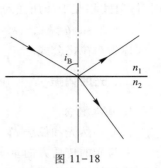

图 11-18

3. 产生偏振光的方法

（1）利用光的反射和折射产生偏振光

当自然光入射到两种介质的分界面上时,反射
光和折射光都是部分偏振光.反射光中垂直于入射面的光振动的振幅,大于平行
于入射面的光振动的振幅;折射光却相反.当入射角等于布儒斯特角时,反射光
是线偏振光,但折射光仍是部分偏振光.玻璃片堆就是利用多次反射和折射,使
得反射光和折射光都成为线偏振光.

（2）利用各向异性晶体的双折射现象得到偏振光

当自然光进入各向异性晶体后,分解为寻常光(o 光)和非常光(e 光).o 光
和 e 光都是偏振光,但两者的光振动方向相互垂直.若设法除去其中之一,从晶
体出射的就是偏振光.方解石是最常见的双折射晶体,尼科耳棱镜就是用方解石
晶体制成的,它利用全反射的方法除去 o 光,使 e 光通过,从而得到偏振光.

（3）利用某些晶体的二向色性得到偏振光

二向色性是指某些晶体有选择地吸收某一方向的光振动,只允许与这个方
向相垂直的光振动通过.偏振片就是将二向色性很强的细微晶体涂敷于透明薄
片上制成的.

* 4. 1/4 波片和半波片

若光通过晶片时,o 光和 e 光的光程差为

$$\Delta = (n_o - n_e)d = \lambda/4$$

该晶片称为 1/4 波片.若 o 光和 e 光的光程差为

$$\Delta = (n_o - n_e)d = \lambda/2$$

该晶片称为半波片.

* 四、几何光学

1. 光的反射和折射

（1）光的反射定律:当光从一种均匀介质入射到另一种均匀介质表面时,反
射角等于入射角(图 11-19),即

$$i_1 = i_1'$$

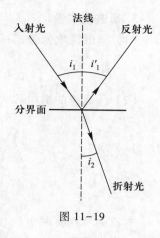

图 11-19

（2）光的折射定律：当光从均匀介质 1 入射到均匀介质 2 时，入射角正弦与折射角正弦之比为一个与介质和波长有关的常数．即

$$\frac{\sin i_1}{\sin i_2} = n_{21} = \frac{n_2}{n_1} \quad 或 \quad n_1 \sin i_1 = n_2 \sin i_2$$

（3）全反射：当光从光密介质（n_1）入射到光疏介质（n_2）的界面上，即 $n_1 > n_2$，则 $i_2 > i_1$，将折射角 $i_2 = 90°$ 时的入射角记为 i_c，称为临界角．则当入射角 $i_1 \geq i_c$ 时，就不会再有折射光，即光全部被反射回折射率为 n_1 的介质中，这种现象称为全反射．

2. 光在球面上的反射和折射成像

（1）球面镜的反射成像公式：

$$\frac{1}{p} + \frac{1}{p'} = \frac{1}{f}$$

式中 p 为物距，p' 为像距，f 为焦距．在运用此公式时要注意正负号的规则：以球面顶点（球面与主光轴的交点）为分界点，入射光线方向自左向右为正向，则当物点、像点、焦点和曲率中心在顶点右侧时，物距、像距、焦距和曲率半径均为正；反之，在左侧则为负．

（2）球面上的折射成像公式：

$$\frac{f'}{p'} + \frac{f}{p} = 1$$

式中 f' 为像方焦距，f 为物方焦距．

（3）近轴光线的作图法：在近轴光线的条件下，选取下列两条特殊光线就能容易作图成像．如图 11-20 所示，平行于光轴的入射光折射后经过像方焦点 F'；经过物方焦点 F 的入射光折射后平行于光轴．于是将两折射线（或其延长线）相交，即得所成的像．

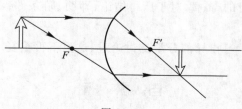

图 11-20

3. 薄透镜成像

（1）薄透镜成像公式：

$$\frac{1}{p'} - \frac{1}{p} = \frac{1}{f'}$$

（2）薄透镜的横向放大率：

$$V = \frac{p'}{p}$$

难 点 讨 论

本章的难点有两个：

一是光程概念的理解和光程差的计算.这也是本章最重要的基础,光的干涉和衍射问题的分析、讨论都涉及光程和光程差的计算.解决这一问题的关键是弄清引入光程和光程差概念的目的.光的干涉和衍射本质上都是光波的相干叠加.相干叠加的强弱取决于相位差.而光在介质中通过路程 L 时,所引起的相位变化相当于光在真空中通过路程 nL 所产生的相位变化,nL 就是光程,光程差即两束光到达相遇点的光程之差.相位差决定于光程差,$\Delta\varphi = \frac{2\pi}{\lambda}\Delta$.所以,引入光程和光程差是为了讨论相干强弱条件,进而分析干涉和衍射图样.计算光程差要在确定参与相干叠加的光线的基础上,由几何关系计算光线通过的路径长度,乘以各通过区域的折射率总即得该光线的光程,从而可写出相应两光线的光程差的表达式,计算光程差时特别要注意的是要分析有无相位跃变（半波损失）存在.

二是夫琅禾费单缝衍射条纹明暗条件的得出,并由于其形式上与杨氏干涉条件正好相反而易于混淆.解决这一问题的关键在于正确理解菲涅耳波带法,把握得出明暗条件的过程的三个层次.第一,半波带的划分方法;从而可知第二,半波带的特点:相邻两个半波带上对应点发出的子波在屏上相遇处相位相反,故相邻两半波带的各子波在屏上相遇处两两相消;由此得到第三,屏上对应点的明、暗取决于半波带数目的奇、偶.对于所得结论,即明、暗条件,不能光看形式,而应理解它的物理实质.

具体问题已在学习指导部分举例讨论过,这里不再重复.

自 测 题

11-1 折射率为 1.30 的油膜覆盖在折射率为 1.50 的玻璃片上.用白光垂直照射油膜,观察到透射光中绿光($\lambda = 500$ nm)加强,则油膜的最小厚度是(　　).

(A) 83.3 nm 　　(B) 250 nm 　　(C) 192.3 nm 　　(D) 96.2 nm

11-2 下列几种说法正确的是(　　).

(A) 无线电波能绕过建筑物,而光波不能绕过建筑物,是因为无线电波的波长比光波的波长短,所以衍射现象显著

(B) 声波的波长比光波的波长长,所以声波容易发生衍射现象

(C) 用单色光做单缝衍射实验,波长 λ 与缝宽 b 相比,波长 λ 越长,缝宽 b 越小,衍射条纹就越清楚

(D) 用波长为 λ_1 的红光与波长为 λ_2 的紫光的混合光做单缝衍射实验,在同一级衍射条纹中,红光的衍射角比紫光的衍射角小

11-3 如图 11-21 所示,用波长 $\lambda = 500$ nm 的单色光垂直照射单缝,缝与屏的距离 $d = 0.40$ m.

(1) 如果点 P 是第一级暗纹所在位置,那么,AB 之间的距离是_____nm;(2) 如果点 P 是第二级暗纹所在位置,且 $y = 2.0 \times 10^{-3}$ m,则单缝的宽度 $b =$ _____;(3) 如果改变单缝的宽度,使点 P 处变为第一级明纹中心,此时单缝的宽度 $b' =$ _____.

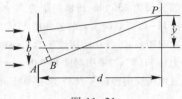

图 11-21

11-4 人眼的瞳孔直径约为 3.0 mm,对视觉较为灵敏的光波长为 550 nm,若在教室的黑板上写一等号,其两横线相距 4.0 mm,试问教室的长度不超过_____,才能使坐在最后一排的学生能分辨这两条横线.

11-5 一束自然光以起偏角 $i_0 = 48.09°$ 穿过某透明液体入射到玻璃表面上,玻璃的折射率 $n = 1.56$,则该液体的折射率 $n' =$ _____.

11-6 一束波长范围在 0.095 nm ~ 0.13 nm 的 X 射线,以 60° 的掠射角入射到晶体常量 $d = 0.275$ nm 的晶面上.那么,产生强反射的是波长 $\lambda =$ _____的那些射线.

11-7 如图 11-22 所示,设光纤内层材料的折射率为 n_1,外层材料的折射率为 n_2($n_1 > n_2$),光纤外是空气,若要使光线能在光纤中传播,其最大的入射角为_____.

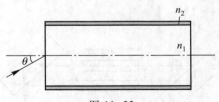

图 11-22

11-8 在 Si 的平表面上镀一层厚度均匀的 SiO_2 薄膜,为了测量薄膜的厚度,将它的一部分磨成劈形(图 11-23),现用波长为 600 nm 的平行光垂直照射,观察反射光形成的干涉条纹.图中 AB 段共有 6 条暗纹,且 B 处恰好是一条暗纹,求薄膜的厚度.(Si 折射率为 3.42,SiO_2 折射率为 1.50.)

11-9 如果牛顿环的装置由三种透明材料做成,它们的折射率如图 11-24 所示.试作图

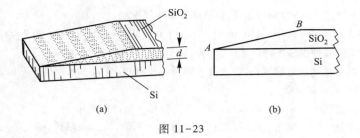

图 11-23

定性表示牛顿环的形状.

11-10 在单缝夫琅禾费衍射装置中,用细丝代替单缝,就构成了衍射细丝测径仪.已知光波波长为 630 nm,透镜焦距为 50 cm,今测得零级衍射斑的宽度为 1.0 cm,求该细丝的直径.

11-11 双缝实验装置如图 11-25 所示,图中 $d = 0.40$ mm,两缝宽相等,$b = 0.080$ mm,缝与屏之间距离 $d' = 2.0$ m.用波长为 $\lambda = 480$ nm 的平行光垂直照射.(1)求原点 O 上方第五级明纹的坐标 y;(2)如果用厚度 $l = 0.01$ mm、折射率 $n = 1.58$ 的透明薄膜覆盖在图中 S_1 缝后面,求上述第五级明纹的坐标 y';(3)求在单缝衍射中央明纹范围内的双缝干涉明纹数目和相应的级数.

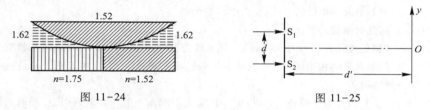

图 11-24   图 11-25

11-12 在煤矿的井下,甲烷的百分含量超过一定值就会发生火灾、爆炸等灾难.常用图 11-26 所示干涉仪来监测甲烷的百分含量.图中 T_1、T_2 是长度相同的玻璃管,测量前 T_1、T_2 均充纯净空气,然后将 T_1 内的纯净空气换为待测气体,观察干涉条纹的移动.若待测气体所含甲烷的百分比为 $x\%$,并已知待测气体的折射率 n 与 x 的关系为

$$n = n_0 + 1.39 \times 10^{-6} x$$

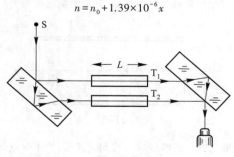

图 11-26

式中 n_0 是纯净空气的折射率.若玻璃管长 $L = 42.37$ cm,光源波长 $\lambda = 589$ nm,某次测量观察到干涉条纹移动了 2 条,求待测气体中甲烷的百分含量 $x\%$.

11-13　一衍射光栅,每厘米有 200 条透光缝,每条透光缝宽 $b=2\times10^{-3}$ cm,在光栅后放一焦距 $f=1$ m 的凸透镜,现以 $\lambda=600$ nm 的单色平行光垂直照射光栅,试问:(1) 单缝衍射中央明纹宽度为多少? (2) 该宽度内,有几个光栅衍射主极大?

*11-14**　单色光垂直入射在光栅常量为 6.0×10^{-4} cm 的光栅上,测得第三级谱线的角位置为 $\sin\theta_3=0.30$,第四级谱线缺级.(1) 求单色光的波长; (2) 求透光缝可能的最小宽度; (3) 求能观察到的谱线数目; (4) 如果用白光入射,光栅后面会聚透镜的焦距为 50 cm,则第一级光谱的线宽度为多少?

11-15　将两块偏振片叠放在一起,它们的偏振化方向之间的夹角为 60°.一束强度为 I_0、光矢量的振动方向与二偏振片的偏振化方向皆成 30° 的线偏振光,垂直入射到偏振片上.(1) 求透过每块偏振片后的光束强度; (2) 若将原入射光束换为强度相同的自然光,求透过每块偏振片后的光束强度.

11-16　如图 11-27 所示,三种透明介质 Ⅰ、Ⅱ、Ⅲ 折射率分别为 $n_1=1.00$,$n_2=1.43$ 和 n_3,Ⅰ 和 Ⅱ、Ⅱ 和 Ⅲ 的界面相互平行,一束自然光由介质 Ⅰ 中入射.若在两个交界面上的反射光都是线偏振光,试求:(1) 入射角 i;(2) 折射率 n_3.

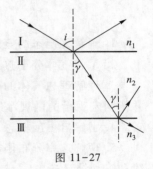

11-17　一个点状物体放在凹透镜前 0.05 m 处,凹透镜的曲率半径为 0.20 m,试确定像的位置和性质.

*11-18**　一光源与屏间的距离为 1.6 m,用焦距为 30 cm 的凸透镜插在两者之间,透镜应放在什么位置,才能使光源成像于屏上?

图 11-27

自测题答案

第十二章

气体动理论

基 本 要 求

1. 理解平衡态的概念,理解理想气体物态方程和热力学第零定律.

2. 了解气体分子热运动的图像.

3. 理解理想气体的压强公式和温度公式,了解建立宏观量与微观量的联系并阐明宏观量的微观本质的方法.

4. 了解自由度概念,理解能量均分定理.掌握理想气体内能公式.

5. 理解速率分布函数和速率分布曲线的物理意义.了解麦克斯韦速率分布律和三种统计速率.

6. 了解气体分子平均碰撞频率和平均自由程.

思 路 与 联 系

本章气体动理论和下一章热力学基础都是研究热现象规律,但两者研究的角度和采用的方法不同.气体动理论是微观理论,它以气体为研究对象.其基本出发点是认为气体由大量分子组成,分子在不断地作无规运动.由于分子数量特别巨大,所以它的运动规律与力学规律既有联系又有区别.就单个分子来说,它遵循力学规律,然而由于每个分子又受到大量其他分子的复杂作用,它的运动则表现出无序性,很难从求解分子的动力学方程来确定其运动规律.更为重要的是,个别分子的行为不能代表气体的宏观性质,而气体的宏观性质则是大量分子的整体表现.大量分子具有自己独特的规律——热运动统计规律.因此,气体动理论用统计平均的方法,寻求宏观量与微观量的内在联系,揭示宏观热现象的本质.

本章首先介绍了描述气体宏观状态的气体物态参量、平衡态的概念、理想气体物态方程和热力学第零定律.然后在介绍物质的微观模型及统计规律性的一般概念后,从理想气体的微观模型出发,揭示理想气体压强产生的原因和实质.
再用压强的微观表示式与理想气体物态方程进行比较,得到平均平动动能与温
度的关系式,从而说明温度的实质.进而得到能量均分定理及理想气体内能的表
达式.接着讲授理想气体平衡态下的气体分子速率分布律并介绍能量分布律,在
讨论平均碰撞频率和平均自由程后,对气体迁移现象作了介绍.最后,介绍了实
际气体的范德瓦耳斯方程.

学 习 指 导

一、平衡态 理想气体物态方程

系统在不受外界影响的条件下,其宏观性质不随时间变化的状态叫平衡态.
气体的平衡态在 p-V 图上可用一个点表示.

理想气体在平衡态下,压强 p、体积 V 和温度 T 三个物态参量之间的关
系——理想气体物态方程

$$pV = NkT = \nu RT = \frac{m'}{M}RT \qquad (12-1)$$

$$p = nkT \qquad (12-2)$$

式中,N 是气体分子数,k 是玻耳兹曼常量,ν 是物质的量,R 是摩尔气体常量,m'
是气体质量,M 是气体的摩尔质量,n 是气体分子数密度.

二、气体热运动图像

气体由大量分子组成,在通常状态下,单位体积内分子数是很多的.分子本
身体积极小,分子之间有较大的空隙.分子在不断地作无规运动,虽然各个分子
运动的速率不同,但就总体来说,大量分子的速率有确定的分布.分子在运动过
程中彼此不断地发生碰撞,从而改变分子运动的方向和速率大小.分子在两次碰
撞间所经历的路程(即自由程)有长有短,在温度不变的情况下,平均自由程与
压强成反比.亦可以简单概括为分子数量多,间距大,速度快,碰撞频繁.

三、热力学量——压强和温度的统计意义

1. 理想气体压强公式

压强公式的推导,代表性地说明了气体动理论的任务和研究方法.读者不仅
需要记住它的结论,而且需要知道推导它的方法和步骤.

压强的定义是单位面积容器壁所受到的气体的作用力;从微观上看,则是大

量气体分子持续不断地与器壁碰撞所给予器壁的平均冲力.

理想气体压强公式

$$p = \frac{1}{3} nm \overline{v^2} = \frac{1}{3} \rho \overline{v^2} = \frac{2}{3} n \left(\frac{1}{2} m \overline{v^2} \right) = \frac{2}{3} n \overline{\varepsilon}_k \tag{12-3}$$

式中,m 是气体分子的质量,ρ 是气体的密度,$\overline{\varepsilon}_k = \frac{1}{2} m \overline{v^2}$ 是气体分子的平均平动动能.该式给出了宏观量 p 和微观量的统计平均值 n、$\overline{\varepsilon}_k$ 之间的关系.

2. 温度的统计解释

气体分子的平均平动动能与温度的关系是

$$\overline{\varepsilon}_k = \frac{1}{2} m \overline{v^2} = \frac{3}{2} kT \tag{12-4}$$

该式又称为能量公式,它表示宏观量 T 和微观量的平均值 $\overline{\varepsilon}_k$ 之间的关系.温度从宏观上说是表征气体处于热平衡状态的物理量;从微观角度来讲,温度 T 是气体分子平均平动动能的量度.它表征大量气体分子热运动的激烈程度,是大量分子热运动的统计平均结果,是一个统计量,温度对个别分子来说是没有意义的.

问题 1 为什么说压强是一个统计量? 一定质量的气体,当温度保持恒定时,其压强随体积的减小而增大;当体积保持恒定时,其压强随温度的升高而增大.从微观的角度看,这两种使压强增大的过程有何区别?

答 个别事件是偶然的,大量偶然事件所遵循的规律称为统计规律.若在长时间里某一物理量有许许多多可能的值,则该物理量的平均值为统计量.

压强是大量分子与器壁碰撞的宏观结果.由于分子对器壁的碰撞是断续的,分子施与器壁冲量的大小也是有起伏的.只有当所取的器壁面积和观测时间从微观的角度看来足够大,也就是参与取平均的分子数足够多时,器壁所得到的冲量才可能有稳定的值,所以压强 p 是一个统计量.

一定质量的气体,当温度 T 保持恒定时,由于体积减小,单位体积内的分子数 n 增大,单位时间内分子碰撞器壁的次数增多,所以压强增大.关系式 $p = nkT$ 则定量地反映了上述讨论结果.

当体积 V 保持恒定时,由于温度 T 升高,分子平均平动动能 $\overline{\varepsilon}_k = \frac{1}{2} m \overline{v^2} = \frac{3}{2} kT$ 增大,分子的平均速率或方均根速率变大,从而使气体分子与器壁碰撞时,施与器壁的平均冲量增大,所以压强增大.压强公式 $p = \frac{2}{3} n \overline{\varepsilon}_k$ 则反映了这个问题.

四、能量均分定理　理想气体内能

1. 自由度

分子能量中独立的速度和坐标的平方项数目叫分子能量自由度,简称自由度,用 i 表示.单原子分子 $i=3$(3 个平动自由度).刚性双原子分子 $i=5$(3 个平动自由度,2 个转动自由度).刚性多原子分子 $i=6$(3 个平动自由度,3 个转动自由度).

2. 能量均分定理

在平衡态时,理想气体分子的每一自由度都具有大小等于 $\frac{1}{2}kT$ 的平均能量.因此,自由度为 i 的分子的平均能量为

$$\bar{\varepsilon}=\frac{i}{2}kT \tag{12-5}$$

需要注意的是,能量均分定理是对大量分子统计平均所得的结果.对个别分子来说,在任一瞬时,每一个自由度上的能量和总能量完全可能与根据能量均分定理所确定的平均值有很大的差别,而且每一种形式的能量也不见得一定是按自由度均分的.

3. 理想气体的内能

理想气体的摩尔内能为

$$E_{\mathrm{m}}=\frac{i}{2}RT \tag{12-6}$$

质量为 m' 的理想气体,其内能为

$$E=\frac{m'}{M}\frac{i}{2}RT=\nu\frac{i}{2}RT \tag{12-7}$$

这就从微观上解释了为什么理想气体的内能是温度的单值函数.

问题 2　指出下列各式所表示的物理意义.

(1) $\frac{1}{2}kT$,(2) $\frac{3}{2}kT$,(3) $\frac{i}{2}kT$,(4) $\frac{i}{2}RT$,(5) $\frac{m'}{M}\frac{i}{2}RT$.

答　(1) $\frac{1}{2}kT$ 表示理想气体分子每一自由度所具有的平均能量.

(2) $\frac{3}{2}kT$ 表示单原子分子的平均动能或分子的平均平动动能.

(3) $\frac{i}{2}kT$ 表示自由度为 i 的分子的平均能量.

(4) $\frac{i}{2}RT$ 表示分子自由度为 i 的理想气体的摩尔内能.

（5）$\dfrac{m'}{M}\dfrac{i}{2}RT$ 表示质量为 m' 的理想气体的内能.

五、平衡态下气体分子的统计分布

1. 分子速率分布

分子速率分布是本章的一个难点.要明确以下几点：

（1）气体分子的速率遵循一定的统计分布规律

气体分子在不断地作无规运动,在任一时刻,气体分子的速率具有从零到无限大之间的各种可能值.对个别分子来说,在某一时刻,其速率大小是完全偶然的,但大量分子的速率却遵循一定的统计规律.好像有的人身材高,有的人身材矮,在七高八低的情况下,如果对大量的成年人进行统计,身材的分布具有一定规律：特别矮和特别高的人是少数,中等身材的人占多数.气体分子在平衡态下,速率特别大和特别小的分子数都是很少的,大部分分子以中等速率运动,麦克斯韦速率分布律就反映了气体分子速率的分布规律.

（2）速率分布函数

设一定量的气体分子总数为 N,按速率的大小分为若干个等间隔的区间,例如从 0~10 m·s^{-1} 为第一速率区间；从 10~20 m·s^{-1} 为第二速率区间；……若在每一速率区间内的分子数为 $\Delta N_1,\Delta N_2,\cdots$,则 $\dfrac{\Delta N_i}{N}$ 表示在第 i 个速率区间内的相对分子数（即在此速率区间的分子数占总分子数的百分比）, $\dfrac{\Delta N_i}{N}$ 也就是分子处于第 i 个速率区间内的分布概率.当 $\Delta v \to 0$ 时,有关系：

$$\frac{dN}{N}=f(v)dv$$

或

$$f(v)=\frac{dN}{N}\frac{1}{dv} \tag{12-8}$$

$f(v)$ 为速率分布函数.它的物理意义是：气体分子在速率 v 附近,处于单位速率间隔内的概率.

（3）麦克斯韦速率分布函数

麦克斯韦从理论上导出理想气体在平衡态下的速率分布函数的形式为

$$f(v)=4\pi\left(\frac{m}{2\pi kT}\right)^{3/2}v^2 e^{-mv^2/2kT} \tag{12-9}$$

$f(v)$ 与 v 的关系曲线如图 12-1 所示,称为速率分布曲线.图中曲线下窄条长方形 1 的面积为

$$f(v)\,\mathrm{d}v = \frac{\mathrm{d}N}{N}$$

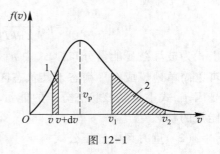

它表示分子速率在 $v \sim v + \mathrm{d}v$ 区间内的概率.

而图 12-1 中阴影 2 的面积为

$$\int_{v_1}^{v_2} f(v)\,\mathrm{d}v$$

表示分子速率在 $v_1 \sim v_2$ 区间内的概率. 整个
曲线下的面积为

图 12-1

$$\int_0^{\infty} f(v)\,\mathrm{d}v = 1 \qquad\qquad (12\text{-}10)$$

它是速率分布函数 $f(v)$ 必须满足的条件,称为速率分布函数的归一化条件.

（4）三种统计速率

a. 最概然速率 v_p:

在 $f(v)$ 与 v 的关系曲线中,与 $f(v)$ 的极大值相对应的速率叫最概然速率.它
表示分子的速率在 v_p 附近的概率最大.从麦克斯韦速率分布函数可求得

$$v_p = \sqrt{\frac{2kT}{m}} = \sqrt{\frac{2RT}{M}} \approx 1.41\sqrt{\frac{RT}{M}} \qquad\qquad (12\text{-}11)$$

当温度升高时,v_p 也增大,$f(v)$ 曲线的极大值向右移动,见图 12-2.

b. 平均速率 $\bar{v}$:

$$\bar{v} = \sqrt{\frac{8kT}{\pi m}} = \sqrt{\frac{8RT}{\pi M}} \approx 1.60\sqrt{\frac{RT}{M}}$$

$$(12\text{-}12)$$

c. 方均根速率 v_{rms}:

$$v_{rms} = \sqrt{\overline{v^2}} = \sqrt{\frac{3kT}{m}} = \sqrt{\frac{3RT}{M}} \approx 1.73\sqrt{\frac{RT}{M}}$$

$$(12\text{-}13)$$

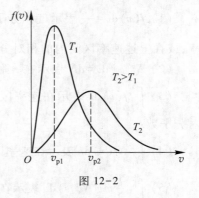

图 12-2

要正确运用这三种不同的速率来分析问
题.在讨论速率分布时,用最概然速率;讨论分
子碰撞时,用平均速率;计算分子的平均平动动能时,用方均根速率.

*2. 分子能量分布

（1）玻耳兹曼能量分布律

在一定温度的平衡态下,处于重力场中的气体分子的速度分量在区间 $v_x \sim v_x + \mathrm{d}v_x$、$v_y \sim v_y + \mathrm{d}v_y$、$v_z \sim v_z + \mathrm{d}v_z$,坐标在区间 $x \sim x + \mathrm{d}x$、$y \sim y + \mathrm{d}y$、$z \sim z + \mathrm{d}z$ 内的分子数 $\mathrm{d}N_{v_x,v_y,v_z,x,y,z}$ 为

$$\mathrm{d}N_{v_x,v_y,v_z,x,y,z} = n_0 \left(\frac{m}{2\pi kT}\right)^{3/2} \mathrm{e}^{-(\varepsilon_k+\varepsilon_p)/kT} \mathrm{d}v_x \mathrm{d}v_y \mathrm{d}v_z \mathrm{d}x \mathrm{d}y \mathrm{d}z \qquad (12-14)$$

上式为玻耳兹曼能量分布律.式中 n_0 是在势能 $\varepsilon_p = 0$ 处的分子数密度.该分布也可以简单地说成在平衡态下某状态区间的分子数正比于 $\mathrm{e}^{-\varepsilon/kT}$, $\mathrm{e}^{-\varepsilon/kT}$ 称为玻耳兹曼因子,式中 ε 是该状态分子的能量.由该分布可以看出,分子总是优先占据低能量的状态.

（2）重力场中气压公式

$$p = p_0 \mathrm{e}^{-mgz/kT} \qquad (12-15)$$

该式表示大气压强随高度 z 按指数减小,式中 p_0 是在高度 $z = 0$ 处的压强.

问题 3 速率分布函数 $f(v)$ 的物理意义是什么？试说明下列各式的物理意义：

（1）$f(v)\mathrm{d}v$, （2）$Nf(v)\mathrm{d}v$, （3）$\int_{v_1}^{v_2} f(v)\mathrm{d}v$, （4）$\int_{v_1}^{v_2} Nf(v)\mathrm{d}v$,

（5）$\int_{v_1}^{v_2} \frac{1}{2}mv^2 Nf(v)\mathrm{d}v$.

答 $f(v) = \dfrac{\mathrm{d}N}{N\mathrm{d}v}$ 表示气体分子在速率 v 附近,处于单位速率间隔内的概率,或在速率 v 附近处于单位速率间隔内的相对分子数.

（1）$f(v)\mathrm{d}v = \dfrac{\mathrm{d}N}{N}$ 表示气体分子在速率 v 附近,处于 $v \sim v+\mathrm{d}v$ 速率区间内的概率,或在上述速率区间内的相对分子数.

（2）$Nf(v)\mathrm{d}v = \mathrm{d}N$ 表示在 v 附近,$v \sim v+\mathrm{d}v$ 速率区间内的分子数.

（3）$\int_{v_1}^{v_2} f(v)\mathrm{d}v$ 表示在速率区间 $v_1 \sim v_2$ 内的概率,或在上述速率区间内的相对分子数.

（4）$\int_{v_1}^{v_2} Nf(v)\mathrm{d}v$ 表示在速率区间 $v_1 \sim v_2$ 内的分子数.

（5）$\int_{v_1}^{v_2} \frac{1}{2}mv^2 Nf(v)\mathrm{d}v$ 表示在速率区间 $v_1 \sim v_2$ 内的分子平动动能之和.

六、分子的平均碰撞频率与平均自由程

在单位时间内,一个分子与其他分子碰撞的平均次数,叫做分子的平均碰撞频率,用 $\bar{Z}$ 表示.

$$\bar{Z} = \sqrt{2}\,\pi d^2 \bar{v} n \qquad (12-16)$$

分子在连续两次碰撞间所经过的路程的平均值,叫做分子的平均自由程,用

$\bar{\lambda}$ 表示.

$$\bar{\lambda} = \frac{\bar{v}}{\bar{Z}} = \frac{1}{\sqrt{2}\pi d^2 n} = \frac{kT}{\sqrt{2}\pi d^2 p} \qquad (12-17)$$

可见,当温度恒定时,平均自由程与压强成反比.式中 d 是分子的有效直径.

*七、气体的迁移现象

迁移现象是当气体处于非平衡态时,由于分子无规热运动和分子间的不断碰撞,引起某微观量从一处到另一处的迁移,从而使得气体内部原来存在的某宏观量的不均匀趋向于均匀.

（1）当气体中各气层的流速不均匀（各气层间有相对运动）时,各气层间出现相互作用力,称为黏性力,这个现象称为黏性现象.微观上,这是由于各处分子的定向运动速度不均匀,而出现的定向运动动量的迁移.

（2）当气体内各处温度不均匀时,引起热量的传递,这就是热传导现象.其微观实质是,由于各处分子的平均动能不同,而产生的无规热运动能量的定向迁移.

（3）当气体内部各处的密度不均匀时,引起质量的传输,称为扩散现象.其微观实质是,由于各处分子的数密度不同,而出现的分子数的定向迁移.

黏性现象: $$F_f = \eta \frac{\Delta v}{\Delta x} \Delta S \qquad (12-18)$$

热传导现象: $$\frac{\Delta Q}{\Delta t} = -\kappa \frac{\Delta T}{\Delta x} \Delta S \qquad (12-19)$$

扩散现象: $$\frac{\Delta m'}{\Delta t} = -D \frac{\Delta \rho}{\Delta x} \Delta S \qquad (12-20)$$

式中 η、κ、D 分别称为黏度、热导率、扩散系数.$\frac{\Delta v}{\Delta x}$、$\frac{\Delta T}{\Delta x}$、$\frac{\Delta \rho}{\Delta x}$ 分别是速度梯度、温度梯度和密度梯度.

三种迁移系数分别为

$$\eta = \frac{1}{3}\rho\bar{v}\bar{\lambda} \qquad (12-21)$$

$$\kappa = \frac{1}{3}\rho\bar{v}\bar{\lambda}\frac{C_{V,m}}{M} \qquad (12-22)$$

$$D = \frac{1}{3}\bar{v}\bar{\lambda} \qquad (12-23)$$

式中 $\bar{v}$、$\bar{\lambda}$、ρ、$C_{V,m}$ 和 M 分别为气体分子的平均速率、气体分子的平均自由程、气体的密度、摩尔定容热容和气体的摩尔质量.

比较以上三个关系式可发现,三种迁移系数都与气体分子的平均速率 $\bar{v}$ 及平均自由程 $\bar{\lambda}$ 成正比,这反映了决定迁移快慢的两个重要因素是分子的热运动和分子间的碰撞.平均速率大,分子运动得快,各处分子不断地相互"搅拌"就快,从而气体内部存在的不均匀性消失得就快,换句话说,迁移进行得就快.平均自由程越长,分子间的碰撞就越少,分子由一处转移到另一处所需的时间就越短,因而迁移进行得就越快.

*八、实际气体的范德瓦耳斯方程

范德瓦耳斯方程是针对实际气体与理想气体微观模型之间的差异,对理想气体物态方程加以修正而得出的.

(1)理想气体微观模型认为分子本身的大小可以忽略不计,而实际上,当气体的压强较大时,气体分子本身的体积不能忽略不计.由于分子本身有体积,使得分子所能到达的空间减小,故而将理想气体物态方程中的 V_m 修正为 V_m-b.

(2)由于理想气体是稀疏气体,气体分子间的作用力可以忽略不计,而实际气体是非稀疏气体.气体分子间相距较小,分子间作用力不能忽略不计.考虑到分子间的引力作用,使得分子对器壁碰撞时给予器壁的冲力减小,从而将气体物态方程中的 $p=\dfrac{RT}{V_m-b}$ 修正为

$$p=\frac{RT}{V_m-b}-\frac{a}{V_m^2}$$

这样,得到 1 mol 气体的范德瓦耳斯方程为

$$\left(p+\frac{a}{V_m^2}\right)(V_m-b)=RT \tag{12-24}$$

式中 a、b 是两个常量,可由实验测定.

问题 4 你能说说气体动理论中,在讨论理想气体压强公式、内能公式、分子平均碰撞频率及范德瓦耳斯方程时,各用了什么样的气体分子模型?

答 (1)在推导理想气体压强公式时,将气体分子看成自由质点,即分子本身大小忽略不计,分子之间没有相互作用力.分子之间和分子与器壁间的碰撞均视为完全弹性碰撞.

(2)在讨论气体内能时,考虑了分子内部的结构,按分子含有原子数的多少,将气体分为单原子分子气体、双原子分子气体和多原子分子气体.

(3)在研究分子碰撞频率时,把气体分子看成有效直径为 d 的刚球.

(4)在推导范德瓦耳斯方程时,把气体分子看成相互之间有吸引力的刚球,

它比前几种模型更接近实际气体的情况.

　　为使读者对气体分子热运动图像有一数量级概念,下面举一例题.

　　例　一容器内贮有标准状态下的氮气.求:(1)1 mm³中氮分子的数目;(2)氮分子的质量;(3)分子间的平均距离;(4)平均速率;(5)分子的平均平动动能;(6)平均碰撞频率;(7)平均自由程(设氮分子的有效直径 $d = 3.28 \times 10^{-10}$ m).

　　解　(1)求单位体积内分子数的解法有二:

　　a. 因为在标准状态下,气体的摩尔体积为 $V_{\mathrm{m}} = 22.4$ L $\cdot$ mol^{-1},所以

$$n = \frac{N_A}{V_{\mathrm{m}}} = \frac{6.022 \times 10^{23} \, \mathrm{mol}^{-1}}{22.4 \times 10^6 \, \mathrm{mm}^3 \cdot \mathrm{mol}^{-1}} = 2.69 \times 10^{16} \, \mathrm{mm}^{-3}$$

　　b. 根据理想气体压强 p 与温度 T 的关系式 $p = nkT$,可得

$$n = \frac{p}{kT} = \frac{1.013 \times 10^5 \, \mathrm{Pa}}{(1.38 \times 10^{-23} \, \mathrm{J} \cdot \mathrm{K}^{-1}) \times (273 \, \mathrm{K})} = 2.69 \times 10^{25} \, \mathrm{m}^{-3}$$
$$= 2.69 \times 10^{16} \, \mathrm{mm}^{-3}$$

　　(2)已知氮气的摩尔质量 $M = 28 \times 10^{-3}$ kg $\cdot$ mol^{-1},则氮分子的质量为

$$m = \frac{M}{N_A} = \frac{28 \times 10^{-3} \, \mathrm{kg} \cdot \mathrm{mol}^{-1}}{6.022 \times 10^{23} \, \mathrm{mol}^{-1}} = 4.65 \times 10^{-26} \, \mathrm{kg}$$

　　(3)在空间,平均每个分子占据的体积为 $\frac{1}{n}$,将此体积看成立方体,则分子间的平均距离为

$$l = \frac{1}{\sqrt[3]{n}} = \frac{1}{\sqrt[3]{2.69 \times 10^{16}} \, \mathrm{mm}^{-1}} = 3.34 \times 10^{-6} \, \mathrm{mm} = 3.34 \times 10^{-9} \, \mathrm{m}$$

可见,分子间平均距离约为分子直径的 10 倍.

　　(4)由分子的平均速率 $\bar{v} \approx 1.60 \sqrt{\dfrac{RT}{M}}$,得

$$\bar{v} \approx 1.60 \sqrt{\frac{(8.31 \, \mathrm{J} \cdot \mathrm{mol}^{-1} \cdot \mathrm{K}^{-1}) \times (273 \, \mathrm{K})}{28 \times 10^{-3} \, \mathrm{kg} \cdot \mathrm{mol}^{-1}}} = 455 \, \mathrm{m} \cdot \mathrm{s}^{-1}$$

　　(5)由分子的平均平动动能 $\bar{\varepsilon}_k = \dfrac{3}{2} kT$,得

$$\bar{\varepsilon}_k = \frac{3}{2} \times (1.38 \times 10^{-23} \, \mathrm{J} \cdot \mathrm{K}^{-1}) \times (273 \, \mathrm{K}) = 5.65 \times 10^{-21} \, \mathrm{J}$$

　　(6)由分子间平均碰撞频率 $\bar{Z} = \sqrt{2} \pi d^2 n \bar{v}$,得

$$\bar{Z} = \sqrt{2} \times 3.14 \times (3.28 \times 10^{-10} \, \mathrm{m})^2 \times (2.69 \times 10^{25} \, \mathrm{m}^{-3}) \times (455 \, \mathrm{m} \cdot \mathrm{s}^{-1})$$
$$= 5.85 \times 10^9 \, \mathrm{s}^{-1}$$

　　(7)由分子平均自由程 $\bar{\lambda} = \dfrac{1}{\sqrt{2} \pi d^2 n}$,得

$$\bar{\lambda} = \frac{1}{\sqrt{2} \times 3.14 \times (3.28 \times 10^{-10} \, \mathrm{m})^2 \times (2.69 \times 10^{25} \, \mathrm{m}^{-3})} = 7.8 \times 10^{-8} \, \mathrm{m}$$

或

$$\bar{\lambda} = \frac{\bar{v}}{\bar{Z}} = \frac{455 \text{ m} \cdot \text{s}^{-1}}{5.85 \times 10^9 \text{ s}^{-1}} = 7.8 \times 10^{-8} \text{ m}$$

难 点 讨 论

在本章的学习过程中,初学者常常会感到物理量多、公式多,难于选用正确的公式解决问题,往往会发生不顾条件、硬套公式而导出错误结果的情况.为此,首先要正确把握每个物理量的物理意义,明确其对象是描述整个气体的宏观量,还是描述单个气体分子的微观量,或者是对大量分子的统计平均值.其次对公式的导出方法和过程要理解,从而把握其成立条件、适用对象及物理实质.对于前一问题,学习指导部分的问题 2 和问题 3 已作讨论;对于后一问题,这里举一例讨论.

讨论题 假设 N 个粒子的速率分布函数为

$$f(v) = \begin{cases} C & (0 < v < v_0) \\ 0 & (v > v_0) \end{cases}$$

(1)由 N 和 v_0 确定常量 C;

(2)求速率在 $0 \sim \dfrac{v_0}{2}$ 间的粒子的平均速率.

分析讨论

(1)错误解:

由速率分布函数的定义式

$$f(v) = \frac{1}{N} \frac{\mathrm{d}N}{\mathrm{d}v}$$

得

$$\frac{\mathrm{d}N}{N} = f(v) \mathrm{d}v$$

$$\int_0^N \frac{\mathrm{d}N}{N} = \int_0^\infty f(v) \mathrm{d}v = \int_0^{v_0} C \mathrm{d}v$$

两边积分后可得

$$C = \frac{\ln N}{v_0}$$

上述解法的错误在于把 N 作为了变量进行积分.原因在于没有把握 N 和 $\mathrm{d}N$ 的意义,而是从纯数学的角度进行积分.

正确解:

由归一化条件 $\displaystyle\int_0^\infty f(v) \mathrm{d}v = 1$ 和本题中具体的速率分布函数可得

$$\int_0^{v_0} C\,\mathrm{d}v = 1$$

积分得

$$C = \frac{1}{v_0}$$

（2）错误解：

根据平均速率公式 $\bar{v} = \int_0^\infty vf(v)\,\mathrm{d}v$ 结合本题的 $f(v)$ 得

$$\bar{v} = \int_0^{v_0/2} Cv\,\mathrm{d}v = \frac{1}{8}v_0$$

这个解法的错误在于将速率在 $0 \sim \infty$ 区间内的分子（所有分子）的平均速率计算公式错误地用来计算速率在 $0 \sim \dfrac{v_0}{2}$（部分分子）的平均速率，原因在于不理解平均速率公式的导出过程.

求速率 $0 \sim \infty$ 的全部分子的平均速率，应该是所有分子的速率之和除以分子总数 N，即

$$\bar{v} = \frac{\int_0^\infty v\,\mathrm{d}N}{N} = \frac{\int_0^\infty vNf(v)\,\mathrm{d}v}{N} = \int_0^\infty vf(v)\,\mathrm{d}v$$

而求速率 $0 \sim \dfrac{v_0}{2}$ 的分子平均速率，应该是这些分子的速率之和除以这些分子的个数 N' 而不是除以 N.

正确解：

$$\bar{v} = \frac{\int_0^{v_0/2} v\,\mathrm{d}N}{N'} = \frac{\int_0^{v_0/2} Nf(v)v\,\mathrm{d}v}{\int_0^{v_0/2} Nf(v)\,\mathrm{d}v} = \frac{v_0}{4}$$

自　测　题

12-1　一瓶氦气和一瓶氮气密度相同,分子平均平动动能相同,而且它们都处于平衡状态,则它们(　　).

（A）温度相同、压强相同

（B）温度、压强都不相同

（C）温度相同,但氦气的压强大于氮气的压强

（D）温度相同,但氦气的压强小于氮气的压强

12-2 有容积不同的 A、B 两个容器,A 中装有单原子分子理想气体,B 中装有双原子分子理想气体,若两种气体的压强相同,那么,这两种气体单位体积的内能$(E/V)_A$ 和 $(E/V)_B$的关系为(   ).

(A) $(E/V)_A < (E/V)_B$ (B) $(E/V)_A > (E/V)_B$

(C) $(E/V)_A = (E/V)_B$ (D) 不能确定

12-3 图12-3画了两条理想气体分子速率分布曲线,(   ).

(A) v_p 是分子的最大速率

(B) 曲线②的平均速率小于曲线①的平均速率

(C) 如果温度相同,则曲线①是氧气的分子速率分布曲线,曲线②是氢气的分子速率分布曲线

(D) 在最概然速率 $v_p \pm \Delta v$(Δv 很小)区间内,

$$\left(\frac{\Delta N}{N}\right)_{H_2} > \left(\frac{\Delta N}{N}\right)_{O_2}$$

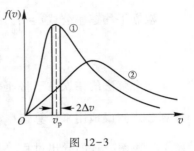

图 12-3

*12-4 范德瓦耳斯方程$\left(p + \dfrac{a}{V_m^2}\right)(V_m - b) = RT$ 中,

(   ).

(A) 实际测得的压强是$\left(p + \dfrac{a}{V_m^2}\right)$,体积是 V_m

(B) 实际测得的压强是 p,体积是 V_m

(C) 实际测得的压强是 p,V_m 是 1 mol 范德瓦耳斯气体的体积

(D) 实际测得的压强是$\left(p + \dfrac{a}{V_m^2}\right)$;1 mol 范德瓦耳斯气体的体积是$(V_m - b)$

12-5 氢分子的质量为3.3×10^{-27} kg,如果每秒有 10^{23} 个氢分子沿着与容器器壁的法线成 $45°$ 角的方向以 10^3 m·s^{-1}的速率撞击在 2.0×10^{-4} m^2 面积上,则此氢气的压强为_____.(设碰撞是完全弹性的.)

12-6 两瓶不同种类的理想气体,它们温度相同,压强也相同,但体积不同,则它们分子的平均平动动能_____,单位体积内分子的总平动动能_____.

12-7 某种刚性双原子分子理想气体,处于温度为 T 的平衡态,则其分子的平均平动动能为_____,平均转动动能为_____,平均总能量为_____,1 mol 气体的内能为_____.

12-8 1 mol 氮气(看作理想气体),由状态 $A(p_1, V)$ 变到状态 $B(p_2, V)$,其内能的增量为_____.

12-9 当理想气体处于平衡态时,气体分子速率分布函数为 $f(v)$,则分子速率处于最概然速率 v_p 至 ∞ 范围内的概率 $\Delta N/N =$ _____.

12-10 在恒定压强下,气体分子的平均碰撞频率 $\bar{Z}$ 与气体温度 T 的关系为 $\bar{Z}$ 正比于_____.

12-11 一容积为 10 cm^3 的电子管,当温度为 300 K 时,用真空泵把管内空气抽成压强为 5×10^{-5} mmHg 的高真空,问此时管内有多少个空气分子? 这些空气分子的平均平动动能的

总和是多少？平均转动动能的总和是多少？平均动能的总和是多少？（760 mmHg = 1.013×
10⁵ Pa,空气分子可认为是刚性双原子分子.)

12-12　贮有理想气体氢气的容器以速率 v 作定向运动.设容器突然停止,气体分子定向
运动动能全部转化为热运动动能,此时气体温度升高 0.7 K,求:(1)气体分子的平均动能的
增量;(2)容器作定向运动的速率.

自测题答案

第十三章

热力学基础

基 本 要 求

1. 掌握内能、功和热量等概念.理解准静态过程.

2. 掌握热力学第一定律.能熟练地分析、计算理想气体在等容、等压、等温和绝热过程中的功、热量和内能改变量,会计算摩尔热容.

3. 理解循环的意义和循环过程中的能量转化关系,会计算卡诺循环和其他简单循环热机的效率,理解制冷机的制冷系数.

4. 了解可逆过程和不可逆过程,掌握热力学第二定律,理解熵和熵增加原理.

*5. 了解热力学第二定律的统计意义和玻耳兹曼关系式.

思 路 与 联 系

热力学以观察和实验为基础,从能量观点出发,研究物质(气体、液体和固体等宏观物体)状态变化过程中,热功转化、热量传递、内能变化等热力学过程中的有关物理量的相互关系,过程进行的方向等.热力学是宏观理论.

热力学的理论基础主要是在实践基础上总结出来的热力学第一定律和热力学第二定律.热力学第一定律实际上是包括热现象在内的能量守恒定律,它阐明了热和功之间的转化规律,并否定了制造第一类永动机的可能性;热力学第二定律阐明了热与功之间转化过程的方向性和条件,同时否定了制造第二类永动机的可能性.这两条定律对任何热力学系统(气体、液体、固体或其他物体)都是成立的,但我们着重讨论理想气体,因此需要熟练掌握理想气体物态方程,以及理想气体在各等值过程中的内能、功与热量之间的关系.

本章以理想气体为热力学系统,讨论系统状态随时间变化的过程,即热力学过程.本章主要讨论的是准静态过程.热力学系统的状态发生变化的原因是对系统做功和传递热量.在状态变化时,内能、功和热量三者之间的关系遵循热力学第一定律.如果系统经过一系列状态变化过程以后,又回到原来的状态,则该过程称为循环.循环在 $p-V$ 图上是一闭合曲线.在 $p-V$ 图上按顺时针方向进行的循环叫正循环;按逆时针方向进行的叫逆循环.本章接着讨论了热力学第二定律、卡诺定理、熵和熵增加原理,最后介绍了热力学第二定律的统计意义和玻耳兹曼关系式.

学 习 指 导

一、基本概念

1. 准静态过程

系统在状态变化过程中经历的任意中间状态都可视为平衡态的过程叫准静态过程.气体的准静态过程在 $p-V$ 图上可用一条曲线表示.

2. 内能

内能是系统状态的单值函数.一般气体的内能是气体的温度和体积的函数,即 $E=E(T,V)$,而理想气体的内能仅是温度的函数,即 $E=E(T)$.物质的量为 ν 的理想气体的内能为

$$E=\nu \frac{i}{2}RT \tag{13-1}$$

3. 功和热量

做功和传递热量都能使系统的内能发生变化.就这一点来说,做功和传递热量是等效的,但它们的本质却是不同的.对系统做功使其内能发生变化,这是机械运动转化为分子热运动,或者说,这是使外界的有规则运动转化为系统分子的无规则运动;而热量则是系统之间被传递的热运动能量.故热量常被称为被传递的能量.

气体在准静态过程中所做的功可以写成

$$W=\int_{V_1}^{V_2} p\mathrm{d}V \tag{13-2}$$

它在数值上等于 $p-V$ 图上过程曲线下面的面积(图 13-1).

当气体的温度发生变化时,它所吸收的热量为

$$Q=\nu C_{\mathrm{m}}\Delta T \tag{13-3}$$

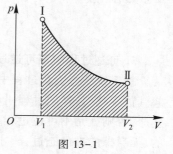

图 13-1

式中 C_m 为摩尔热容.

应当注意:内能是状态量,而热量和功是过程量,因此"系统含有热量"和"系统含有功"的说法都是错误的,这是因为只有当系统的状态发生变化时,系统才会对外做功或与外界有热量的交换,而且状态变化的过程不同,传递的热量与所做的功就不同.而内能是系统的状态函数,因此可以说"系统含有内能".内能的变化只与始末状态有关,与过程无关.

4. 摩尔热容

摩尔热容是 1 mol 的物质在状态变化过程中温度升高1 K所吸收的热量.

理想气体摩尔定容热容 $C_{V,m}$ 是 1 mol 的理想气体在等容过程中温度升高 1 K 所吸收的热量,即

$$C_{V,m} = \frac{dQ_{V,m}}{dT} \tag{13-4}$$

理想气体摩尔定压热容 $C_{p,m}$ 是 1 mol 的理想气体在等压过程中温度升高 1 K 所吸收的热量,即

$$C_{p,m} = \frac{dQ_{p,m}}{dT} \tag{13-5}$$

$C_{V,m}$ 和 $C_{p,m}$ 的值一般由实验测得.教材中的表 13-1 给出了一些气体的摩尔热容的实验值,读者在实际应用时,可以查该表.从手册查取各种物理量的实验值是必须具有的一种能力.这对从事工程技术和科学研究的人来说,尤为重要.而理想气体的 $C_{V,m}$ 和 $C_{p,m}$ 的理论值与它们的自由度的关系为

$$C_{V,m} = \frac{i}{2}R \tag{13-6}$$

$$C_{p,m} = \frac{i+2}{2}R \tag{13-7}$$

$C_{p,m}$ 与 $C_{V,m}$ 之差为

$$C_{p,m} - C_{V,m} = R \tag{13-8}$$

摩尔热容比为

$$\gamma = \frac{C_{p,m}}{C_{V,m}} = \frac{i+2}{i} \tag{13-9}$$

5. 可逆过程和不可逆过程

在系统状态变化过程中,如果逆过程能够重复正过程的每一状态,而且不引起其他变化,这样的过程叫可逆过程,也即可逆过程必须是系统状态和外界都能复原,否则就是不可逆过程.各种实际宏观过程都是不可逆过程.只有十分缓慢的、无摩擦的准静态过程,才可近似作为可逆过程.

二、基本定律和定理

1. 热力学第一定律

当系统状态发生变化时,内能、功和热量三者之间的关系是

$$Q = \Delta E + W \tag{13-10}$$

称为热力学第一定律.式中 $Q>0$,表示系统吸收热量,$Q<0$,表示系统放出热量;$\Delta E>0$,表示系统内能增加,$\Delta E<0$,表示系统内能减少;$W>0$,表示系统对外做功,$W<0$,表示外界对系统做功.在应用式(13-10)时,要注意各量的单位必须统一.在 SI 中,ΔE、W、Q 的单位都是焦耳.

热力学第一定律的物理意义是,在系统状态发生变化时,系统所吸收的热量,一部分使系统的内能增加,一部分供系统对外做功.热力学第一定律实际上是包括热现象在内的能量守恒定律.

例1　一系统由图 13-2 所示的状态 a 沿 acb 到达状态 b,有 334 J 热量传入系统,而系统做功 126 J,(1)经 adb 过程,系统做功 42 J,问有多少热量传入系统?(2)当系统由 b 状态沿曲线 ba 返回状态 a 时,外界对系统做功为 84 J,试问系统是吸热还是放热?热量传递多少?(3)若 $E_d - E_a = 167$ J,试求沿 ad 及 db 各吸收热量多少?

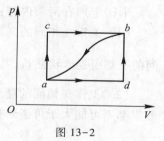

图 13-2

解　(1)对于 acb 过程:

$$\Delta E_{ab} = Q_{acb} - W_{acb} = (334-126)\text{ J} = 208\text{ J}$$

对于 adb 过程:

$$Q_{adb} = \Delta E_{ab} + W_{adb} = (208+42)\text{ J} = 250\text{ J}$$

(2)对于 ba 过程:

$$Q_{ba} = \Delta E_{ba} + W_{ba} = -\Delta E_{ab} + W_{ba} = (-208-84)\text{ J} = -292\text{ J}$$

负号表示系统放热.

(3)对于 ad 过程:

因为过程 db 的体积不发生变化,$dV = 0$,所以 $W_{db} = 0$,$W_{ad} = W_{adb} = 42$ J.

$$Q_{ad} = \Delta E_{ad} + W_{ad} = (E_d - E_a) + W_{ad}$$
$$= (167+42)\text{ J} = 209\text{ J}$$

对于 db 过程:

$$Q_{db} = \Delta E_{db} + W_{db} = (E_b - E_d) + 0$$
$$= (E_b - E_a) - (E_d - E_a)$$
$$= (208-167)\text{ J} = 41\text{ J}$$

2. 热力学第二定律

热力学第二定律有两种表述.开尔文表述:不可能制造出这样一种循环工作的热机,它只从单一热源吸收热量来做功,而不放出热量给其他物体,或者说不使外界发生任何变化.克劳修斯表述:热量不能自动地从低温物体传向高温物

体.这两种表述是等价的,违背了克劳修斯表述也就违背了开尔文表述,反之亦然.

热力学第一定律说明,一切过程的进行都必须遵循能量守恒定律.热力学第二定律则进一步说明,并非所有能量守恒的过程均能实现,自然界中出现的过程是有方向性的.例如,功可以全部转化为热,但热不会全部变为功,而使外界无变化;热量可以自动从高温物体传向低温物体,但不会自动从低温物体传向高温物体;气体可以自由膨胀,却不会自动收缩,等等.热力学第二定律的实质是说,一切与热现象有关的实际宏观过程都是不可逆过程.

从"能够做功"的角度看,不同的能量其品质是不同的,做有用功较多的能量,其品质较高;而做有用功较少的能量,其品质较低.热力学第二定律指出,只有在具备较大温差的情况下,能量才能有效地转化为有用功.正因为不能经济地得到温差,尽管在空气和海洋中贮藏着巨大的能量,但迄今为止,还无法把它们转化成有用的功.

*3. 卡诺定理

卡诺定理有两项内容:

(1)工作在相同的高温热源(温度为 T_1)和相同的低温热源(温度为 T_2)之间的一切可逆卡诺热机,其效率都相等,与工作物质无关,即 $\eta = 1 - \dfrac{T_2}{T_1}$.

(2)工作在相同的高温热源和相同的低温热源之间的一切不可逆热机,其效率都不可能大于可逆热机的效率,即

$$\eta' \leqslant 1 - \frac{T_2}{T_1}$$

式中 η 为可逆热机效率,η' 为不可逆热机效率.

卡诺定理指出了提高热机效率的方向.

三、理想气体的几个重要热力学过程

把热力学第一定律应用到理想气体的几个重要准静态过程,得到各过程的一些主要公式,现列表总结于表 13-1.

表 13-1

过程	特征	过程方程	内能增量 ΔE	系统做功 W	吸收热量 Q	摩尔热容 C_m
等容	$V=$常量	$\dfrac{p}{T}=$常量	$\nu C_{V,m}(T_2-T_1)$	0	$\nu C_{V,m}(T_2-T_1)$	$C_{V,m} = \dfrac{i}{2}R$

续表

过程	特征	过程方程	内能增量 ΔE	系统做功 W	吸收热量 Q	摩尔热容 C_m
等压	$p=$常量	$\dfrac{V}{T}=$常量	$\nu C_{V,m}(T_2-T_1)$	$p(V_2-V_1)$ 或 $\nu R(T_2-T_1)$	$\nu C_{p,m}(T_2-T_1)$	$C_{p,m}=C_{V,m}+R$
等温	$T=$常量	$pV=$常量	0	$\nu RT\ln\dfrac{V_2}{V_1}$ 或 $\nu RT\ln\dfrac{p_1}{p_2}$	$\nu RT\ln\dfrac{V_2}{V_1}$ 或 $\nu RT\ln\dfrac{p_1}{p_2}$	∞
绝热	$Q=0$	$pV^{\gamma}=$常量 $V^{\gamma-1}T=$常量 $p^{\gamma-1}T^{-\gamma}=$常量	$\nu C_{V,m}(T_2-T_1)$	$-\nu C_{V,m}(T_2-T_1)$ 或 $\dfrac{p_1V_1-p_2V_2}{\gamma-1}$	0	0
*多方	多方指数 n 可取任意实数	$pV^{n}=$常量 $V^{n-1}T=$常量 $p^{n-1}T^{-n}=$常量	$\nu C_{V,m}(T_2-T_1)$	$\dfrac{p_1V_1-p_2V_2}{n-1}$	$\nu C_{n,m}(T_2-T_1)$	$C_{n,m}=\left(\dfrac{n-\gamma}{n-1}\right)C_{V,m}$

问题 1 讨论理想气体在下述过程中，ΔE、ΔT、W 和 Q 的正负：

（1）等容过程压强减小；（2）等压压缩；（3）绝热膨胀；（4）图 13-3（a）所示过程 Ⅰ-Ⅱ-Ⅲ；（5）图 13-3（b）所示过程 Ⅰ-Ⅱ-Ⅲ；（6）图 13-3（b）所示过程 Ⅰ-Ⅱ′-Ⅲ.

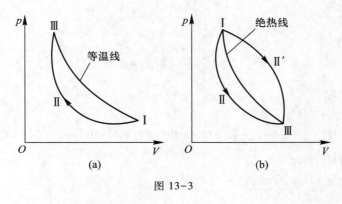

图 13-3

答 见表 13-2.

表 13-2

过　程	ΔE	ΔT	W	Q
(1)	−	−	0	−
(2)	−	−	−	−
(3)	−	−	+	0
(4)	0	0	−	−
(5)	−	−	+	−
(6)	−	−	+	+

说明　第(5)和第(6)两小题中 Q 的正负不是能直接判断的,因为根据热力学第一定律有 $Q=\Delta E+W$,现在的情况是,$\Delta E_5 = \Delta E_6$ 都小于零,W_5、W_6 都大于零,所以 Q 可能大于零,也可能小于零.Q 的正负要比较 ΔE 和 W 绝对值的大小后才能确定,为此需要借助于绝热线.在绝热线上,$Q=0$,因此 $|\Delta E| = |W|$.而功的数值可以用过程曲线下的面积来代表.由图可知,Ⅰ-Ⅱ-Ⅲ过程 $W_5 < W$,因此 $|W_5| < |\Delta E_5|$;Ⅰ-Ⅱ′-Ⅲ过程 $W_6 > W$,因而 $|W_6| > |\Delta E_6|$.所以 $Q_5 < 0$;$Q_6 > 0$.

例2　一气缸水平放置,气缸内有一绝热的活塞,活塞两侧各有 5.4×10^{-2} m³ 的摩尔定容热容 $C_{V,m}$ 为 $2.5R$(R 为摩尔气体常量)的理想气体,压强为 1.0×10^5 Pa,温度为 273 K.若向左侧徐徐加热,直至右侧气体被活塞压缩到 7.6×10^5 Pa 为止.假定除左侧加热部分外,气缸外壁皆为绝热材料所包围,而且活塞与气缸壁之间无摩擦.试问:(1)对右侧气体做多少功?(2)右侧气体的最后温度是多少?(3)左侧气体的最后温度是多少?(4)对左侧气体传入的热量是多少?

解　(1)据题意,设左、右两侧气体的物态参量如图 13-4 所示.由 $p_1 V_1^\gamma = p_2 V_2^\gamma$ 得右侧气体压缩后的体积为

$$V_2 = \left(\frac{p_1}{p_2}\right)^{\frac{1}{\gamma}} V_1$$

因

$$C_{p,m} = C_{V,m} + R = 3.5R$$

故摩尔热容比为

$$\gamma = \frac{C_{p,m}}{C_{V,m}} = \frac{3.5}{2.5} = 1.4$$

由此得

$$V_2 = \left(\frac{1}{7.6}\right)^{\frac{1}{1.4}} \times (5.4 \times 10^{-2}\ \text{m}^3) = 1.27 \times 10^{-2}\ \text{m}^3$$

对右侧气体所做的功为

$$W = -\frac{p_1 V_1 - p_2 V_2}{\gamma - 1}$$

$$= -\frac{(1.0 \times 10^5\ \text{Pa}) \times (5.4 \times 10^{-2}\ \text{m}^3) - (7.6 \times 10^5\ \text{Pa}) \times (1.27 \times 10^{-2}\ \text{m}^3)}{1.4 - 1}$$

$$= 1.06 \times 10^4 \text{ J}$$

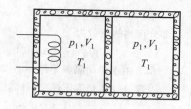

（2）由 $\dfrac{p_1 V_1}{T_1} = \dfrac{p_2 V_2}{T_2}$ 得右侧气体的最后温度为

$$T_2 = \frac{p_2 V_2}{p_1 V_1} T_1 = \frac{7.6}{1.0} \times \frac{1.27}{5.4} \times 273 \text{ K} = 488 \text{ K}$$

（3）左侧气体的最后体积为

$$V_2' = 2V_1 - V_2 = 2 \times (5.4 \times 10^{-2} \text{ m}^3) - (1.27 \times 10^{-2} \text{ m}^3)$$

$$= 9.5 \times 10^{-2} \text{ m}^3$$

由 $\dfrac{p_1 V_1}{T_1} = \dfrac{p_2' V_2'}{T_2'}$ 得左侧气体的最后温度为

$$T_2' = \frac{p_2' V_2'}{p_1 V_1} T_1 = \frac{7.6}{1.0} \times \frac{9.5}{5.4} \times 273 \text{ K} = 3\,650 \text{ K}$$

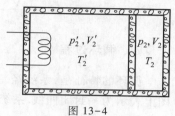

（4）左侧气体内能的变化为

$$\Delta E = \nu C_{V,\text{m}} (T_2' - T_1) = \nu (2.5R)(T_2' - T_1)$$

$$= 2.5 \frac{p_1 V_1}{T_1}(T_2' - T_1)$$

$$= 2.5 \times \frac{(1.0 \times 10^5 \text{ Pa}) \times (5.4 \times 10^{-2} \text{ m})}{273 \text{ K}} \times (3\,650 - 273) \text{ K}$$

$$= 1.67 \times 10^5 \text{ J}$$

图 13-4

左侧气体对外所做的功为

$$W = 1.06 \times 10^4 \text{ J}$$

因此，对左侧气体传入的热量为

$$Q = \Delta E + W = 1.67 \times 10^5 \text{ J} + 1.06 \times 10^4 \text{ J} = 1.78 \times 10^5 \text{ J}$$

例 3　有一气筒，除底部外都是绝热的，上边是一个可以上下无摩擦运动的活塞，中间有一个位置固定的能导热的隔板，把气筒分隔为相等的两部分 A 和 B，如图 13-5 所示。在 A 和 B 中各盛有 1 mol 的氮气，且处于相同状态。（1）现在由底部慢慢地把 334 J 的热量传递给气体，活塞上的压强始终保持不变，设导热板的热容可以略去不计，分别求 A 和 B 温度的改变，以及它们各得到多少热量？（2）如果中间隔板换成绝热的，但可以自由地无摩擦地上下滑动，结果又如何？（已知氮气的 $C_{V,\text{m}} = 20.72 \text{ J} \cdot \text{mol}^{-1} \cdot \text{K}^{-1}$，$C_{p,\text{m}} = 29.05 \text{ J} \cdot \text{mol}^{-1} \cdot \text{K}^{-1}$.）

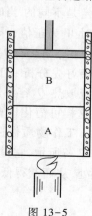

解　（1）A 部分气体经历的是等容过程，B 部分气体经历的是等压过程。于是

$$Q = Q_\text{A} + Q_\text{B} = \nu (C_{V,\text{m}} \Delta T + C_{p,\text{m}} \Delta T) = \nu (C_{V,\text{m}} + C_{p,\text{m}}) \Delta T$$

故

$$\Delta T = \frac{Q}{\nu (C_{V,\text{m}} + C_{p,\text{m}})}$$

$$= \frac{334 \text{ J}}{(1 \text{ mol}) \times (20.72 + 29.05) \text{ J} \cdot \text{mol}^{-1} \cdot \text{K}^{-1}}$$

$$= 6.71 \text{ K}$$

图 13-5

A 部分得到的热量为

$$Q_A = \nu C_{V,m} \Delta T = (1 \text{ mol}) \times (20.72 \text{ J} \cdot \text{mol}^{-1} \cdot \text{K}^{-1}) \times (6.71 \text{ K}) = 139 \text{ J}$$

B 部分得到的热量为

$$Q_B = \nu C_{p,m} \Delta T = (1 \text{ mol}) \times (29.05 \text{ J} \cdot \text{mol}^{-1} \cdot \text{K}^{-1}) \times (6.71 \text{ K}) = 195 \text{ J}$$

（2）由于中间隔板是绝热的,B 部分气体得不到热量,即 $Q_B = 0$,所以 $\Delta T_B = 0$.

A 部分气体是等压过程,外界传递的热量全部被 A 吸收,因此

$$Q_A = Q = 334 \text{ J}$$

$$\Delta T_A = \frac{Q}{\nu C_{p,m}} = \frac{334 \text{ J}}{(1 \text{ mol}) \times (29.05 \text{ J} \cdot \text{mol}^{-1} \cdot \text{K}^{-1})} = 11.5 \text{ K}$$

四、循环过程

循环的特征是,系统经一系列状态变化过程以后又回到原来的状态.在 p-V 图上表示为一封闭曲线.系统经历一个循环过程后,其内能变化 $\Delta E = 0$.

1. 一般循环

工作物质作正循环的机器叫热机,其工作原理如图 13-6 所示,它把热持续地变为功.热机的效率为

$$\eta = \frac{W}{Q_1} = 1 - \frac{Q_2}{Q_1} \qquad (13-11)$$

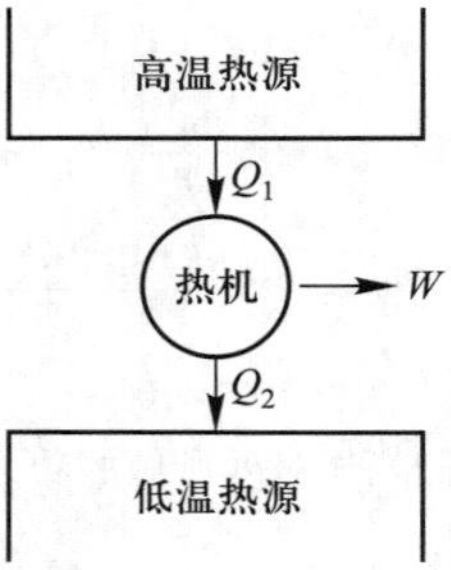

式中 W 是工作物质经一循环对外做的净功,在数值上等于 p-V 图上闭合曲线所包围的面积.Q_1 是工作物质从高温热源吸收的总热量,Q_2 是向低温热源放出的总热量.

利用式(13-11)求热机的效率时需注意:

（1）式中的 Q 与 W 均是绝对值,这与热力学第一定律中对 Q 与 W 正负的规定是不同的.当时曾规定,系统吸热时 Q 为正值,放热时 Q 为负值;系统对外做功时 W 为正值,外界对系统做功时 W 为负值.

（2）$\eta = W/Q_1$ 与 $\eta = 1 - Q_2/Q_1$ 是等效的.在具体计算时最好先分析一下,在本问题中,是功 W 容易计算,还是系统放热 Q_2 容易计算,从而决定采用哪一个式子求效率 η,这样可简化计算过程.

工作物质作逆循环的机器叫制冷机,其工作原理如图13-7所示,它是利用外界做功,使热量由低温处流向高温处,从而获得低温.制冷机的制冷系数为

$$e = \frac{Q_2}{W} = \frac{Q_2}{Q_1 - Q_2} \qquad (13-12)$$

图 13-6

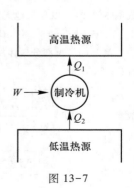

图 13-7

式中 W 是外界对系统做的功, Q_2 是系统从低温热源吸收的热量, Q_1 是系统向高温热源放出的热量.(式中 Q 与 W 均是绝对值.)

热泵的原理与制冷机相同,但目的不同.制冷机是使低温物体的温度更低,而热泵是使高温物体的温度更高.如果在机器内加上转换装置,可以一机两用,夏季制冷,冬季加热.

2. 卡诺循环

卡诺循环由四个准静态过程组成,其中两个是等温过程,两个是绝热过程.卡诺正循环(亦称卡诺热机)的效率为

$$\eta = 1 - \frac{T_2}{T_1} \qquad (13-13)$$

卡诺逆循环(亦称卡诺制冷机)的制冷系数为

$$e = \frac{T_2}{T_1 - T_2} \qquad (13-14)$$

式中 T_1 是高温热源的温度, T_2 是低温热源的温度.

这里读者容易犯的错误是,不管什么循环都用式(13-13)计算效率.须知只有卡诺循环才能用式(13-13)计算效率,如果不是卡诺循环,就要用式(13-11)计算效率了.

问题 2 有两个可逆机分别使用不同的热源作卡诺循环,在 p-V 图上,它们的循环曲线所包围的面积相等,但形状不同,如图 13-8(a)、(b)所示.问:(1)它们对外所做的净功是否相同?(2)它们吸热和放热的差值是否相同?(3)效率是否相同?(图中 $T_{2a} = T_{2b}$, $T_{1a} < T_{1b}$.)

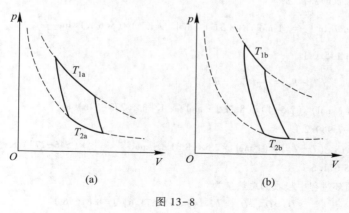

图 13-8

答 (1)因对外做的净功等于曲线所包围的面积,既然两个循环曲线所包围的面积相等,那么它们对外所做的净功是相同的.

(2)因为 $Q_1-Q_2=W,W$ 相同,所以它们吸热和放热的差值 Q_1-Q_2 相同.

(3)卡诺循环的效率 $\eta=1-\dfrac{T_2}{T_1}$,因 $T_{2a}=T_{2b}$,$T_{1a}<T_{1b}$,所以 $\eta_b>\eta_a$.

例 4 如图 13-9 所示,使 1 mol 氧气作 $ABCA$ 循环,(1)求循环过程中系统吸收的热量;(2)求所做的功;(3)求循环的效率;(4)若在此循环过程中的最高与最低温度之间作卡诺循环,求循环的效率.(已知氧气的 $C_{V,m}=2.5R$.)

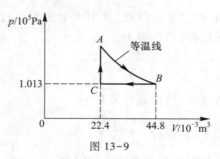

图 13-9

解 (1)由图可知,点 C 的 $p_C=1.013\times10^5$ Pa,$V_C=22.4\times10^{-3}$ m³,而由题意知工作物质为 1 mol,所以点 C 必处于标准状态,$T_C=273$ K.

根据等压过程方程 $\dfrac{V_B}{T_B}=\dfrac{V_C}{T_C}$,得

$$T_B=\frac{V_B}{V_C}T_C=\frac{44.8}{22.4}\times273 \text{ K}=546 \text{ K}$$

据题意 $T_A=T_B$,所以 $T_A=546$ K.

各过程吸收的热量为

$$Q_{AB}=\nu RT_A\ln\frac{V_B}{V_A}=(1 \text{ mol})\times(8.31 \text{ J}\cdot\text{mol}^{-1}\cdot\text{K}^{-1})\times(546 \text{ K})\times\ln\frac{44.8}{22.4}$$

$$=3\ 145.0 \text{ J}$$

$$Q_{BC}=\nu C_{p,m}(T_C-T_B)=\frac{m}{M}(C_{V,m}+R)(T_C-T_B)$$

$$=(1 \text{ mol})\times(2.5+1)\times(8.31 \text{ J}\cdot\text{mol}^{-1}\cdot\text{K}^{-1})\times(273-546) \text{ K}$$

$$=-7\ 940.2 \text{ J}$$

$$Q_{CA}=\nu C_{V,m}(T_A-T_C)=(1 \text{ mol})\times2.5\times(8.31 \text{ J}\cdot\text{mol}^{-1}\cdot\text{K}^{-1})\times(546-273) \text{ K}$$

$$=5\ 671.6 \text{ J}$$

所以 $ABCA$ 循环过程中吸收的总热量为

$$Q_1=Q_{AB}+Q_{CA}=(3\ 145.0+5\ 671.6) \text{ J}=8\ 816.6 \text{ J}$$

放出的热量为

$$Q_2=|Q_{BC}|=7\ 940.2 \text{ J}$$

循环过程中净吸收的热量为

$$Q_1 - Q_2 = (8\ 816.6 - 7\ 940.2)\ \text{J} = 876\ \text{J}$$

（2）求整个循环过程中系统所做的功,有两种解题方法.

方法一:用几何方法求出 $p\text{-}V$ 图上曲线所包围的面积为

$$W = \nu R T_A \ln \frac{V_B}{V_A} - p_B(V_B - V_C)$$

$$= 3\ 145.0\ \text{J} - (1.013 \times 10^5\ \text{Pa}) \times (44.8 - 22.4) \times 10^{-3}\ \text{m}^3 = 876\ \text{J}$$

方法二:由热力学第一定律有

$$W = Q_1 - Q_2 = 876\ \text{J}$$

可见,两种方法求出的结果是一致的.而方法二较为简单.

（3）循环的效率为

$$\eta = \frac{W}{Q_1} = \frac{876}{8\ 816.6} = 9.9\ \%$$

（4）从 $p\text{-}V$ 图上可以看出,循环过程中的最高温度为 $T_A = T_B = 546\ \text{K}$,最低温度为 $T_C = 273\ \text{K}$.

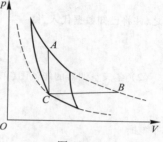

图 13-10

在 T_A 和 T_C 之间作卡诺循环,如图 13-10 所示,则循环的效率为

$$\eta_{\text{卡}} = 1 - \frac{T_C}{T_A} = 1 - \frac{273}{546} = 50\ \%$$

可见,在同样的高温热源与低温热源之间,卡诺循环的效率要比其他循环的效率高得多.

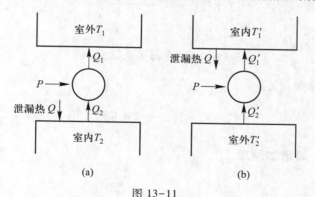

图 13-11

例 5 房间内装有一台热泵型冷暖两用空调器,其输入功率为 $P = 1\ 000\ \text{W}$,当室内外温差为 ΔT 时,单位时间内泄漏的热量为 $Q = \alpha \Delta T, \alpha = 658\ \text{W} \cdot \text{K}^{-1}$.若该空调器按可逆卡诺循环工作,问:（1）当夏天的室外温度为 37 ℃时,室内能维持的温度为多少?（2）在冬天,若欲使室内温度维持在 16 ℃,室外最低温度为多少?

解 （1）夏天空调器的能流图（单位时间内）如图 13-11(a)所示.按照卡诺循环,有

$$\frac{T_2}{T_1} = \frac{Q_2}{Q_1} \tag{1}$$

热平衡时

$$Q_2 = Q = \alpha(T_1 - T_2) \tag{2}$$

根据制冷机的能量关系,有

$$Q_1 = P + Q_2 = P + \alpha(T_1 - T_2) \tag{3}$$

将式(2)和式(3)代入式(1),得

$$T_2 = T_1 \frac{Q_2}{Q_1} = T_1 \frac{\alpha(T_1 - T_2)}{P + \alpha(T_1 - T_2)}$$

整理后,有

$$T_2^2 - \left(2T_1 + \frac{P}{\alpha}\right) T_2 + T_1^2 = 0$$

解之,并将已知数据代入,得

$$T_2 = T_1 + \frac{P}{2\alpha} - \sqrt{\frac{PT_1}{\alpha} + \left(\frac{P}{2\alpha}\right)^2} = 289 \text{ K} = 16 \text{ ℃}$$

(2) 冬天空调器的能流图(单位时间内)如图 13-11(b)所示.按照卡诺循环,有

$$\frac{T_2'}{T_1'} = \frac{Q_2'}{Q_1'} \tag{4}$$

热平衡时

$$Q_1' = Q = \alpha(T_1' - T_2') \tag{5}$$

按能量关系,有

$$Q_2' = Q_1' - P = \alpha(T_1' - T_2') - P \tag{6}$$

将式(5)和式(6)代入式(4),得

$$T_2' = T_1' \frac{Q_2'}{Q_1'} = T_1' \frac{\alpha(T_1' - T_2') - P}{\alpha(T_1' - T_2')}$$

整理后,有

$$T_2'^2 - 2T_1' T_2' + T_1'^2 - \frac{PT_1'}{\alpha} = 0$$

解之,并将已知数据代入,得

$$T_2' = T_1' - \sqrt{\frac{PT_1'}{\alpha}} = 268 \text{ K} = -5 \text{ ℃}$$

五、熵　熵增加原理

1. 熵

熵是为了判断孤立系统中过程进行方向而引入的系统状态的单值函数.若系统从状态 1 经历任一可逆过程变化到状态 2,其熵的变化为

$$\Delta S = S_2 - S_1 = \int_1^2 \frac{\mathrm{d}Q}{T} \quad (可逆过程) \tag{13-15}$$

如果系统从状态 1 经历一个不可逆过程到达状态 2,为了计算在这个过程中系统的熵变,可以在状态 1 与状态 2 之间,任意设想一个可逆过程,再利用式(13-15)计算其熵变.

2. 熵增加原理

熵增加原理说明:孤立系统内所进行的任何不可逆过程,总是沿着熵增加的方向进行,只有可逆过程熵才不变.因而有

$$\Delta S \geqslant 0 \tag{13-16}$$

对于一个开始处于非平衡态的孤立系统,必定逐渐向平衡态过渡,在此过程中熵要增加,最后达到平衡态时,系统的熵达到最大值.因此,用熵增加原理可判断过程进行的方向和限度.

问题 3 根据熵增加原理说明,为什么自发进行的 0 ℃的冰熔化成 0 ℃的水和 0 ℃的水凝结成 0 ℃的冰,都是不可逆过程.

答 0 ℃的冰自发熔化成 0 ℃的水,其环境的温度必定至少略高于 0 ℃,将周围环境与冰看成一个孤立系统.冰从周围环境吸热 Q,那么,冰的熵变为

$$\Delta S_1 = \frac{Q}{273 \text{ K}}$$

环境的熵变为

$$\Delta S_2 = \frac{-Q}{T}$$

因为 $T > 273$ K,总的熵变为

$$\Delta S = \Delta S_1 + \Delta S_2 = \frac{Q}{273 \text{ K}} - \frac{Q}{T} > 0$$

根据熵增加原理,该过程是不可逆过程.

按照同样的道理,请读者自行回答为什么自发进行的 0 ℃的水凝结成 0 ℃的冰是不可逆过程.

*六、热力学第二定律的统计意义

前面从宏观上总结出了热力学第二定律及熵增加原理.那么,它们的微观实质是什么呢?这里引入了一个比较难理解的"无序度"概念.我们将通过具体实例加以解释.

1. 自然过程总是向着无序度增大的方向进行

设在如图 13-12 所示的绝热容器内,原来左方气体的温度 T_1 大于右方气体的温度 T_2,经热传导,最终两边的温度相等.我们说初态比较有序,或者说初态的无序度小,末态的无序度大.这是因为在初态平均动能大的分子集中在左边,平均动能小的分子集中在右边;而末态是平均动能小的分子与平均动能大的分子混杂在一起,才使得最终平均动能左右一样,所以说末态的无序度较初态的无序度大,自然过程沿着无序度增大的方向进行.

再如气体向真空自由扩散.初态气体分子集中在一较小的体积内,末态气体分子均匀地分布在较大的体积内.显然前者的无序度小,后者的无序度大.再次说明自然过程向着无序度增大的方向进行.这就是热力学第二定律的微观实质,或者说它的统计意义.

你能用无序度的概念解释功与热之间转化的方向性吗?

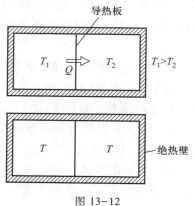

图 13-12

2. 无序度的定量描述

定量量度系统无序度的宏观量是熵 S,而微观量则是热力学概率 W.

热力学概率 W 的定义是,与某一宏观状态相对应的微观状态数.热力学概率与前面讲的一般概率不同之处在于 $W \geqslant 1$,而一般概率总是 $\leqslant 1$ 的.

3. 熵与热力学概率的关系是

$$S = k \ln W \tag{13-17}$$

上式称为玻耳兹曼关系式.

难 点 讨 论

本章的难点有两个,一个是对于一些仅有关于系统变化的描述而没有指明状态变量的具体变化情况,需要加以判定具体是什么过程的较复杂的热力学过程,初学者常常感到难以分析,不会处理.解决这个问题的关键在于分析过程每一步的特征,根据特征确定具体是什么过程,怎么变化,变化到什么情况为止,这一步与下一步的关系,然后运用热力学第一定律或五种典型过程的相关公式解决问题.举例讨论如下:

讨论题 1　4×10^{-3} kg 氢气(看作理想气体)被活塞封闭在某容器的下半部并与外界平衡(容器开口处有一凸出边缘可防止活塞脱离,如图 13-13 所示),活塞的质量和厚度可忽略.现把 2×10^4 J 的热量缓慢地传给气体,使气体逐渐膨胀,求氢气最后的压强、温度和体积(活塞外大气处于标准状态).

分析讨论

设气体初始状态为 (p_0, V_0, T_0),根据题意,$p_0 = 1.013 \times 10^5$ Pa,$T_0 = 273$ K,$\nu = 2$ mol,$V_0 = 4.48 \times 10^{-2}$ m³.

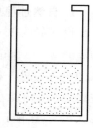

图 13-13

热量传给气体,气体膨胀,因活塞质量不计,活塞外是大气,故气体压强不变.所以第一步首先发生的是等压膨胀、吸热升温的过程,这一过程何时结束? 气体是能够膨胀到活塞被开口处凸出边缘挡住为止,还是在此之前就结束了? 可作如下判定:

假设气体一直膨胀到活塞被挡住,即这一过程气体由 (p_0, V_0, T_0) 状态变化为 (p_1, V_1, T_1) 状态, $V_1 = 2V_0$, $p_1 = p_0$.根据理想气体物态方程可得 $T_1 = 2T_0 = 546$ K. 由等压过程热量计算公式可得出这一过程气体吸热

$$Q_1 = \nu C_{p,m}(T_1 - T_0) = \nu \frac{7}{2} R(2T_0 - T_0) = 1.59 \times 10^4 \text{ J}$$

这个值小于题中传给气体的热量 $Q = 2 \times 10^4$ J,所以,第一步等压膨胀过程直到活塞被挡住才结束,而且,此时气体将继续吸收热量.

因此,第二步是等容、升温、升压的过程.气体由 (p_1, V_1, T_1) 状态变化为 (p_2, V_2, T_2) 状态, p_2 、 T_2 、 V_2 就是所要求的氢气最后的压强、温度和体积.

$$V_2 = V_1 = 2V_0 = 8.96 \times 10^{-2} \text{ m}^3$$

根据等容过程热量计算公式,此过程吸收的热量为

$$Q_2 = \nu C_{V,m}(T_2 - T_1)$$

而由上述分析得

$$Q_2 = Q - Q_1 = 4.12 \times 10^3 \text{ J}$$

解得

$$T_2 = \frac{Q_2}{\nu C_{V,m}} + T_1 = 645 \text{ K}$$

根据理想气体物态方程得

$$p_2 = \frac{T_2}{T_1} p_1 = 1.20 \times 10^5 \text{ Pa}$$

本章的另一个难点是计算循环效率时,在吸收总热量 Q_1 的计算中,除五种典型过程和其他单一吸热或单一放热的过程外,对一些既有吸热又有放热的过程,不会判定,不会计算,甚至发生错误,具体分析见讨论题 2.

讨论题 2 一定量的双原子分子理想气体,经历如图 13 - 14 所示的循环过程 $a \to b \to c \to a$, ab 、 bc 、 ca 在 p-V 图上均为直线.求循环效率 η .

分析讨论

应用循环效率公式进行计算:

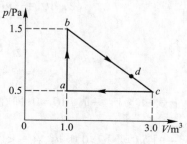

图 13-14

$$\eta = \frac{W}{Q_1} = 1 - \frac{Q_2}{Q_1}$$

为计算吸收的总热量 Q_1，需分析 ab、bc、ca 三个过程的吸、放热情况.ab 是等容升压过程，吸热.ca 是等压压缩过程，放热.对于 bc 过程，初学者往往会作如下分析：

$$p_b V_b = 1.5 \text{ J}, \quad p_c V_c = 1.5 \text{ J}$$

根据理想气体物态方程得 $T_b = T_c$，所以 $\Delta E_{bc} = 0$，由热力学第一定律可知

$$Q_{bc} = \Delta E_{bc} + W_{bc} = W_{bc} > 0$$

即 bc 过程吸热.

因此

$$\eta = 1 - \frac{Q_2}{Q_1} = 1 - \frac{|Q_{ca}|}{Q_{ab} + Q_{bc}}$$

其实，上述结果是错误的.Q_1 应是整个一次循环的一切吸热的总和.本题中 ab 和 ca 分别是单一的吸热和放热过程（如前述），但 bc 却是部分吸热部分放热的过程.因此，上式中计算的 Q_1 和 Q_2 都是错误的.

正确计算此题的 η，要重新讨论 bc 过程，找出吸热放热的转折点，正确计算 Q_1 及 Q_2，从而求出 η.

根据两点式直线方程，bc 过程有

$$\frac{p - 0.5}{1.5 - 0.5} = \frac{V - 3.0}{1.0 - 3.0}$$

解得

$$p = 2 - 0.5V \tag{1}$$
$$\mathrm{d}p = -0.5 \, \mathrm{d}V \tag{2}$$

由理想气体物态方程 $pV = \nu RT$ 得

$$p\mathrm{d}V + V\mathrm{d}p = \nu R\mathrm{d}T$$

将式（1）、式（2）代入上式

$$(2 - V)\mathrm{d}V = \nu R\mathrm{d}T$$

根据热力学第一定律 $\mathrm{d}Q = \mathrm{d}E + \mathrm{d}W$ 得

$$\mathrm{d}Q = \frac{5}{2}\nu R\mathrm{d}T + p\mathrm{d}V$$

$$= \frac{5}{2}(2 - V)\mathrm{d}V + (2 - 0.5V)\mathrm{d}V$$

$$= (7 - 3V)\mathrm{d}V$$

由上式知当 $V = \dfrac{7}{3}$ 时，$\mathrm{d}Q = 0$，即在 bc 上存在一点 d.其 $V = \dfrac{7}{3}$，以 d 为界，在 $1.0 < V < \dfrac{7}{3}$ 的 bd 段 $\mathrm{d}Q > 0$ 吸热，在 $\dfrac{7}{3} < V < 3.0$ 的 dc 段 $\mathrm{d}Q < 0$ 放热.

$$Q_{bd} = \int_{1.0}^{\frac{7}{3}} (7-3V)\,dV = 2.67 \text{ J}$$

$$Q_{dc} = \int_{\frac{7}{3}}^{3.0} (7-3V)\,dV = -0.67 \text{ J}$$

等容过程 ab 的热量为

$$Q_{ab} = \nu C_{V,m}(T_b - T_a) = \nu \frac{5}{2} R(T_b - T_a)$$

$$= \frac{5}{2}(p_b V_b - p_a V_a) = 2.5 \text{ J}$$

等压过程 ca 的热量为

$$Q_{ca} = \nu C_{p,m}(T_a - T_c) = \nu \frac{7}{2} R(T_a - T_c)$$

$$= \frac{7}{2}(p_a V_a - p_c V_c) = -3.5 \text{ J}$$

所以

$$\eta = 1 - \frac{Q_2}{Q_1} = 1 - \frac{|Q_{dc}| + |Q_{ca}|}{Q_{ab} + Q_{bd}} = 19.34\%$$

当然也可用

$$\eta = \frac{W}{Q_1} = \frac{S_{\triangle abc}}{Q_1}$$

求出 η. 上式中 $S_{\triangle abc}$ 是 $\triangle abc$ 的面积值.

自 测 题

13-1 对于室温下摩尔定容热容 $C_{V,m}$ 为 $2.5R$ 的理想气体,在等压膨胀的情况下,系统对外所做的功与从外界吸收的热量之比 W/Q 等于( ).

(A) 1/3 　　　(B) 1/4 　　　(C) 2/5 　　　(D) 2/7

13-2 一定量的理想气体,分别由初态 a 经(1)过程 ab 和由初态 d 经(2)过程 acb 到达状态相同的终态 b,如图 13-15 中的 p-T 图所示.则两个过程中,气体从外界吸收的热量 Q_1、Q_2 的关系为( ).

(A) $Q_1 > 0, Q_1 > Q_2$ 　　　　(B) $Q_1 < 0, Q_1 > Q_2$

(C) $Q_1 < 0, Q_1 < Q_2$ 　　　　(D) $Q_1 > 0, Q_1 < Q_2$

13-3 如图 13-16 所示,设某热力学系统经历一个由 $d \to e \to c$ 的过程,其中 ab 是一绝热线,c、d 在该曲线上.由热力学定律可知,该系统在过程中( ).

(A) 不断向外界放出热量

(B) 不断从外界吸收热量

(C) 有的阶段吸热,有的阶段放热,整个过程中吸收的热量大于放出的热量

(D) 有的阶段吸热,有的阶段放热,整个过程中吸收的热量小于放出的热量

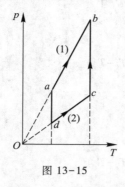

图 13-15

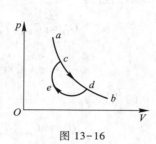

图 13-16

13-4 "理想气体和单一热源接触作等温膨胀时,吸收的热量全部用来对外做功."对此说法,有以下几种评论,正确的是(　　).

(A) 不违反热力学第一定律,但违反热力学第二定律

(B) 不违反热力学第二定律,但违反热力学第一定律

(C) 不违反热力学第一定律,也不违反热力学第二定律

(D) 违反热力学第一定律,也违反热力学第二定律

13-5 关于可逆过程和不可逆过程有以下几种说法:

(1) 可逆过程一定是准静态过程;

(2) 准静态过程一定是可逆过程;

(3) 对不可逆过程,一定找不到另一过程使系统和外界同时复原;

(4) 非静态过程一定是不可逆过程.

以上说法,正确的是(　　).

(A) (1),(2),(3)

(B) (2),(3),(4)

(C) (1),(3),(4)

(D) (1),(2),(3),(4)

13-6 一绝热容器被隔板分成两半,一半是真空,另一半盛有理想气体.若把隔板抽出,气体将进行自由膨胀,达到平衡后(　　).

(A) 温度不变,熵增加　　　　　　　(B) 温度升高,熵增加

(C) 温度降低,熵增加　　　　　　　(D) 温度不变,熵不变

13-7 在 $p\text{-}T$ 和 $T\text{-}V$ 图上分别画出等容、等压与等温过程曲线.

13-8 如图 13-17 所示为一理想气体几种状态变化过程的 $p\text{-}V$ 图,其中 MT 为等温线,MQ 为绝热线,在 AM、BM、CM 三种准静态过程中,温度降低的是_____过程,气体吸热的是_____过程。

13-9 一定量理想气体经历一循环过程,如图 13-18 所示.该气体在循环过程中吸热和放热的情况是:

1→2 过程_____,2→3 过程_____,3→1 过程_____.

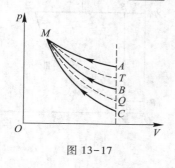

图 13-17

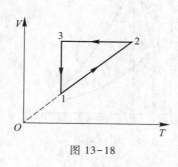

图 13-18

13-10 热力学第二定律的开尔文表述是_____,它说明_____过程是不可逆的.

克劳修斯表述是_____,它说明_____过程是不可逆的.

13-11 某人每天大约向周围环境散发 $8×10^6$ J 的热量,若该人体温为 310 K,周围环境温度为 300 K,忽略该人进食带进体内的熵,则他每天的熵变为_____J·K^{-1};周围环境每天的熵变为_____J·K^{-1};该人与环境每天的总熵变为_____J·K^{-1}.

13-12 在滴水成冰的天气,将一杯水放在室外,水将凝结成冰,此时水的熵是增加还是减少? 这与熵增加原理矛盾吗? 试说明之.

13-13 一定量的某单原子分子理想气体封闭在气缸里,此气缸有可活动的活塞(活塞与气缸壁之间无摩擦且无漏气),已知气体的初压强 $p_1 = 1$ atm,体积 $V_1 = 1$ L,现将该气体在等压下加热直到体积为原来的两倍,然后在等容下加热直到压强为原来的两倍,最后作绝热膨胀,直到温度下降到初温为止(1 atm = $1.013×10^5$ Pa).(1) 在 p-V 图上将整个过程表示出来;(2)求在整个过程中气体内能的改变;(3)求在整个过程中气体所吸收的热量;(4)求在整个过程中气体所做的功.

13-14 (1) 有一热泵型冷暖两用空调器,夏天制冷的输入功率为 950 W,制冷量为 2 500 W,求制冷系数.若室外温度为 37 ℃,室内温度为 20 ℃,按卡诺循环工作,其制冷系数是多少?

(2) 该空调器冬天取暖时的输入功率为 900 W,制热量为 2 300 W,求制冷系数(制热系数的定义为 $\varepsilon = \dfrac{\text{制热量}}{\text{输入功率}}$).若用电热器取暖,两者比较,能节省电能多少?

13-15 1 mol $C_{V,m} = 2.5R$ 的理想气体,作如图 13-19 所示的循环.其中 1→2 为直线,2→3 为绝热线,3→1 为等温线.已知 $T_2 = 2T_1$,$V_3 = 8V_1$.求:(1) 各过程的功、内能增量和传递的热量(用 T_1 和已知常量表示);(2)该循环的效率.

13-16 1 mol $C_{V,m} = 1.5R$ 的理想气体,作如图 13-20 所示的循环,连接 AC 两点的曲线 Ⅲ 的方程为 $p = p_0 V^2/V_0^2$,A 点的温度为 T_0.(1) 试以 T_0 和 R 表示各个过程中气体吸收的热量;(2)求该循环的效率.

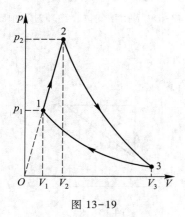

图 13-19

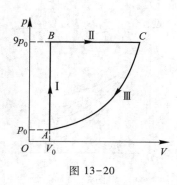

图 13-20

自测题答案

第十四章

相 对 论

基 本 要 求

1. 了解伽利略变换及绝对时空观.
2. 了解迈克耳孙-莫雷实验.
3. 理解爱因斯坦狭义相对论的两条基本原理,掌握洛伦兹变换式.
4. 理解同时的相对性、长度收缩和时间延缓.
5. 理解狭义相对论动力学的几个重要结论.

思 路 与 联 系

教材在经典力学的结尾处(第四章第九节)讨论了"经典力学的成就和局限性".三百多年来,以牛顿运动定律为基础的经典力学在处理宏观、低速运动物体的问题上取得了辉煌的成就.但是,当物体的运动速度接近光速时,经典力学遇到了无法克服的困难,原因在于它建立在绝对时间和绝对空间的基础上,认为时间和空间与物体的运动无关.

为了解决这一困难,爱因斯坦抛弃了绝对时空观,提出了相对性原理和光速不变原理,由此导出了与经典力学中的伽利略变换式不同的洛伦兹变换式,运用洛伦兹变换式得到一些新奇的结论,揭示了时间和空间与物质运动状态有着不可分割的联系,从而建立了全新的狭义相对论时空观,并进一步根据相对性原理得出了狭义相对论动力学的一些重要结论.

学 习 指 导

一、狭义相对论产生的历史背景

进入 19 世纪后,光的波动说取得了成功,它认为光与水波、声波等机械波一样,是一种波动.机械波的传播需要弹性介质,那么传播光波的介质是什么呢? 当时人们从机械论的观点出发,设想传播光波的介质是"以太",它是透明的,充满整个宇宙空间,还能渗透到物体内部.由于光的传播速度极大,所以要求"以太"这种介质具有非常强的弹性,但又必须异常稀薄,以致星体在其中穿行时,其速率不发生变化.显然,让"以太"具有这样极其矛盾的机械属性,是难以令人置信的.然而"以太"说仍占统治地位.一些物理学家为了寻找"以太"做了许多实验,导致爱因斯坦提出狭义相对论的是光行差现象和菲佐实验.

1727 年布拉德雷报道,他用望远镜对准同一颗恒星,发现望远镜筒的指向在春季和秋季各不相同,两者相差 40″.这种视方向和真实方向之间的夹角 α,叫做光行差(图 14-1).在假设存在以太的前提下,该现象可以这样解释:设想有一恒星在观察者的正上方,那么,光相对以太的速度(即光速 c)方向垂直向下;如果地球以速度 v 通过以太(即地球相对以太的速度为 v)向右运动,按照伽利略速度变换式,光相对地球的速度用 u 表示,有关系

$$u = c - v$$

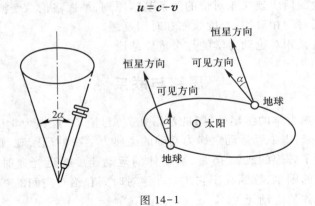

图 14-1

u 的方向就是望远镜筒应该对准的方向(图 14-2).望远镜筒的倾角 α 为

$$\tan \alpha = \frac{v}{c}$$

已知地球绕太阳公转的速率大约为 30 km·s^{-1},而 $c = 3 \times 10^5$ km·s^{-1},由此可得 $\alpha = 20.6″$,与观测结果相符.以上解释是假设以太是静止的,也就是说以太没有被地球拖曳着一起运动.因为若被拖曳,则以太相对地球静止,望远镜筒就不必倾斜,也就根本不存在光行差了.

1851 年菲佐为了研究透明介质(例如水)的运动对于存在于该介质中以太的影响,做过一个实验,其装置如图 14-3 所示.图中长度各为 L 的两管 L$_1$ 和 L$_2$ 内充满静止的水,光线 S 投至半镀银薄片 A 上,分成两束光,它们分别经过 ABCDA 和

ADCBA 而汇合在一起,观察者可以看到光的干涉条纹.若 L_1 和 L_2 管内充以速度为 u 的流水,则观察者可以看到干涉条纹的移动.菲佐认为,这种现象的发生是由于流水部分拖曳以太引起的.设 v 是光在渗透到静止的水内的以太中的传播速度,而以太被流水部分拖曳后具有的速度为 ku,k 称为拖曳系数.则光在水中顺水流方向行进时,相对观察者的速度是 $v+ku$,逆水流时,相对观察者的速度为 $v-ku$,所以两部分光线汇合时的时间差为

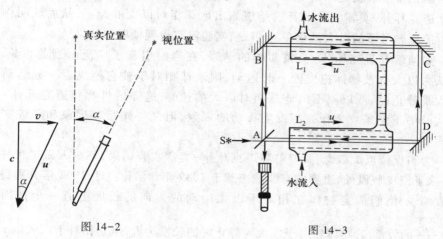

图 14-2

图 14-3

$$\Delta t = \frac{2L}{v-ku} - \frac{2L}{v+ku} = \frac{4Lku}{v^2 - k^2 u^2}$$

正是由于这个时间差,使观察者看到干涉条纹的移动(当水静止时,$\Delta t = 0$).菲佐从实验结果算出,以太被运动物体拖曳的拖曳系数是 $k = 1 - \dfrac{1}{n^2}$,式中 n 是透明介质的折射率.其实,这个公式早已被菲涅耳所发现,现在被菲佐的实验所证实.由于大气的折射率近似为 1,所以它的拖曳系数 $k \approx 0$,实际上可以认为没有拖曳作用.这样就与光行差现象不矛盾了.因此,菲佐实验曾被理解为以太存在和在大气中以太不被物体拖曳的证据.

19 世纪 60 年代麦克斯韦总结电磁运动规律,建立了麦克斯韦方程组,推导出光在真空中的传播速度 $c = \dfrac{1}{\sqrt{\varepsilon_0 \mu_0}} = 3 \times 10^8 \text{ m} \cdot \text{s}^{-1}$.然而,按照牛顿力学的伽利略变换式,光速在不同的惯性参考系中的数值应是不同的.例如,若火车以速度 v 行驶,静止于车内的光源 S 沿火车前进的方向射出一束光,该光相对地面的速度应为 $c+v$,逆着火车前进方向射出的一束光,相对地面的速度应为 $c-v$.这样在不同的参考系内光速不同,就意味着麦克斯韦方程组在伽利略变换下,在不同的惯性参

考系中,有不同的形式.因此,有人就设想在众多的惯性参考系中,有一个特别优越的参考系,叫做绝对静止参考系,在这个参考系中,$c = \dfrac{1}{\sqrt{\varepsilon_0 \mu_0}} = 3 \times 10^8 \ \mathrm{m \cdot s^{-1}}$.那么,什么是绝对静止参考系呢? 地球、太阳以至一切天体都在永恒不断地运动,都不是绝对静止的.既然以太充满整个宇宙空间,又不被物体运动所拖曳,因而设想绝对静止参考系就是以太.

迈克耳孙-莫雷实验的目的是想测出地球相对以太的速率,从而证明作为绝对静止参考系的以太是存在的.但是,实验没有得到预期的结果.

如何解释迈克耳孙-莫雷实验的结果,在当时引起了广泛激烈的争论.如果认为以太会被物体拖曳而一起运动,则地球相对于被它拖曳着一起运动的以太是静止的,所以测不出地球相对以太的速率.这样虽可解释迈克耳孙-莫雷实验中干涉条纹为什么不发生移动的现象,但又与光行差现象和菲佐实验不相容.

为了保留以太概念,又要解释迈克耳孙-莫雷实验结果,不少人做了种种努力,除了拖曳假设外,重要的有斐兹杰惹于1889年和洛伦兹于1892年分别提出的收缩说.他们假定物体在相对于以太运动的方向的长度上有一个按因子 $\sqrt{1 - \dfrac{v^2}{c^2}}$ 的收缩.若物体相对于以太为静止时的长度为 l_0,当它相对于以太以 v 运动时长度变为 l,$l = l_0 \sqrt{1 - \dfrac{v^2}{c^2}}$.按照这个假说,设 l_0 为迈克耳孙干涉仪两臂在静止以太中的长度,则在迈克耳孙-莫雷实验中,仪器转动之前有

$$l_1 = l_0 \sqrt{1 - \frac{v^2}{c^2}}, \quad l_2 = l_0$$

仪器转过90°后,

$$l'_1 = l_0, \quad l'_2 = l_0 \sqrt{1 - \frac{v^2}{c^2}}$$

在教材下册第14-2节图14-2中两束光线①和②到达望远镜的时间差为

$$\Delta t = t_1 - t_2 = \frac{2}{c} \left(\frac{l_0 \sqrt{1 - \dfrac{v^2}{c^2}}}{1 - \dfrac{v^2}{c^2}} - \frac{l_0}{\sqrt{1 - \dfrac{v^2}{c^2}}} \right)$$

$$\Delta t' = t'_1 - t'_2 = \frac{2}{c} \left(\frac{l_0}{\sqrt{1 - \frac{v^2}{c^2}}} - \frac{l_0 \sqrt{1 - \frac{v^2}{c^2}}}{1 - \frac{v^2}{c^2}} \right)$$

故有 $\Delta t' = \Delta t = 0$,因而没有条纹移动.虽然收缩说可以解释迈克耳孙-莫雷实验结果,却不能有说服力地回答收缩的原因.此外,洛伦兹为了使麦克斯韦方程组满足相对性原理,在 1904 年(比爱因斯坦早一年)提出一个时空变换式,后来叫做洛伦兹变换式.可见洛伦兹已经走到了发现相对论的边缘,但由于他抱住以太概念不放,没能跳出经典物理学的圈子,因此没有取得最后的成功.

爱因斯坦的思维方法与众不同,虽然起初他并不知道迈克耳孙-莫雷实验,但他早就怀疑以太的存在,也怀疑绝对时间和绝对空间的存在,他在详细地研究了运动物体的光学和牛顿力学、麦克斯韦电磁场理论后,毅然决定抛弃以太假说,抛弃绝对时间和绝对空间的概念,提出了新的时空观——相对论,对经典物理学进行了革命性的变革.

二、狭义相对论的基本原理　洛伦兹变换式

1. 相对论基本原理

（1）相对性原理

物理定律在所有惯性系中都具有相同的表达形式,即所有惯性参考系都是等价的.

（2）光速不变原理

在真空中,光的传播速度 c 是一个常量,与光源及观测者的运动状态无关.

2. 洛伦兹变换式

空间与时间的变换式为

$$\begin{cases} x' = \dfrac{x - vt}{\sqrt{1 - \beta^2}} \\ y' = y \\ z' = z \\ t' = \dfrac{t - \dfrac{vx}{c^2}}{\sqrt{1 - \beta^2}} \end{cases} \quad (14-1)$$

$$\begin{cases} x = \dfrac{x' + vt'}{\sqrt{1 - \beta^2}} \\ y = y' \\ z = z' \\ t = \dfrac{t' + \dfrac{vx'}{c^2}}{\sqrt{1 - \beta^2}} \end{cases} \quad (14-2)$$

速度变换式为

$$
\begin{cases}
u'_x = \dfrac{u_x - v}{1 - \dfrac{v}{c^2} u_x} \\[3mm]
u'_y = \dfrac{u_y \sqrt{1-\beta^2}}{1 - \dfrac{v}{c^2} u_x} \\[3mm]
u'_z = \dfrac{u_z \sqrt{1-\beta^2}}{1 - \dfrac{v}{c^2} u_x}
\end{cases}
\quad (14\text{-}3)
\qquad
\begin{cases}
u_x = \dfrac{u'_x + v}{1 + \dfrac{v}{c^2} u'_x} \\[3mm]
u_y = \dfrac{u'_y \sqrt{1-\beta^2}}{1 + \dfrac{v}{c^2} u'_x} \\[3mm]
u_z = \dfrac{u'_z \sqrt{1-\beta^2}}{1 + \dfrac{v}{c^2} u'_x}
\end{cases}
\quad (14\text{-}4)
$$

式中 $\beta = \dfrac{v}{c}$. 因为要求 $1-\beta^2 \geq 0$, 否则 $\sqrt{1-\beta^2}$ 将成为虚数, 所以 $v \leq c$, 即任何物体的速度都不可能超过光速, 光速是物体的极限速度.

三、狭义相对论的时空观

1. 同时的相对性

设在 S′参考系内的 x'_1、x'_2 两点同时发生某事件(例如用一只开关同时控制两盏位置不同的灯), S′系的观察者认为是同时发生的, 而 S 系的观察者认为不是同时发生的. 同样在 S 参考系内两地同时发生的两事件, 在 S′参考系内的观察者认为不是同时发生的. (S′系相对 S 系沿 Ox 轴方向运动.)

需要强调指出的是: 同时的相对性是指不同地点发生的两事件. 若在 S′参考系内同一地点同时发生两事件, 则在 S 参考系内看来也是同时的.

2. 长度的收缩

设有一棒, 相对棒静止的观测者, 测得棒长为 l_0, l_0 称为固有长度. 相对棒以速率 v, 沿着棒长方向运动的观测者, 测得棒长为 l, l 与 l_0 的关系是

$$l = l_0 \sqrt{1-\beta^2} \qquad (14\text{-}5)$$

式中 $\beta = \dfrac{v}{c}$, $l < l_0$, 所以固有长度最长, 而运动的棒沿运动方向的长度缩短了.

3. 时间的延缓

相对 S′系静止的观测者, 测得在同一地点 x' 发生的两事件的时间间隔为 Δt_0, Δt_0 称为固有时. 而相对 S 系静止的观测者, 测得此两事件的时间间隔为 Δt. 若 S′系以速率 v 沿 xx' 轴运动, 则根据洛伦兹变换式, 可得 Δt 与 Δt_0 的关系是

$$\Delta t = \dfrac{\Delta t_0}{\sqrt{1-\beta^2}} \qquad (14\text{-}6)$$

式中 $\beta = \dfrac{v}{c}$，$\Delta t > \Delta t_0$，所以固有时最短.

问题 1　你能用式(14-6)解释运动的钟走慢了吗？

答　若有两只事前对准的完全相同的钟 A、B.A 钟放在宇宙飞船内，B 钟留在地面上.宇宙飞船在某日上午 8 时出发，以 $\dfrac{\sqrt{3}}{2}c$ 的速度相对地球飞行.宇航员经过 1 h 飞行后，看到 A 钟指在 9 时整（$\Delta t_0 = 1$ h），地面上的观测者看到 B 钟此刻已指在 10 时了 $\left(\Delta t = \dfrac{\Delta t_0}{\sqrt{1-\beta^2}} = \dfrac{1\ \text{h}}{\sqrt{1-3/4}} = 2\ \text{h}\right)$.因此，地面上的观测者认为运动的钟走慢了.

问题 2　地面上的射击运动员，在 t_1 时刻扣动扳机射击一颗子弹，t_2 时刻（$t_2 > t_1$）子弹击中百米外的靶子.那么，在相对地球以速度 v 运动的宇宙飞船上的观测者看来，是否仍有 $t'_2 > t'_1$，会不会反过来 $t'_1 > t'_2$，即子弹先击中靶子，而后才出膛？

答　设枪在 x_1 处，靶在 x_2 处，根据洛伦兹变换式

$$t'_1 = \frac{t_1 - \dfrac{v}{c^2}x_1}{\sqrt{1-\beta^2}}, \quad t'_2 = \frac{t_2 - \dfrac{v}{c^2}x_2}{\sqrt{1-\beta^2}}$$

有

$$t'_2 - t'_1 = \frac{(t_2 - t_1) - \dfrac{v}{c^2}(x_2 - x_1)}{\sqrt{1-\beta^2}}$$

$$= \frac{t_2 - t_1}{\sqrt{1-\beta^2}}\left(1 - \frac{v}{c^2}\frac{x_2 - x_1}{t_2 - t_1}\right)$$

式中 $\dfrac{x_2 - x_1}{t_2 - t_1} = v_s$，即子弹飞行的速度.由于 v_s 和 v 皆小于光速 c，因而 $1 - \dfrac{vv_s}{c^2} > 0$，所以 $t'_2 > t'_1$，这就是说不会发生子弹先击中靶子，而后才出膛的情况.普遍说来，有因果关系的两事件，在不同惯性参考系的观测者看来，其时序关系是不会颠倒的.

四、狭义相对论动力学的几个结论

1. 动量与速度的关系

$$\boldsymbol{p} = m\boldsymbol{v} = \frac{m_0\boldsymbol{v}}{\sqrt{1-v^2/c^2}} \tag{14-7}$$

2. 质量与速度的关系

$$m = \frac{m_0}{\sqrt{1-v^2/c^2}} \qquad (14-8)$$

以上 m_0 是静质量,m 是动质量. 式(14-8)表明物体运动得越快,质量越大,惯性也越大.

3. 质能关系式

$$E = mc^2 = \frac{m_0 c^2}{\sqrt{1-v^2/c^2}} \qquad (14-9)$$

当物体的速度等于零时,静能量为

$$E_0 = m_0 c^2 \qquad (14-10)$$

物体的动能为

$$E_k = E - E_0 = mc^2 - m_0 c^2 = m_0 c^2 \left(\frac{1}{\sqrt{1-v^2/c^2}} - 1 \right) \qquad (14-11)$$

当 $v \ll c$ 时,$E_k \approx \frac{1}{2} m_0 v^2$,这就是经典力学中质点的动能.

问题 3 应该如何理解物体的静能量?

答 物体的静能量实际上就是它的总内能,其中包含:分子运动的动能、分子间相互作用的势能、使原子与原子结合在一起的化学能、原子内使原子核和电子结合在一起的电磁能以及原子核内质子和中子的结合能等.

4. 动量与能量的关系

$$E^2 = E_0^2 + p^2 c^2 \qquad (14-12)$$

问题 4 试讨论长度、时间、质量、动量、动能等物理量在经典力学与相对论力学中的区别.

物理量	经典力学	相对论力学
长度	绝对的,与参考系无关	相对的,长度大小与参考系有关
时间	绝对的,与参考系无关	相对的,时间测量与参考系有关
质量	绝对的,与运动速度无关	与速度有关,$m = \dfrac{m_0}{\sqrt{1-v^2/c^2}}$
动量	与速度成正比,$\boldsymbol{p} = m\boldsymbol{v}$	与速度有关,$\boldsymbol{p} = \dfrac{m_0 \boldsymbol{v}}{\sqrt{1-v^2/c^2}}$
动能	与速度平方成正比 $E_k = \dfrac{1}{2} mv^2$	等于总能量与静能量之差 $E_k = E - E_0 = m_0 c^2 \left(\dfrac{1}{\sqrt{1-v^2/c^2}} - 1 \right)$

例 1　某快速运动的介子的总能量 $E = 3\ 000$ MeV,而这种介子在静止时的能量 $E_0 = 100$ MeV.若这种介子的固有寿命 $\tau_0 = 2 \times 10^{-6}$ s,求它运动的距离.

解　固有寿命是介子相对观察者静止时测得的,以速度 v 运动后观察者测得介子的寿命为非固有寿命,即

$$\tau = \frac{\tau_0}{\sqrt{1 - \left(\dfrac{v}{c}\right)^2}}; \quad E = mc^2, \quad E_0 = m_0 c^2$$

$$\frac{E_0}{E} = \frac{m_0}{m} = \sqrt{1 - \left(\frac{v}{c}\right)^2}$$

所以

$$\sqrt{1 - \left(\frac{v}{c}\right)^2} = \frac{1}{30}$$

解得 $v = 2.996 \times 10^8$ m · s^{-1}.因此,观察者测得它运动的距离为

$$l = v\tau = v \times 30\tau_0 = 1.798 \times 10^4 \text{ m}$$

例 2　一宇宙飞船相对地球以 $v = 0.8c$ 的速度飞行,一光脉冲从船尾传到船头,飞船上的观察者测得飞船长 90 m.那么地球上的观察者测得脉冲从船尾发出和到达船头这两个事件的空间间隔为多少(注意:所求的不是飞船长度)?

解　如图 14-4 所示,设飞船为 K' 系.地球为 K 系.地球上测得的空间间隔为 $x_2 - x_1 = c(t_2 - t_1)$,而飞船上测得的空间间隔为 $x_2' - x_1' = 90$ m $= c(t_2' - t_1')$,根据式(14-2)的时间变换式得

$$x_2 - x_1 = c(t_2 - t_1) = \frac{c}{\sqrt{1 - \left(\dfrac{v}{c}\right)^2}} \left[(t_2' - t_1') + \frac{v}{c^2}(x_2' - x_1') \right]$$

$$= \frac{c}{\sqrt{1 - 0.64}} \left[\left(\frac{90 \text{ m}}{c}\right) + \frac{0.8c}{c^2} \times 90 \text{ m} \right] = 270 \text{ m}$$

或用(14-2)的空间变换式,有 $x_2' - x_1' = 90$ m,$t_2' - t_1' = \dfrac{90 \text{ m}}{c}$,故

$$\Delta x = \frac{1}{\sqrt{1 - \left(\dfrac{v}{c}\right)^2}} (\Delta x' + v\Delta t')$$

$$= \frac{1}{\sqrt{1 - 0.64}} \left(90 \text{ m} + 0.8c \times \frac{90 \text{ m}}{c} \right) = 270 \text{ m}$$

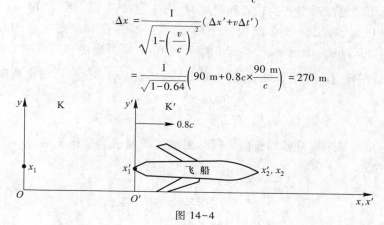

图 14-4

例 3 在某参考系中,有两个静质量均为 m_0 的粒子,分别以速率 v 相向运动,相碰后合在一起成为一个粒子(设无能量释放),求这个粒子的静质量.

解 设合成粒子的质量为 m',静质量为 m'_0,速率为 u,在相碰过程中,由动量守恒定律有

$$mv - mv = m'u$$

由能量守恒定律有

$$m'c^2 = 2mc^2 = 2\frac{m_0 c^2}{\sqrt{1-\left(\dfrac{v}{c}\right)^2}}$$

所以

$$u = 0, \quad m'_0 = m' = \frac{2m_0}{\sqrt{1-\left(\dfrac{v}{c}\right)^2}}$$

由上式可见 $m'_0 > 2m_0$,如何理解 $m'_0 > 2m_0$ 这一结果呢? 可作如下计算:

$$m'_0 - 2m_0 = \frac{2m_0}{\sqrt{1-\left(\dfrac{v}{c}\right)^2}} - 2m_0 = \frac{2}{c^2}(mc^2 - m_0 c^2) = \frac{1}{c^2}2E_k$$

式中,E_k 为碰撞前粒子的动能.因此,增加的质量相应于能量的减少.

难 点 讨 论

经典力学的观念、方法和结论已根深蒂固.因此,对于狭义相对论的新观念、新方法和新结论往往会感到难以理解和接受,甚至会觉得怪异和荒谬.本章的难点就在于彻底摆脱经典力学绝对时空观的束缚,在思想方法上建立全新的狭义相对论时空观,学会运用狭义相对论的新观点去思考问题;克服已有经典力学知识的影响,学会运用狭义相对论的新方法去处理问题.

在运用洛伦兹时空变换式处理问题时,往往会难于决定用式(14-1)还是逆变换式(14-2),甚至会用错.解决这个难点,要分析是在哪个参考系(相对静止的还是相对运动的)中测量,哪些量相等等细节,从而可决定利用哪一个变换式.

例如,在教材中讨论长度收缩,推导公式 $l = l'\sqrt{1-\beta^2}$ 时,利用洛伦兹变换式

$$x'_1 = \frac{x_1 - vt_1}{\sqrt{1-\beta^2}}, \qquad x'_2 = \frac{x_2 - vt_2}{\sqrt{1-\beta^2}}$$

这是因为在 S 系中测量棒的长度需同时测得其两端点的坐标 x_1 和 x_2,即必须有 $t_1 = t_2$.这样,

$$l' = x'_2 - x'_1 = \frac{x_2 - x_1}{\sqrt{1-\beta^2}} = \frac{l}{\sqrt{1-\beta^2}}$$

所以
$$l = l'\sqrt{1-\beta^2}$$

有人会想:若利用逆变换式

$$x_1 = \frac{x_1' + vt_1'}{\sqrt{1-\beta^2}}, \qquad x_2 = \frac{x_2' + vt_2'}{\sqrt{1-\beta^2}}$$

令
$$t_1' = t_2', \qquad l = x_2 - x_1, \qquad l' = x_2' - x_1'$$
则得

$$l = \frac{l'}{\sqrt{1-\beta^2}}$$

与上面结论相反,何故?

这是由于没有注意同时的相对性.在 S 系中同时发生的两事件(测量 x_1 和 x_2)在 S′系中不是同时发生的,即 $t_1' \neq t_2'$.因此,这里令 $t_1' = t_2'$ 是错误的,结果 $l = \dfrac{l'}{\sqrt{1-\beta^2}}$ 当然是错误的.

那么,若棒静止在 S 系中,则 S′系中的观测者测得的棒长是否伸长了呢?可讨论如下:

S 系测得棒长 $l = x_2 - x_1$,S′系中需同时测量棒两端的坐标 x_1' 和 x_2',得棒长 $l' = x_2' - x_1'$,即此时必须有 $t_1' = t_2'$,利用逆变换有

$$x_1 = \frac{x_1' + vt_1'}{\sqrt{1-\beta^2}}, \qquad x_2 = \frac{x_2' + vt_2'}{\sqrt{1-\beta^2}}$$

两式相减,得

$$l = \frac{l'}{\sqrt{1-\beta^2}}$$

即
$$l' = l\sqrt{1-\beta^2}$$
结论当然仍是缩短.

另外,在有关动力学的问题中,要注意物体质量与速度有关,物体具有静能量等问题.

自 测 题

14-1 宇宙飞船相对于地面以速度 v 作匀速直线飞行.某一时刻飞船头部的宇航员向飞船尾部发出一个光信号,经过 Δt(飞船上的钟测量)时间后,被尾部的接收器收到.由此可知飞船的固有长度为(   ).

(A) $c\Delta t$ (B) $v\Delta t$

(C) $c\Delta t \sqrt{1-(v/c)^2}$ (D) $\dfrac{c\Delta t}{\sqrt{1-(v/c)^2}}$($c$ 是真空中光速)

14-2 有两只对准的钟,一只留在地面上,另一只带到以速率 v 飞行着的飞船上,则( ).

(A) 飞船上的人看到自己的钟比地面上的钟慢

(B) 地面上的人看到自己的钟比飞船上的钟慢

(C) 飞船上的人觉得自己的钟比原来走慢了

(D) 地面上的人看到自己的钟比飞船上的钟快

14-3 S 和 S′是两个平行的惯性系,S′系相对 S 系以 $0.6c$(c 为真空中光速)的速率沿 Ox 轴运动.在 S 系中某点发生一事件,S 系上测其所经历的时间为 8.0 s,而在 S′系上测其所经历的时间为 _____ s.

14-4 地球上的观测者测得两飞船均以 $\dfrac{3}{4}c$(c 为真空中光速)的速率相向运动,其中一个飞船上的观测者测得另一飞船的速率为 _____.

14-5 粒子的静能量为 E_0,当它高速运动时,其总能量为 E.已知 $E_0/E=4/5$,那么,此粒子运动的速率 v 与真空中光速 c 之比 $v/c=$ _____;其动能 E_k 与总能量 E 之比 $E_k/E=$ ____.

14-6 在 $v=$ _____ 的情况下,粒子的动量等于非相对论动量的两倍;$v=$ _____ 时,粒子的动能等于它的静能量.

14-7 一匀质矩形平板静止时,测得其长为 a,宽为 b,质量 m_0,故其面积密度为 $\dfrac{m_0}{ab}$,若它沿长度方向以速度 v 运动,则它的面积密度为多少?

14-8 在 S 系中观测到有两个事件发生在 x 轴上相距 9×10^8 m 的两地点,时间间隔为 5 s,而在相对于 S 系沿 x 方向运动的 S′系中,发现该两个事件发生在同一地点.试求 S′系中测得此两个事件的时间间隔.

14-9 在实验室参考系中,某粒子具有能量 $E=3.2\times10^{-19}$ J,动量 $p=9.4\times10^{-19}$ kg·m/s,求该粒子的静质量、速率和静能量.

14-10 已知静止 μ 子的能量为 105.7 MeV,平均寿命为 2.2×10^{-8} s,试求动能为 150 MeV 的 μ 子的速度 v 及平均寿命 τ.

自测题答案

第十五章

量 子 物 理

基 本 要 求

1. 了解经典物理理论在说明热辐射时所遇到的困难. 理解普朗克量子假设的内容和意义.

2. 了解经典物理理论在说明光电效应的实验规律时所遇到的困难. 掌握爱因斯坦光子假设, 掌握爱因斯坦方程.

3. 理解康普顿效应的实验规律, 以及光子理论对这个效应的解释和结论. 掌握光的波粒二象性.

4. 了解氢原子光谱的实验规律, 理解氢原子的玻尔理论.

5. 掌握德布罗意假设, 了解电子衍射实验. 掌握实物粒子的波粒二象性.

6. 理解一维坐标动量不确定关系.

7. 理解波函数及其统计解释. 理解一维定态的薛定谔方程, 掌握用薛定谔方程处理一维无限深势阱等微观物理问题的方法.

8. 理解原子的电子壳层结构, 以及原子中电子状态按四个量子数的分布规律.

思路与联系

在第十三章以前, 我们学习了经典物理学的基本内容, 其中有研究机械运动的牛顿力学, 研究热运动的热力学和气体动理论, 研究电磁运动的电磁学, 第十四章我们又学习了研究高速运动物体的相对论. 在这些部分中虽然也涉及一些微观领域, 如分子的热运动、带电粒子的运动等, 但涉及的程度很浅, 而且没有涉及微观粒子的运动本质. 那么, 取得巨大成功的经典物理理论, 能否圆满地去解释微观领域里的物理现象呢? 19 世纪末期, 经典物理理论正处在一个既有辉煌过去,又面临新的挑战的时代,人们相继发现,经典物理学在解释热辐射、光电效应、康普顿效应等问题上遇到了不可逾越的障碍,从而促使人们逐步认识量子化的概念,以及微观粒子特有的本质,并在量子论的基础上发展成为量子力学. 本章的量子物理与上一章的相对论共同构成近代物理学的核心. 相对论把物理学扩展到高速领域,而量子物理则把物理学引申到原子尺度的微观领域中,因此可以说,近代物理学是客观世界的物质运动规律的更全面更深入的反映,而经典物理学只是在一定条件下的近似理论.

在本章学习过程中,首先要知道实验事实,然后了解经典物理理论与实验事实有哪些矛盾,物理前辈们是如何为解决这些矛盾,在原有理论的基础上,逐步提出新概念、新观点、新理论的,以及它们在实践中又是如何接受检验并不断完善的,这对于我们树立正确的认识论和培养创新能力是十分有利的.

学 习 指 导

一、黑体辐射　普朗克量子假设

1. 黑体辐射实验

黑体是一种理想模型,是指能吸收一切外来电磁辐射的理想化物体.在黑体辐射规律问题上经典物理遇到困难,促使了量子论的诞生.

对于黑体辐射,实验测定得到如图 15-1 所示的图线. 图的纵坐标 $M_\lambda(T)$ 是单色辐出度,表示在单位时间内,从黑体的单位面积上所辐射出来的,波长在 λ 附近单位波长内的电磁波能量. 图中曲线下的面积在数值上等于辐出度,它是单位时间内,从单位面积上所辐射的各种波长能量的总和,用 $M(T)$ 表示,即

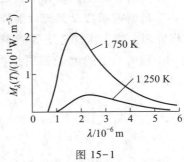

图 15-1

$$M(T) = \int_0^\infty M_\lambda(T)\,d\lambda$$

仔细分析图 15-1 所示的实验曲线,得到两条实验定律:

（1）斯特藩-玻耳兹曼定律

黑体的辐出度与其热力学温度 T 的四次方成正比,即

$$M(T) = \sigma T^4 \qquad (15-1)$$

式中 σ 为斯特藩常量,$\sigma = 5.670 \times 10^{-8}\ \mathrm{W \cdot m^{-2} \cdot K^{-4}}$.

（2）维恩位移定律

与图中曲线的峰值对应的波长 λ_m，随着温度 T 的升高，向短波方向移动，λ_m 与 T 的关系是

$$\lambda_m T = b \qquad (15-2)$$

式中 b 是常量，$b = 2.898 \times 10^{-3}$ m·K.

这两条实验定律也可从经典物理理论导出，表明它们与经典物理是和谐不矛盾的.

2. 经典物理理论遇到了困难

人们对黑体辐射的认识并不满足于只知道反映实验事实的斯特藩-玻耳兹曼定律和维恩位移定律，而希望能找到与图 15-1 的实验曲线相符合的 $M_\lambda(T)$ 的数学解析式，从而进一步探索黑体辐射的起源. 许多人都企图由经典理论出发，用不同的方法进行研究，其中最有影响的是瑞利和金斯的研究以及维恩的研究.

瑞利和金斯从经典物理的观点出发，由能量均分定理，得到瑞利-金斯公式：

$$M_\nu(T)\,\mathrm{d}\nu = \frac{2\pi\nu^2}{c^2} kT\mathrm{d}\nu \qquad (15-3)$$

按照式（15-3）作 $M_\nu(T)$ 与 ν 图线，并与实验图线相比较（图 15-2）可以看到：① 在低频部分，瑞利-金斯公式与实验结果吻合得比较好.② 但随着频率的增加，两者差异越来越大. 最为严重的是，式（15-3）中的 $M_\nu(T)$ 与 ν^2 成正比，这样就出现了所谓"紫外灾难". 这个严重分歧的原因在何处呢？许多人做了各种尝试，企图从经典物理中找出路，结果都失败了. 所以，"紫外灾难"的出现，使经典物理遇到了严重的困难.

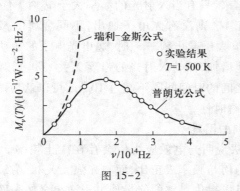

图 15-2

3. 普朗克量子假设和普朗克公式

普朗克为了得出与实验相符合的 $M_\nu(T)$ 数学解析式，提出不同于经典物理的全新假设：空腔壁上电子的振动可视为一维谐振子，对于频率为 ν 的振子，其

发射或吸收的能量只能是能量子

$$\varepsilon = h\nu$$

的整数倍,即

$$\varepsilon = nh\nu$$

式中 $n = 1, 2, 3, \cdots$ 为正整数,称为量子数. h 是不依赖于振子频率的常量,叫做普朗克常量: $h = 6.63 \times 10^{-34}$ J·s.

普朗克根据以上量子假设,并应用经典统计求得

$$M_\nu(T)\,\mathrm{d}\nu = \frac{2\pi h\nu^3}{c^2}\frac{\mathrm{d}\nu}{\mathrm{e}^{h\nu/kT}-1} \tag{15-4}$$

这就是普朗克公式. 请注意:① 按式(15-4)作 $M_\nu(T)$ 与 ν 的图线,从图15-2可以看到,它与实验结果吻合得非常好. ② 单色辐出度 $M_\nu(T)$ 的解析式(15-4)是由普朗克量子假设得出的,这个假设第一次提出能量被吸收或发射时是以不连续的方式进行的,即能量具有量子化的特性;而在经典物理中,人们认为能量是可以连续变化的. ③ 由普朗克公式可以得出两条实验定律——斯特藩-玻耳兹曼定律和维恩位移定律. ④ 由普朗克公式还可以得出在极限情形下的瑞利-金斯公式.

二、光电效应 光量子 爱因斯坦方程

1. 光电效应的实验规律

光电效应是1887年赫兹为研究麦克斯韦所预言的电磁波是否存在,从实验中发现的. 之后,许多人做了很多有关光电效应的实验,得到光电效应实验规律:① 存在截止频率 ν_0(即红限). 不是任何频率的光照在金属表面上,都能使光电子从金属中逸出来,只有当入射光的频率大于 ν_0 时,才有光电子逸出,反之若入射光的频率小于 ν_0,则没有光电子逸出,不同金属的截止频率是不同的. ② 当入射光的频率 ν 大于截止频率 ν_0 时,逸出光电子的初动能只随入射光的频率 ν 的增加而线性地增加,而与入射光的强度无关. ③ 光射到金属表面与光电子从金属表面逸出之间的时间间隔不超过 10^{-9} s,可以认为两者几乎是同时发生的,即光电效应具有瞬时性.

2. 经典理论遇到的困难

① 经典理论无法说明光电效应为何会存在截止频率. ② 经典理论无法说明光电子的初动能为何与频率成正比,而与光强无关. ③ 按照经典理论,虽然入射光的光强弱得不足以提供足够的能量使电子逸出金属表面,但能量可以积累,只要所积累的能量足以克服逸出功,电子仍可逸出金属表面. 当然,这时从入射光照射金属表面到光电子逸出可以有较长的时间间隔. 事实是:从入射光照射金属表面到光电子逸出的时间间隔只有 10^{-9} s,几乎是同时的.

经典理论所遇到的这些困难表明:如同空腔电磁辐射一样,光与物质相互作用也不能用经典物理规律来解释.

3. 爱因斯坦光量子假设 爱因斯坦方程

1905 年,爱因斯坦为摆脱经典理论解释光电效应所遇到的困难,提出:光由一些以光速 c 运动的光量子组成.频率为 ν 的光,其光量子的能量为

$$\varepsilon = h\nu \tag{15-5}$$

后来把光量子称为光子.由爱因斯坦假设可以认为光电效应的实质是:光子与金属中电子发生碰撞时,把它的能量传递给电子,从而使电子获得能量 $h\nu$;电子逸出金属表面需做逸出功 W,若电子逸出金属表面时具有的初动能为 $\frac{1}{2}mv^2$,根据能量守恒定律得

$$h\nu = \frac{1}{2}mv^2 + W \tag{15-6}$$

这就是光电效应的爱因斯坦方程.由式(15-6)可以解释光电效应的实验结果.

从式(15-6)看出,只当 $h\nu > W$ 时,电子才具有初动能,它才能逸出金属表面,而 $h\nu \leqslant W$ 时,电子不具有初动能,所以 $\nu_0 = \dfrac{W}{h}$ 是前述的截止频率.由于不同金属的电子逸出功 W 不同,故它们的截止频率也不同.其次,只要入射光的频率 $\nu > \nu_0$,即 $h\nu > W$,电子初动能 $\frac{1}{2}mv^2$ 总大于零,不管光的强度多弱,总有光电流产生.最后,光束中的光量子数与金属中的电子数相比较,光量子数要少得多,因此极少有这样的机会,一个电子同时被两个光量子碰撞,或者在 10^{-9} s 内受两个光量子碰撞[①].所以说,电子吸收单个光量子的能量后,要么逸出金属表面($\nu > \nu_0$),要么不逸出($\nu \leqslant \nu_0$),吸收与逸出几乎是同时的.

三、康普顿效应

1920 年康普顿在研究 X 射线通过石墨这些物质而产生的散射现象时,发现了光的经典理论完全不能解释的实验结果.只有认为光束由大量以光速运动的光子所组成,才能予以解释.从而证明了光子学说的正确性,也同时证明了微观粒子在相互作用的过程中,仍然遵守能量守恒定律和动量守恒定律.

1. 康普顿效应的实验结果

把一束波长为 λ_0 的单色 X 射线投射到石墨(散射物质)上,实验结果如

---

① 参阅:邓凤帆,等.普通物理疑难问题.长沙:湖南科学技术出版社,1984:301-303.

图 15-3 所示. 从图中可以看出:① 散射线中有两个峰值,其中一个峰值对应的波长与入射线的波长 λ_0 相同,另一个峰值对应的波长 λ 则大于入射线的波长 λ_0.② $\lambda-\lambda_0$ 随散射角而改变.

2. 经典理论遇到的困难

电磁波通过物质时要产生散射. 按照经典电磁理论,散射光的波长必然与入射光的波长相同,不会出现康普顿效应中散射光波长变大的情况.

3. 用光子假设说明康普顿效应

按照光子假设,单色电磁辐射是由一些具有相等能量的光子所组成. 对频率为 ν_0 的单色 X 射线,其光子的能量为 $\varepsilon_0=h\nu_0$. 而光子的动量 p_0,由狭义相对论知为 $p_0=\dfrac{\varepsilon_0}{c}=\dfrac{h\nu_0}{c}$. 如设入射光子与散射物质中自由电子的碰

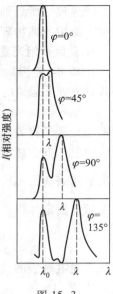

图 15-3

撞为完全弹性碰撞,那么在碰撞过程中能量和动量均应守恒. 由于碰撞中自由电子获得了一部分能量,所以碰撞后光子的能量 ε 要比碰撞前光子的能量 ε_0 小,即 $\varepsilon<\varepsilon_0$,或 $h\nu<h\nu_0$. 这样,碰撞后光子的频率要降低,即 $\nu<\nu_0$;或者说,波长要变长,即 $\lambda>\lambda_0$. 按照上述考虑,X 射线的散射问题就变成了入射光子与散射物中自由电子的碰撞问题.

由动量守恒定律和能量守恒定律可得波长改变的公式为

$$\Delta\lambda=\lambda-\lambda_0=\frac{2h}{m_0 c}\sin^2\frac{\theta}{2} \qquad (15-7)$$

式中 $h/(m_0 c)=\lambda_C$ 为康普顿波长,m_0 为电子碰撞前的静止质量,c 为光速,θ 为散射角. 式(15-7)与实验结果是相符的. 因为 m_0、c、h 均为常量,所以波长改变量 $\Delta\lambda=\lambda-\lambda_0$ 仅与散射角有关,当 $\theta=\pi$ 时,波长改变量最大.

4. 光的波粒二象性

康普顿效应表明电磁辐射具有粒子性,有力地证明了光子假设的正确性,光子不仅具有确定的能量 $h\nu$,而且还具有动量 $p=h\nu/c=h/\lambda$. 它们与带电粒子碰撞的过程中,还遵守能量守恒定律和动量守恒定律. 光子除了能量是量子化的之外,动量也是量子化的. 总之,光电效应和康普顿效应表明,光在与物质发生相互作用时,表现为粒子性;而干涉现象和衍射现象则又表明,光在传播过程中表现为波动性. 因此光具有波粒二象性,这才是光的本性.

例 1 光子能量为 0.5 MeV 的 X 射线,入射到某物质上发生康普顿散射.若反冲电子获得的动能为 0.1 MeV,则散射线波长的改变量 $\Delta\lambda$ 与入射射线波长 λ_0 之比为多少?

解　入射光子的能量为 $E_0 = 0.5$ MeV，其波长为 $\lambda_0 = \dfrac{hc}{E_0}$；散射光子的能量为 $E = 0.5$ MeV $-$

0.1 MeV $= 0.4$ MeV，则散射光子的波长为 $\lambda = \dfrac{hc}{E}$．因此

$$\frac{\Delta\lambda}{\lambda_0} = \frac{\lambda - \lambda_0}{\lambda_0} = \frac{E_0 - E}{E} = 0.25$$

四、氢原子的玻尔理论

1. 氢原子光谱规律

里德伯在巴耳末工作的基础上提出了与实验吻合的氢原子光谱公式：

$$\frac{1}{\lambda} = R\left(\frac{1}{n_f^2} - \frac{1}{n_i^2}\right) \tag{15-8}$$

$$n_f = 1, 2, 3, \cdots; \quad n_i = n_f + 1, n_f + 2, n_f + 3, \cdots$$

式中，R 为里德伯常量．这表明，氢原子的光谱线是有规律性的．

2. 原子有核模型

在 19 世纪末期和 20 世纪初期，原子结构模型有多种，较早的、有代表性的是 J. J. 汤姆孙提出的所谓"葡萄干蛋糕"模型．但 α 粒子散射实验结果与此原子结构模型完全不相容．根据实验结果，卢瑟福提出了一个新的原子结构模型，他认为：原子的结构犹如太阳系中的行星绕太阳运动一样，正电荷位于球心，电子像行星那样，围绕正电荷运动，处于球心的正电荷，称为原子核．因此，卢瑟福的原子行星模型又称原子有核模型．

3. 卢瑟福的氢原子核型结构的困难

如设想氢的原子核与核外电子间的作用力遵守库仑定律，可得电子绕核作圆运动的轨道半径为

$$r = -\frac{e^2}{8\pi\varepsilon_0 E} \tag{15-9}$$

实验表明氢原子的结构是稳定的．但是，按照经典电磁理论，氢原子中的电子绕原子核作圆周运动时，它的运动为加速运动．于是，这个带电系统要向外辐射电磁波，电磁波的频率与电子绕核作圆周运动的频率相同．由于带电系统（即氢原子）向外辐射电磁波，氢原子的能量（$E < 0$）要减小，那么从式（15-9）可以看出，电子绕核运动的轨道半径要减小．于是，在不断向外辐射电磁波的情况下，氢原子的轨道半径将逐步减小，直至零，这与事实不符．氢原子的核型结构与经典电磁理论产生了矛盾．

4. 氢原子的玻尔理论

为了解决矛盾，1913 年玻尔提出了三条假设：

（1）定态假设

电子可以在原子中一些特定的圆轨道上运动而不辐射光,这时原子处于稳定状态,并具有一定的能量.

（2）量子化假设

电子绕核运动时,只有电子的角动量 L 等于 $\dfrac{h}{2\pi}$ 整数倍的那些轨道才是稳定的,即

$$L = n\frac{h}{2\pi}, \quad n = 1,2,3,\cdots \tag{15-10}$$

n 叫主量子数,式(15-10)叫量子化条件.

（3）辐射假设

当电子从高能量 E_i 的轨道跃迁到低能量 E_f 的轨道上时,要发射能量为 $h\nu$ 的光子,即

$$h\nu = E_i - E_f \tag{15-11}$$

式(15-11)叫频率条件.

在这三条假设中,假设(1)是针对氢原子核型结构与经典电磁理论的矛盾而作出的.由于氢原子结构的稳定性,只有假定电子在圆轨道上运动时不辐射光,才能保证原子的稳定性.假设(2)则指出,电子绕核运动的圆轨道是有限制的,只有电子绕核运动的角动量满足 $L = n\dfrac{h}{2\pi}$ 这样一个量子化条件才是许可的.这是玻尔在普朗克能量量子化基础上的进一步发展,提出了角动量的量子化.假设(3)是对普朗克假设的引申,指出辐射光的条件.显然,在辐射光的过程中能量是守恒的.

玻尔在以上三条假设的基础上,应用库仑定律和牛顿运动定律于氢原子核型结构,导出了氢原子的电子轨道半径和能级公式:

$$r_n = \frac{\varepsilon_0 h^2}{\pi m e^2}n^2 = r_1 n^2 \tag{15-12}$$

$$E_n = -\frac{me^4}{8\varepsilon_0^2 h^2}\frac{1}{n^2} = \frac{E_1}{n^2}, \quad n = 1,2,3,\cdots \tag{15-13}$$

和氢原子光谱的波长公式:

$$\frac{1}{\lambda} = \frac{me^4}{8\varepsilon_0^2 h^3 c}\left(\frac{1}{n_f^2} - \frac{1}{n_i^2}\right) \tag{15-14}$$

式中 m 为电子质量,e 为电子电荷的绝对值,c 为光速.由式(15-14)可以看出,

当 $n_f = 2$ 时,有

$$\frac{1}{\lambda} = \frac{me^4}{8\varepsilon_0^2 h^3 c}\left(\frac{1}{2^2} - \frac{1}{n_i^2}\right)$$

上式称为巴耳末公式,$me^4/(8\varepsilon_0^2 h^3 c)$ 为里德伯常量 R. 当 $n_f = 1, 3, 4, 5$ 时,分别得到被实验发现的莱曼系、帕邢系、布拉开系和普丰德系等谱线. 总之,式(15-14)与实验结果是相符的.

氢原子的玻尔理论虽成功解释了氢原子光谱的规律性,并说明了原子的稳定性,但这个原子理论还存在不少缺陷.

五、德布罗意波

1924 年,德布罗意从自然界的对称性出发,大胆地提出假设:实物粒子也具有波动性,并且假设描述粒子性质的能量 E 和动量 p 与描述波动性质的频率 ν 和波长 λ 之间的关系与光子一样,即

$$E = mc^2 = h\nu \tag{15-15}$$
$$p = mv = h/\lambda \tag{15-16}$$

式中 m、v 分别是实物粒子的动质量和速度. 式(15-15)、(15-16)都称为德布罗意公式. 和实物粒子相联系的波称为物质波或德布罗意波,其波长称为德布罗意波长.

德布罗意关于实物粒子具有波动性的假设,不久被许多实验所证实. 如电子在晶体表面反射时所显示出来的波动性,以及电子束穿过薄晶片所显示出来的电子衍射现象. 不仅如此,后来还相继发现原子、分子、中子都具有波动性,都有衍射现象. 所以,德布罗意关系式适用于各种粒子系统,一切实物粒子都应显示出波动性. 但由于不同实物粒子在不同情况下,其德布罗意波长大小不等,故有的波动性比较显著,有的波动性不显著. 对于宏观物体,由于其质量和动量很大,因而它们的德布罗意波长如此之短,以致它们的波动形态无法探测出来,而粒子性则非常突出.

除了上面提到的这些实验证实了德布罗意的假设而外,作为理论的第一个成果,它给出了玻尔为解释氢原子光谱的规律而作的电子绕核运动时,其角动量应当量子化的假设.

如何理解实物粒子的波动性呢?从统计观点来看,粒子在某处出现的概率与该处波的强度成正比,而强度又和波幅的平方成正比. 因此,在某处德布罗意波幅平方是与粒子在该处附近出现的概率成正比的. 这就是德布罗意波的统计解释. 它把实物粒子的波动性与粒子性联系了起来. 所以说,实物粒子的德布罗意波与经典物理学所讲述的波有本质上的不同. 机械波是机械振动在空

间的传播,电磁波是交变电磁场在空间的传播,而德布罗意波则是对实物粒子的统计描述,其波幅的平方只表示粒子出现的概率.因此,德布罗意波也称概率波.

例 2 电子显微镜中的电子从静止开始通过电势差为 U 的静电场加速后,其德布罗意波波长是 0.04 nm,则电势差 U 约为多少?

解 电子加速后速度为

$$v = \frac{p}{m} < \frac{p}{m_0} = \frac{h}{m_0\lambda} = 1.8 \times 10^7 \text{ m} \cdot \text{s}^{-1}$$

因为 $v \ll c$,故电子动能不必用相对论表示,则

$$E_k = \frac{1}{2}mv^2 = \frac{p^2}{2m} = eU$$

$$U = \frac{p^2}{2me} = \frac{h^2}{2me\lambda^2} = \frac{(6.63 \times 10^{-34})^2}{2 \times 9.11 \times 10^{-31} \times 1.6 \times 10^{-19} \times (0.04 \times 10^{-9})^2} \text{V} = 942 \text{ V}$$

六、不确定关系

由于微观粒子具有波动性,因而不能同时准确确定其位置和动量.对于一维运动的粒子,位置的不确定范围 Δx 和动量的不确定范围 Δp_x 之间有以下关系:

$$\Delta x \Delta p_x \geqslant h \tag{15-17}$$

式中 h 是普朗克常量.式(15-17)就是不确定关系.由于普朗克常量 h 是个非常微小的量,在具体问题中,如果由式(15-17)算出的 Δx 和 Δp_x 可以忽略,就是说可以同时准确确定其位置和动量,则经典力学是适用的.反之,如果 Δx 和 Δp_x 不能忽略,就必须考虑粒子的波动性,换句话说,经典力学就不适用了,必须用量子力学来处理微观粒子的运动.

七、波函数 薛定谔方程

微观粒子的波动性可用波函数来描述,不同粒子或同一粒子在不同状态,波函数的形式不同.一般波函数都用复数表示.例如,具有动量 p 和能量 E 并沿 x 轴运动的自由粒子,其波函数为

$$\Psi(x,t) = \psi_0 e^{-i\frac{2\pi}{h}(Et-px)} \tag{15-18}$$

上式可以写成

$$\Psi(x,t) = \psi(x)\phi(t) \tag{15-19}$$

式中 $\psi(x) = \psi_0 e^{i\frac{2\pi}{h}px}$,也叫定态波函数.

粒子在某一时刻,处于某体积元 dV 的概率为

$$dP = |\Psi|^2 dV \tag{15-20}$$

式中 $|\Psi|^2$ 为粒子出现在某点附近单位体积中的概率,称为概率密度. $|\Psi|^2$ 需满足归一化条件,即

$$\int_V |\Psi|^2 dV = 1 \tag{15-21}$$

波函数满足的方程叫薛定谔方程. 一维定态(与时间无关的状态)薛定谔方程为

$$\frac{d^2\psi}{dx^2} + \frac{8\pi^2 m}{h^2}[E - E_p(x)]\psi = 0 \tag{15-22}$$

式中 E、$E_p(x)$ 分别是粒子的总能量和势能. 如粒子在三维空间运动,则定态薛定谔方程为

$$\nabla^2\psi + \frac{8\pi^2 m}{h^2}(E - E_p)\psi = 0 \tag{15-23}$$

式中 ∇^2 为拉普拉斯算符,$\nabla^2 = \dfrac{\partial^2}{\partial x^2} + \dfrac{\partial^2}{\partial y^2} + \dfrac{\partial^2}{\partial z^2}$.

需要注意,如同牛顿力学方程是表述质点的粒子性的基本方程一样,薛定谔方程则是表述具有二象性的粒子的德布罗意波的基本方程,它也不是证明所得,其正确性是要靠实践来检验的.

关于如何应用薛定谔方程求解具体问题,教材下册较详尽地讨论了一维无限深势阱,并简略地介绍了一维方形势垒和氢原子. 读者在学习时应着重理解应用薛定谔方程求解问题的思路,理解边界条件的含义,以及如何应用归一化条件.

八、四个量子数

求解氢原子的薛定谔方程,可得氢原子的能级为

$$E_n = \frac{E_1}{n^2}, \quad E_1 = -\frac{me^4}{8\varepsilon_0^2 h^2} = -13.6 \text{ eV} \tag{15-24}$$

式中 n 为主量子数,其值为 $n = 1, 2, 3, \cdots$ 正整数. 上式表明氢原子的能级是量子化的. 求解氢原子薛定谔方程还可得到氢原子中电子对核运动的角动量为

$$L = \sqrt{l(l+1)}\frac{h}{2\pi} \tag{15-25}$$

l 为角量子数,其值为 $l = 0, 1, 2, \cdots, (n-1)$. 上式表明角动量也是量子化的. 上式仅表明角动量的值是量子化的,而角动量是矢量,它在空间的取向有没有限制

呢？求解薛定谔方程可知，角动量 $\boldsymbol{L}$ 在某特定方向（如外磁场 $\boldsymbol{B}$ 方向）的分量L_z 为

$$L_z = m_l \frac{h}{2\pi} \qquad (15-26)$$

m_l 为磁量子数，其值为 $m_l = 0, \pm 1, \pm 2, \cdots, \pm l$. 它表明角动量在外磁场方向的分量是量子化的，即角动量 $\boldsymbol{L}$ 在空间的取向是量子化的.

除了 n、l，m_l 这三个量子数外，还有自旋磁量子数 m_s. 因为电子要绕自身的轴线转动，在外磁场方向的分量只能取两种数值，即

$$S_z = m_s \frac{h}{2\pi} \qquad (15-27)$$

$m_s = \pm \frac{1}{2}$，m_s 为自旋磁量子数.

上述四个量子数可用来标志原子的状态，一组 (n, l, m_l, m_s) 就确定原子的一个状态.

由泡利不相容原理可知，对应于主量子数 n（即能级 E_n），共有

$$z_n = \sum_{l=0}^{n-1} 2(2l+1) = 2n^2 \qquad (15-28)$$

个状态.

例 3 已知粒子在无限深势阱中运动，其基态波函数为

$$\Psi(x) = \sqrt{\frac{2}{a}} \sin\left(\frac{\pi x}{a}\right), \qquad 0 \leqslant x \leqslant a$$

试求发现粒子概率密度最大的位置.

解 概率密度为

$$|\Psi(x)|^2 = \frac{2}{a} \sin^2\left(\frac{\pi x}{a}\right)$$

当 $\sin\left(\frac{\pi x}{a}\right) = \pm 1$ 时，$|\Psi(x)|^2$ 最大为 $\frac{2}{a}$；在 $0 \leqslant x \leqslant a$ 区间内，$0 \leqslant \frac{\pi x}{a} \leqslant \pi$，故只能取 $\frac{\pi x}{a} = \frac{\pi}{2}$. 所以 $x = \frac{a}{2}$ 处发现粒子的概率密度最大为 $\frac{2}{a}$.

难 点 讨 论

本章为量子物理基础，难点在于如何正确理解微观领域中经典物理不再适用，必须建立全新的理论——量子物理，并初步掌握运用量子理论处理微观运动的基本思想.

解决这一难点,关键在于把握总体思路,理解量子理论建立的过程:首先是一些实验现象的描述,然后试图用经典理论加以解释,出现矛盾,遭到失败,从而不得不突破旧理论,以假设的形式提出新观点,对实验结果作出完满的解释,被实践检验,成为新的理论即量子理论.在此基础上,掌握量子物理的一些基本概念和结论,并学会处理简单微观运动问题的一些基本方法.

自 测 题

15-1 保持光电管上电压不变,若入射的单色光光强增大,则从阴极逸出的光电子的最大动能 E_0 和飞到阳极的电子的最大动能 E_1 的变化分别是(　　).

(A) E_0 增大,E_1 增大　　　　　　　　(B) E_0 不变,E_1 变小

(C) E_0 增大,E_1 不变　　　　　　　　(D) E_0 不变,E_1 不变

15-2 在康普顿效应实验中,若散射 X 射线波长是入射 X 射线波长的 1.2 倍,则散射 X 射线光子的能量 E 与反冲电子动能 E_k 之比 E/E_k 为(　　).

(A) 5　　　　　　(B) 4　　　　　　(C) 3　　　　　　(D) 2

15-3 关于不确定关系 $\Delta x \Delta p_x \geqslant h$,以下几种理解正确的是(　　).

(A) 粒子的动量不能准确确定

(B) 粒子的坐标不能准确确定

(C) 粒子的动量和坐标不能同时准确确定

(D) 不确定关系仅适用于电子和光子等微观粒子,不适用于宏观粒子

15-4 在氢原子的 K 壳层中,电子可能具有的量子数 (n, l, m_l, m_s) 是(　　).

(A) $\left(1, 0, 0, \dfrac{1}{2}\right)$　　　　　　　　(B) $\left(1, 0, -1, \dfrac{1}{2}\right)$

(C) $\left(1, 1, 0, -\dfrac{1}{2}\right)$　　　　　　　　(D) $\left(2, 1, 0, -\dfrac{1}{2}\right)$

15-5 根据普朗克量子假设,频率为 2ν 的谐振子的能量只能取＿＿＿＿＿＿＿＿等不连续值中的一个值.

15-6 当波长为 300 nm 的光照射在某金属表面时,光电子的最大动能为 4.0×10^{-19} J.那么,此金属的遏止电势差 $U_0 = $＿＿＿ V,截止频率 $\nu_0 = $＿＿＿ Hz.

15-7 德布罗意假设是＿＿＿＿＿＿＿＿.德布罗意波的统计解释是＿＿＿＿＿＿.一电子经加速电压 U 加速后,其德布罗意波长 $\lambda = $＿＿＿.

15-8 对于德布罗意波长相同的质子和 α 粒子,它们的动量之比 $p_p/p_\alpha = $＿＿＿;动能之比 $E_p/E_\alpha = $＿＿＿.(不考虑相对论效应.)

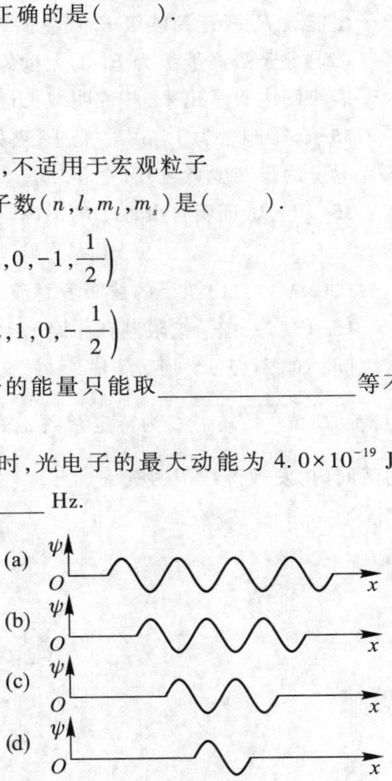

15-9 设粒子运动的波函数如图 15-4(a)、(b)、(c)、(d)所示.那么,其中＿＿＿图确定粒子动

图 15-4

量的准确度最高;而____图确定粒子位置的准确度最高.

15-10 弗兰克-赫兹实验证实了原子存在____.证实光子是粒子,而且证实在微观粒子相互作用过程中,遵守能量守恒定律和动量守恒定律的实验现象是____.戴维孙-革末实验,证实了电子存在着____.证实电子存在自旋的实验是_____.

15-11 氢原子的玻尔理论中,电子轨道角动量的最小值为____;而量子力学理论中,电子轨道角动量的最小值为____.实验证明____理论的结果是正确的.

15-12 原子内电子的量子态由四个量子数 n、l、m_l、m_s 表征.当 n、l、m_l 一定时,不同量子态的数目为____,当 n、l 一定时,不同量子态数目为____,当 n 一定时,不同的量子态数目为____.

15-13 光电管的阴极用逸出功为 $W = 2.2$ eV 的金属制成,今用一单色光照射此光电管,阴极发射出光电子,测得遏止电压为 $|U_0| = 5.0$ V,试求:

(1)光电管阴极金属的光电效应红限波长;

(2)入射光波长.

15-14 已知 X 射线光子的能量为 0.60 MeV,若在康普顿散射中,散射光子的波长变化了 20%,求反冲电子获得的能量.

15-15 (1)在氢原子光谱的巴耳末线系中,有一光谱线的波长为 434 nm,该谱线是氢原子由能级 E_i 跃迁到能级 E_f 产生的,问 i 和 f 各为多少?

(2)处于最高能级为 E_5 的大量氢原子,最多可以发射几个线系,共几条光谱线?请在氢原子能级图中表示出来,并说明波长最短的是哪一条谱线.

15-16 能量为 15 eV 的光子,被处于基态的氢原子吸收,使氢原子电离发射一光电子,求光电子的德布罗意波长(电子质量 $m = 9.11 \times 10^{-31}$ kg).

15-17 试证明自由粒子的不确定关系式可写成

$$\Delta x \Delta \lambda \geqslant \lambda^2$$

式中 λ 为自由粒子的德布罗意波长.

15-18 一粒子被限制在相距为 l 的两个不可穿透的壁之间,如图 15-5 所示,描写粒子状态的波函数为 $\psi(x) = C\sin\dfrac{\pi x}{l}$,其中 C 为待定常数.求在 $x = \dfrac{l}{4}$ 到 $x = \dfrac{3}{4}l$ 的区间内,发现该粒子的概率.

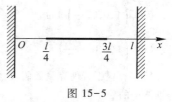

图 15-5

自测题答案

郑重声明

高等教育出版社依法对本书享有专有出版权。任何未经许可的复制、销售行为均违反《中华人民共和国著作权法》，其行为人将承担相应的民事责任和行政责任；构成犯罪的，将被依法追究刑事责任。为了维护市场秩序，保护读者的合法权益，避免读者误用盗版书造成不良后果，我社将配合行政执法部门和司法机关对违法犯罪的单位和个人进行严厉打击。社会各界人士如发现上述侵权行为，希望及时举报，我社将奖励举报有功人员。

反盗版举报电话　　(010)58581999　58582371

反盗版举报邮箱　dd@hep.com.cn

通信地址　北京市西城区德外大街4号　高等教育出版社法律事务部

邮政编码　100120

读者意见反馈

为收集对教材的意见建议，进一步完善教材编写并做好服务工作，读者可将对本教材的意见建议通过如下渠道反馈至我社。

咨询电话　400-810-0598

反馈邮箱　hepsci@pub.hep.cn

通信地址　北京市朝阳区惠新东街4号富盛大厦1座

　　　　　高等教育出版社理科事业部

邮政编码　100029

防伪查询说明

用户购书后刮开封底防伪涂层，使用手机微信等软件扫描二维码，会跳转至防伪查询网页，获得所购图书详细信息。

防伪客服电话　　(010)58582300